高等学校遥感信息工程实践与创新系列教材

编审委员会

高等学校遥感信息工程实践与创新系列教材

# 开源三维GIS设计与开发教程

孟庆祥　王飞　秦昆　编著

WUHAN UNIVERSITY PRESS
武汉大学出版社

高等学校遥感信息工程实践与创新系列教材

# 开源三维GIS设计与开发教程

孟庆祥　王飞　秦昆　编著

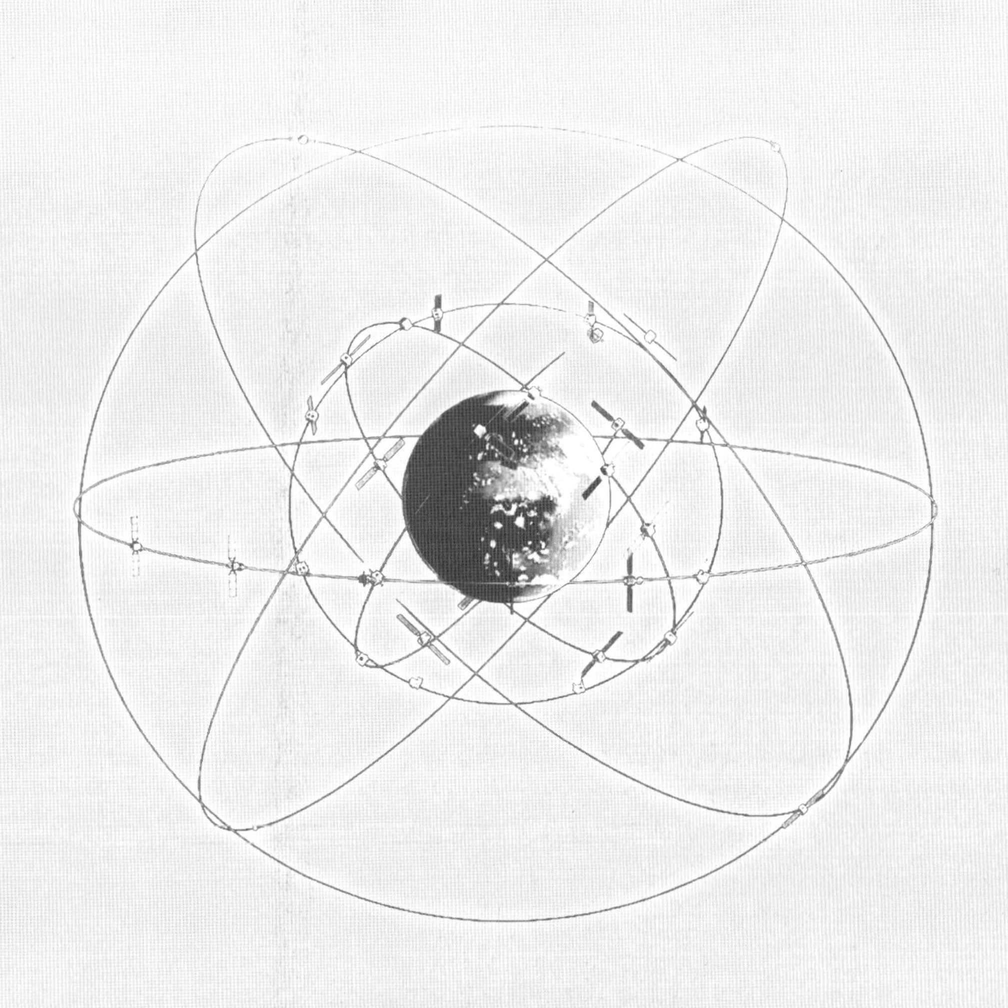

**图书在版编目(CIP)数据**

开源三维 GIS 设计与开发教程/孟庆祥,王飞,秦昆编著 .—武汉:武汉大学出版社,2023.2

高等学校遥感信息工程实践与创新系列教材

ISBN 978-7-307-23565-6

Ⅰ.开… Ⅱ.①孟… ②王… ③秦… Ⅲ.地理信息系统—高等学校—教材 Ⅳ.P208

中国国家版本馆 CIP 数据核字(2023)第 015719 号

责任编辑:王 荣　　责任校对:汪欣怡　　版式设计:韩闻锦

---

出版发行:**武汉大学出版社** (430072 武昌 珞珈山)

(电子邮箱:cbs22@ whu.edu.cn 网址:www.wdp.com.cn)

印刷:武汉中远印务有限公司

开本:787×1092 1/16 印张:16 字数:389 千字 插页:1

版次:2023 年 2 月第 1 版 2023 年 2 月第 1 次印刷

ISBN 978-7-307-23565-6 定价:40.00 元

---

# 序

实践教学是理论与专业技能学习的重要环节，是开展理论和技术创新的源泉。实践与创新教学是践行“创造、创新、创业”教育新理念，实现“厚基础、宽口径、高素质、创新型”复合人才培养目标的关键。武汉大学遥感科学与技术类专业(遥感信息、摄影测量、地理信息工程、遥感仪器、地理国情监测、空间信息与数字技术)人才培养一贯重视实践与创新教学环节，“以培养学生的创新意识为主，以提高学生的动手能力为本”，构建了反映现代遥感学科特点的“分阶段、多层次、广关联、全方位”的实践与创新教学课程体系，以求夯实学生的实践技能。

从“卓越工程师教育培养计划”到“国家级实验教学示范中心”建设，武汉大学遥感信息工程学院十分重视学生的实验教学和创新训练环节，形成了一整套针对遥感科学与技术类不同专业方向的实践和创新教学体系、教学方法和实验室管理模式，对国内高等院校遥感科学与技术类专业的实验教学起到了引领和示范作用。

在系统梳理武汉大学遥感科学与技术类专业多年实践与创新教学体系和方法的基础上，整合相关学科课间实习、集中实习和大学生创新实践训练资源，出版遥感信息工程实践与创新系列教材，服务于武汉大学遥感科学与技术类专业在校本科生、研究生实践教学和创新训练，也可为其他高校相关专业学生的实践与创新教学以及遥感行业相关单位和机构的人才技能实训提供实践教材资料。

攀登科学的高峰需要我们沉下心去动手实践，科学研究需要像“工匠”般细致入微地进行实验，希望由我们组织的一批具有丰富实践与创新教学经验的教师编写的这套实践与创新教材，能够在培养遥感科学与技术领域拔尖创新人才和专门人才方面发挥积极作用。

2017年3月

# 前　言

地理信息系统(GIS)自20世纪60年代诞生以来，其功能、内涵和应用领域不断拓展。随着GIS的广泛普及，社会和用户对GIS行业提出了更高的要求，主要是更逼真、更精细、更精确、更广泛、更快速、更实时和更便于进行统计分析。GIS从地籍数据库管理和机助制图起步，经历了从二维数据描述，到2.5维的空间分析和可视化，再到当前的准三维或真三维的空间分析和可视化的技术研究与发展过程。

我国自然资源部在2019年年初的“十四五”基础测绘规划编制工作中提出了“实景三维中国”的建设任务。我国政府部门将联合全国范围内具有测绘资质的超过2万家企业单位，采集生产每一座城市的三维数据，这为三维GIS的发展提供了市场支持。2022年发布的《自然资源部办公厅关于全面推进实景三维中国建设的通知》，将实景三维纳入了“十四五”自然资源保护和利用规划，分别制定了到2025年、2035年的建设目标。

随着5G时代的来临，地理信息大数据尤其是三维大数据将出现指数级增长，数字城市和智慧城市等现代城市的建设进程在不断加快，各行业信息化建设如火如荼，计算机技术和空间信息技术的发展日新月异。在这个时期GIS技术得到了快速发展，并开始从专业领域向社会化和大众化方向发展。为此，就需要实现地理数据共享和互操作，尽可能地降低地理数据采集处理成本和软件开发应用成本。开源思想由此走进了GIS领域，并渗透进三维GIS领域。开源三维GIS开始得到广泛应用，并成为当前的研究热点之一。

本书旨在介绍开源三维GIS的相关理论和技术，并通过实例分析介绍基于Cesium的设计与开发。希望通过学习本书的理论与技术指导部分，帮助读者系统地了解开源三维GIS的发展历程和现状，了解和掌握一些重要的三维数据模型、建模方法和数据组织与管理方法。另外，在介绍基于Cesium的开发和设计部分后，读者可以在动手编程的基础上掌握基于Cesium的三维GIS开发过程和方法，熟悉需求分析、总体设计、详细设计及数据库设计等关键环节，消化吸收开源三维GIS相关理论和设计开发实践，建立相应的开源三维GIS设计与开发的基础知识理论和技术体系。

本书共分六章，可以归为四大部分。第一部分包括第1章，从开放的地理数据互操作规范(OpenGIS)引入，介绍OpenGIS的目的和发展趋势，接着介绍三维GIS的发展历程和发展趋势，并将其与传统的二维GIS进行了对比。通过本章的介绍，让读者对开源三维GIS有较为整体的理解。第二部分包括第2章和第3章。第2章介绍了三维数据的采集方法、典型数据模型、存储格式和建模方法。第3章介绍三维数据的组织与管理，在数据组织部分，介绍了LOD技术和栅格、矢量数据常用的空间索引方法；在数据管理部分，主要介绍使用空间数据库及其管理系统对数据进行维护、更新、加密等操作。这两章介绍了三维空间数据的基础知识，是后续三维数据处理和分析的理论基础。第三部分包括第4章和第 5 章。第 4 章是对 Cesium 背景和基础操作的介绍，为初次接触 Cesium 的读者提供一个入门级的认识。第 5 章则介绍 Cesium 高级应用开发，包括粒子系统、动画系统、空间分析等部分，使读者能够对 Cesium 有更加深入的掌握。第四部分包括第 6 章，结合一个三维智慧园区管理平台的实例，从需求分析、总体设计、数据库设计、功能详细设计等关键环节，较为完整地介绍了基于 Cesium 的三维 GIS 开发步骤和方法。

本书可以作为高等学校各相关专业的三维 GIS 课程的教材和参考书籍，也可以供三维 GIS 系统研究、开发和应用的研究人员和工程技术人员参考。读者可以根据自己的需要阅读书中全部或部分章节。

参与本书编写的作者及分工情况如下：孟庆祥(武汉大学)负责全书的组织、统稿和校验，撰写第 1 章至第 3 章和第 6 章；王飞(清华大学)负责撰写第 4 章和第 5 章；秦昆(武汉大学)参与了统稿工作；同时，刘雨杉、孔云鹏、郑洁茹、孟亦菲、钟源、张凯等同学参与了本书软件程序的编写，刘雨杉参与了部分统稿工作。

此外，在编写本书的过程中，胡庆武教授提出了宝贵意见，同时给予了大力支持，包括为本书提供部分三维数据。全书参考了多篇学术论文以及相关的 GIS 开发类书籍，在此对这些作者表示感谢。由于笔者水平有限，并且开源三维 GIS 处于不断发展阶段，书中难免会有疏漏之处，希望广大读者批评指正！

**编著者**

2022 年 9 月

# 目　　录

# 第1章　绪　　论

随着计算机技术与空间信息技术的进步与发展，地理信息系统(Geographical Information System，GIS)由相互独立的系统逐渐走向兼容与集成，由二维 GIS 走向三维 GIS 乃至四维 GIS，由封闭的单机系统走向网络 GIS 系统，并最终向着社会化和大众化方向发展。

为顺应 GIS 的发展趋势，开源三维 GIS 系统的设计与开发成为目前的研究热点。本章首先简单介绍开源软件领域地理数据互操作的重要规范——OpenGIS，描述其定义、特点和发展趋势。随后，介绍三维 GIS 的定义、发展历程、应用现状以及发展趋势，并将其与二维 GIS 进行对比。

## 1.1　OpenGIS

### 1.1.1　OpenGIS 概述

地理空间信息资源是现代社会的战略性信息基础资源之一，在这个知识经济全球化的时代，地理空间信息产业已成为现代知识经济的重要组成部分，GIS 已逐渐从专业领域走向社会化和大众化。GIS 综合应用快速发展，常以多种技术来集成其他相关系统，如土地管理系统、人口管理系统或城市门户等。这样的趋势就要求地理信息系统平台具有开放性、易构性和稳定性，并且能够满足实时的数据共享，但这样的需求在 20 世纪 90 年代之前一直是很难实现的。

传统的地理信息系统大多是基于具体的、相互独立和封闭的平台开发的，它们采用不同的开发方式，使用不同的数据格式，对地理数据的组织也有很大的差异，由此造成数据共享困难以及费用高昂，这在一定程度上限制了 GIS 的普及。而美国开放地理空间联盟 OGC(OpenGIS Consortium)协会所制定的 OpenGIS(Open Geodata Interoperation Specification)规范为不同系统之间的数据共享提供了一种可能。

国际地理空间开源基金会(Open Source Geospatial Foundation，OSGeo)于 1994 年成立，该基金会是一个非营利性组织，其目的是促进采用新的技术和商业方式来提高地理信息处理的互操作性。开放的地理数据互操作规范(OpenGIS)就是由 OGC 协会提出的对地理数据和地理处理资源进行分布式访问的软件框架规划。OpenGIS 的目标是制定一个规范，应用系统开发者可以在单一的环境和单一的工作流中使用分布于网上的任何地理数据和地理处理技术，建立一个无“边界”的、分布的、基于构件的地理数据互操作环境。OpenGIS 使不同的地理信息系统软件之间具有良好的互操作性，从而在异构分布数据库中实现信息共享。它使数据不仅能在应用系统内流动，还能在系统间流动，从而实现地理信息在全球范围内的共享与互操作。

### 1.1.2 OpenGIS 的特点

**1. 互操作性**

OpenGIS 可以使得不同地理信息系统软件之间没有信息交换和连接的障碍，是一种开放的 GIS。在访问或分配地理数据时，它为用户提供了地理数据处理能力；在地理数据和处理方法集成到可以交互使用的计算体系时，它具备更强的可操作性。

**2. 可扩展性**

OpenGIS 的硬件可在不同档次的计算机上运行，其软件则增加了新的地学空间数据和地学数据处理功能。应用软件开发者使用 OpenGIS 进行二次开发更容易、更灵活。

**3. 技术公开性**

OpenGIS 具有开放思想，主要是对用户公开。实现开放的重要途径之一是公开源代码及规范说明。这种开放 GIS 规范可以使地理数据处理方法应用在所有网络版 GIS 环境、遥感、控制和限制数据库的 AM/FM 系统、用户界面、网络和数据处理中。

**4. 可移植性**

OpenGIS 独立于软件、硬件及网络环境。在不同的计算机上运行时不需要任何修改。

除上述四个特点外，OpenGIS 还具有一些其他特点，如兼容性、可实现性、协同性等。

OpenGIS 是一个开放标准，它不仅可以在开源世界发挥作用，还受到了许多商业软件的支持。与传统的地理信息处理技术相比，基于该规范的 GIS 软件将具有很好的可扩展性、可升级性、可移植性、开放性、互操作性和易用性。它促进了地理数据提供者、厂商和服务商之间的联合，推动了全球范围内的标准化进程，拓宽了地理数据服务市场。OpenGIS 的普及和推广，可以使得 GIS 始终处于一种有组织、开放式的状态，真正成为服务于整个社会的产业，这也是未来网络环境下 GIS 技术发展的必然趋势。

### 1.1.3 OpenGIS 的发展趋势

OpenGIS 规范正在逐渐成为正式的国际信息技术标准。由于 OpenGIS 规范的任务是处理地理数据共享和互操作问题，因此在今后相当长的时期内，它将是地理信息处理与互操作的基础。

像其他种类的信息一样，地理空间信息也是不断增长和变化的，它的集成环境也在不断变化，因此地理空间市场应该是一个适应新需求的动态资源。OpenGIS 规范的发展与地理空间信息的变化是交互的，因此 OpenGIS 规范也需要不断发展以适应信息共享的需要。可以预见的是，随着地理信息系统研究的不断深入，OpenGIS 规范必将得到更迅速的发展，从而适应地理空间信息共享和互操作的需求。

## 1.2 三维 GIS

### 1.2.1 三维 GIS 发展历程

20 世纪 60 年代，加拿大地理信息系统(CGIS)的建立，标志了地理信息系统(GIS)概念的产生，GIS 是一门由计算机科学、信息科学、现代地理学、测绘遥感学、地图学、环境科学、城市科学、空间科学和管理科学等学科组成的交叉型学科，其主要功能为采集、模型化、处理、检索、分析和再现空间相关数据。GIS 可以让人们更好地理解事物间的相互关系、存在模式和发展过程，打开了人们充分利用计算机模拟现实世界的大门，人类关于现实世界的认识和工作的方式也因此发生了巨大的变化。

三维 GIS 是当前 GIS 领域的研究热点之一，三维 GIS 是由二维 GIS 发展而来的，它的发展过程可以大致分为二维 GIS、2.5 维 GIS 和三维 GIS 三个阶段。

**1. 二维 GIS**

二维 GIS 起源于 GIS 产生的早期阶段(20 世纪 60 年代)的机助制图，20 世纪 80 年代，大量 GIS 产品不断被开发出来。如今，二维 GIS 已深入应用于各行各业，如土地管理、交通、电力、电信、城市管网、水利、消防以及城市规划等。二维 GIS 处理的空间数据源自传统二维地图，并主要以二维平面坐标($X$，$Y$)表示地理位置及其关联的各种属性。二维 GIS 在数据采集和输入、空间信息的分析及处理以及数据输出等方面表现出强大的功能，主要用于对地形表面上的数据进行处理与表达，如等高线、土地利用和道路网络等，对于某些地上和地下的数据则需要投影到地形表面上再进行处理。

但随着 GIS 应用以及现代产业的发展，人们对地理信息的获取和使用也有了更高的要求，这种经过投影、抽象和综合的二维表示逐渐显出了它的局限性，GIS 在二维平面的单调展示已难以满足人们对三维世界快速准确理解的需求。随着应用的深入，在三维空间中处理问题的需求显得越发强烈，同时二维 GIS 数据模型与数据结构理论和技术的成熟，以及图形学理论、数据库理论技术以及计算机虚拟现实技术的进一步发展，都成为三维 GIS 的产生与发展的强大推动力。

**2. 2.5 维 GIS**

20 世纪 90 年代，随着日益增长的三维空间信息需求和现代新兴技术的发展，人们开始渴望现实世界的三维表示，同时计算机三维图形技术的快速发展极大地推进了三维 GIS 的可视化技术的进步。由此，2.5 维 GIS 应运而生，它是二维 GIS 向三维 GIS 发展过程中的一个尝试。

2.5 维 GIS 是集成了传统的 GIS 技术、三维可视化技术和虚拟现实技术，以数据库为基础进行三维数据的存取和可视化的模拟系统。2.5 维 GIS 融合了二维 GIS 和三维 GIS 技术的优势，采用以二维为主、三维为辅的混合型 GIS 技术，是当下流行的较为实际的处理方案。

在对三维 GIS 的探索中，人们首先在 GIS 的二维平面上增加了数字高程模型(Digital Elevation Model，DEM)，突破了二维平面的限制，通过数字高程模型可以透视地表示三维地形起伏；后来增加数字正射影像(Digital Orthophoto Map，DOM)，则有了更直观的地形景观；另外，还增加如高程和温度等属性数据进行数字地形模型(Digital Terrain Model，DTM)表示。但此时 GIS 中并没有将高程变量作为独立的变量来处理，只将其作为附属的属性变量对待。虽然各种地物被投影到一个有起伏的地形表面而不再是平面上，能够表达出表面起伏的地形，但这样的 GIS 不具有地形下面的信息，各种地物仍然没有呈现出现实世界中同样的三维立体分布，因此这种 GIS 被称为 2.5 维 GIS。

目前，很多的商用GIS系统加入了三维GIS模块，如ArcView 3D Analyst、Titan 3D、ERDAS IMAGINE等。这些三维GIS模块通过处理遥感图像数据和三维地形数据，能在实时三维环境下，提供地形分析和实时三维飞行浏览。另外，WorldWind之类开源软件的应用也大大降低了准入门槛，从而催生了大量所谓的“三维可视化GIS”软件。但这些三维GIS系统主要集中于二维表面地形的分析，只是将数据在三维环境中进行了显示，即进行了三维可视化处理，在空间查询等方面功能比较简单。这并不是真正的三维GIS，而是通常所称的2.5维GIS。三维可视化仅仅是三维GIS的基本功能之一，目前仍然缺乏真正满足大规模三维空间数据集成管理、在线更新与分析应用的通用平台，综合能力更强的三维GIS软件平台的研发也是国内外都在关注的一个重点。

**3. 三维GIS**

三维GIS是布满整个三维空间的GIS，它起源于二维GIS，是计算机图形学、虚拟现实技术、地理信息系统技术发展到一定阶段的产物。但三维GIS与传统的二维GIS或2.5维GIS有着明显的不同，尤其体现在空间位置和拓扑关系的描述及空间分析的扩展上：三维GIS在二维GIS基础上加入高度信息，空间目标是通过$X$、$Y$、$Z$三个坐标轴来定义的，不仅能够表达空间对象间的平面关系，而且能够描述和表达它们之间的垂向关系；三维GIS不仅可以表示三维地物，还可以进行三维空间分析，是具有更接近现实世界视觉效果的地理信息系统。三维GIS领域的关键技术包括三维GIS数据获取、三维GIS数据管理、完整的三维空间数据模型与数据结构、三维GIS数据可视化分析和三维GIS空间建模等。其中，近年来关于三维GIS的研究主要集中在三维GIS数据获取和三维GIS空间建模两个方面。

随着技术的进步，真三维GIS商业化软件也不断涌现。北京超维创想信息技术有限公司开发了真三维地学信息系统——Creatar1.0三维地学信息系统，它具有完善的三维空间信息基础服务、开放的系统平台以及多应用模式支持，可应用在城市地质、岩土工程、环境地质和矿产资源勘查等众多地学相关领域。北京超图软件股份有限公司(以下简称“超图软件公司”)开发了二三维一体化的三维GIS模块——SuperMap iSpace，SuperMap iSpace是SuperMap UGC新增的三维GIS模块的产品研发代号。该模块采用了SuperMap SDX+空间数据库技术，可高效、一体化地存储和管理二维、三维空间数据，升级了二维显示的功能，不仅能够将二维的GIS数据和地图直接加载到真三维场景中进行显示，而且可以在二维窗口中显示三维数据，在二维地图中使用三维符号，真正实现了二维、三维数据一体化。它提供的基本的三维空间分析能力包括：量算分析、查询统计分析、通视性分析。

目前市面上所谓的三维GIS产品，严格来讲是2.5维GIS，但总体来讲，GIS的三维时代已到来，应用规模也不断扩大。国内外已有众多学者和GIS厂商投身于真三维GIS的理论研究与实际应用，并使其逐渐成为GIS发展的主流之一。不久之后，三维GIS也将和二维GIS一样逐渐走向成熟，在社会的各个领域发挥其强大的功能。

### 1.2.2 三维GIS应用现状

与发达国家相比，我国的计算机科学起步较晚，一些软件系统的建立也相应较晚，但国家的投入力度非常大。目前我国GIS行业发展较快，2019年市场规模为9000亿元，

2020 年市场规模为 1.09 万亿元，2021 年市场规模约 1.2 万亿元(《2022—2027 年中国地理信息系统(GIS)行业发展环境与投资分析报告》，中国产业研究网)①。经过大量专家和学者的努力，三维 GIS 的研究得到了很大的进步和发展，仅在北京地区，就有灵图、时空信步、国遥新天地等多家大型的 3D 软件商，很多技术处于国际领先地位。

三维 GIS 与具体事务相结合的应用前景是无限的，现阶段三维 GIS 已被广泛应用于智慧城市、电力、气候、交通、通信、军事、公安、旅行和学校等各个行业和研究领域。下面介绍三维 GIS 在某些行业中具有代表性的应用。

**1. 林业**

二维 GIS 在林业领域的应用始于 20 世纪 80 年代初期，在如今的林业系统中二维 GIS 已有了非常广泛的应用，并且已经逐渐形成多种系统化的工程，如森林资源管理、公益林管理、林地征用管理、自然保护区管理和防火指挥等。当前的二维 GIS 已经可以满足林业管理中大部分的实际需求，对三维 GIS 的需求并非十分迫切。

但三维 GIS 的优越性是二维 GIS 难以比拟的，它在林业系统中主要应用于以下几个方面：坡度和坡位的计算、可视域分析、面积和体积计算、林相模拟再现和三维空间分析等。上述应用在二维 GIS 的平面数据的局限下是难以实现的，甚至是不可能的，而在三维 GIS 中可以轻易实现，因此三维 GIS 有利于拓展林业系统的功能，提高其效率和精度。

**2. 土地资源规划**

三维 GIS 系统在土地资源的规划领域有着深入的应用。利用三维 GIS，可以建立起三维地理国土信息系统，从而实现三维建筑及其分布的精确可视化，使国土资源的规划和决策、审批更准确、科学。在系统中还可以进行灵活、方便的更新和扩展，通过不断开发，动态获得实时的城市最新三维规划模型。除此之外，三维 GIS 还可以对规划中的城市进行三维模拟仿真，演示未来城市的设计图景观和效果，从而及时发现设计不合理的地方并进行改正；可作为设计和规划的依据，提高城市规划和管理的效率。

如今，三维可视化技术已经较为成熟地应用到我国众多城市的“数字城市”建设及重点区域的规划研究中。全国各大城市，如北京、上海、广州、深圳等的“数字城市”工程正先后开展。与虚拟现实技术相结合的三维可视化技术也已成功地应用于北京 CBD 中央商务区、北京金融街、中关村科学园区、上海黄浦江两岸开发、苏州工业园区规划、嘉兴市整体规划、宁波老外滩旧城改造和保护等 10 个国内重大城市开发项目。

**3. 矿产业**

海洋及地下储藏了丰富的矿产资源，但是对其进行开发的过程有着许多困难。矿产资源遥感监测就是针对矿产资源开发，根据地下及海洋中的矿产资源遥感监测结果，获得资源的开采规划、执行状况和地质环境数据等信息，从而构建出三维平台，对资源的状态进行统计、查询、分析和展示。这一方法具有多参数、多层次、实时和预测等功能，可以满足对矿产资源的遥感监测及可视化应用。

在矿井操作安全监控方面也可以应用三维 GIS。矿井开采一直以来都具有较高的危险性，为解决这一问题，可根据矿山企业提供的基础数据建立起针对矿山企业的三维数据分

① 见 http://www.chinairn.com/hyzx/20220530/115958632.shtml。

析系统。此系统能够对操作工人进行精确定位，还能够通过电脑对仪器和设备的状态进行远程监控，同时能实时监控矿井下面的瓦斯情况。利用这样的系统，分析采矿作业是否合理、安全，从而大大提高作业的科学性能，降低危险的发生系数，有利于安全生产。

**4. 旅游业**

旅游业中，目前主要利用的是三维 GIS 的三维可视化模块，对数据分析等功能的需求较低。利用三维 GIS 技术建立网络化的操作和应用平台，可以展现旅游景区的自然风景和人文景观，从而为游客提供预览功能，使游客拥有动感、直观和交互式的良好体验。景区管理人员还能够通过真三维 GIS 的数据分析模块更好地管理景区和分配资源，也有利于景区的招商引资。

### 1.2.3　三维 GIS 与二维 GIS 的对比

三维 GIS 由二维 GIS 发展而来，是二维 GIS 的延伸与扩展。与二维 GIS 一样，三维 GIS 需要具备最基本的空间数据处理功能，如数据获取、数据组织和数据操纵；同时，三维 GIS 还必须解决一些二维 GIS 中的传统问题，如不确定性、误差定位与消除以及数据模型的不连续性等。

二维 GIS 的本质是基于抽象符号的系统，不能使人真实感受到自然界；而 GIS 所要表达的现实空间实际上是一个三维的立体空间，这个空间内的任何对象均包含三维空间信息。随着计算机、通信、可视化等技术的快速发展，可以借助于卫星遥感等先进手段获取大量的多维空间数据，但这些多维的空间数据在二维 GIS 中没有得到合理的利用，无法转换为有用的信息。随着人们对真三维空间信息的需求不断增强，为了更加确切和完整地表示和再现真实的三维空间信息，三维 GIS 的研究开始逐步兴起。三维 GIS 的目标是建立一个采集、管理、分析、再现三维地理空间数据的信息系统。三维 GIS 比二维 GIS 更能表现出客观世界的实际情况。

三维 GIS 与二维 GIS 的区别主要表现在以下几个方面。

**1. 三维 GIS 空间信息的展示更具直观性**

从人们懂得通过空间信息来认识和改造世界开始，空间信息主要是以图形化的形式存在的。然而，二维的图形界面所展示的空间信息是非常抽象的，只有专业的人士才懂得使用。相比于二维 GIS，三维 GIS 为空间信息的展示提供了更丰富、逼真的平台，可视化了抽象难懂的空间信息。结合自己相关的经验，人们可以根据这些信息作出准确而快速的判断。直观性是三维 GIS 最显著的特点，通过三维可视化技术，用户将使用更少的训练时间得到更多的空间信息，从而得到更好的人机交互体验。

**2. 三维 GIS 有更复杂的数据结构**

三维 GIS 在数据采集、系统维护和界面设计等方面比二维 GIS 要复杂得多。三维 GIS 不是二维 GIS 的简单扩展，它在三维空间中增加了许多新的数据类型，使空间关系表达变得更加复杂。在三维 GIS 中，空间目标通过 $X$、$Y$、$Z$ 三个坐标轴来定义，它与二维 GIS 中定义在二维平面上的目标具有完全不同的数据结构。空间目标通过三维坐标定义使得空间关系表达也不同于二维 GIS，其复杂程度更高。三维 GIS 需要包容一维、二维对象，故在三维 GIS 中不仅要研究三维对象的表达，而且要研究一维、二维对象在三维空间中的表达。

二维 GIS 对于平面空间的划分是基于面的划分，三维 GIS 对于三维空间的划分则是基于体的划分。传统的二维将一维、二维对象垂直投影到二维平面上，存储它们投影结果的几何形态与相互间的位置关系。而三维将一维、二维对象置于三维立体空间中考虑，存储的是它们真实的几何位置与空间拓扑关系，这样的表达结果能够区分出一维、二维对象在垂直方向上的变化。二维也能通过附加属性信息等方式体现这种变化，但存储和管理的效率较低，输出的结果也不够直观。

**3. 三维 GIS 的多维度空间分析功能更强大**

三维 GIS 中的空间分析三维化，也就是直接在三维空间中进行空间操作与分析，连同对空间对象进行三维表达与管理，使得三维 GIS 明显不同于二维 GIS，也使得三维 GIS 的空间分析功能更强大。三维空间信息的分析过程，往往是复杂、动态和抽象的，在数量繁多、关系复杂的空间信息面前，二维 GIS 的空间分析功能常具有一定的局限性，如淹没分析、地质分析、日照分析、空间扩散分析、通视性分析等高级空间分析功能是二维 GIS 无法实现的，但在三维 GIS 中却可以实现。同时，由于三维数据本身可以降维到二维，三维 GIS 也就能够包容二维 GIS 的空间分析功能。

**4. 三维 GIS 具有巨大的数据量**

三维 GIS 应用通常具有海量数据(可达数百吉字节)，使得三维 GIS 需要得到数据库的有效管理，并且该数据库需要具有高效的数据存取性能。三维 GIS 的核心是三维空间数据库。三维空间数据库对空间对象的存储与管理使得三维 GIS 既不同于 CAD、商用数据库与科学计算可视化，也不同于传统的二维 GIS。它由扩展的关系数据库系统或由面向对象的空间数据库系统存储管理三维空间对象。

总体来说，与二维 GIS 相比，三维 GIS 对客观世界的表达能够给人以更真实的感受，它通过立体造型技术向用户展现了地理空间现象，不仅可以表达空间对象间的平面关系，而且可以描述它们之间的垂向关系。另外，对空间对象进行三维空间分析和操作也是三维 GIS 特有的功能。三维 GIS 的核心是三维空间数据库，三维空间分析则是三维 GIS 独有的能力。但与功能增强相对应的是，三维 GIS 的理论研究和系统建设工作也比二维 GIS 复杂。

### 1.2.4 三维 GIS 的发展趋势

可视化三维 GIS 的概念一度被热捧。从 1998 年“数字地球”概念的提出开始，到 2005 年相继出现 Google Earth 和 Virtual Earth，越来越多的行业和组织兴起建立“吸引眼球”的三维可视化系统，五花八门的三维可视化软件应运而生，三维 GIS 的应用局限于和虚拟现实技术联系比较紧密的专业，限定在视觉表达的范畴内，许多 GIS 业界的专业人士甚至都认为这就是三维 GIS 的未来。

在 21 世纪，随着社会的发展和技术的进步，大量对三维 GIS 技术不切实际的期望破灭，人们不得不冷静下来认真思考三维 GIS 技术的优势和局限，从而重新回到可持续的发展轨道。大量学者积极投身于对真三维 GIS 的研究和开发，市面上出现了一批优秀的真三维 GIS 产品，如超图软件公司提出“二三维一体化”的 Realspace 真空间技术体系的国产

GIS平台，其代表产品为面向真三维空间的SuperMap GIS 6R。这款产品消除了三维GIS深度应用的障碍，真正地实现了二维和三维在数据管理、符号系统、分析功能和应用开发等方面无缝整合，在智慧城市建设、景观模拟与展示方面都有广泛的应用。

**1. 技术难点**

三维GIS需要多种技术协同支持，目前的研究和应用面临着许多难点，主要包括以下几个方面。

1）三维数据获取工作量大

由于科技水平的限制，三维GIS数据采样率较低，无法像二维GIS那样进行准确的描述，这是阻碍三维GIS迅速发展的一个重要因素。限制三维数据获取的原因可以分为三个方面：

（1）三维数据采样率很低，难以准确地表达地学对象的真实状况。

（2）三维GIS的属性相较于二维的来说并不是线性增长的，其复杂程度使其几乎难以描述。由于这种复杂变化性，地学领域的研究者难以确定研究对象的各种属性。

（3）目前还无法从已获得的各种格式的数据中完全自动重建三维GIS数据结构，许多工作须人为操作。由于缺乏标准的三维GIS数据模型，对不同的应用，需要进行大量的重复建模工作，没有现成的数据模型可供使用。

由于地学对象在自然界纷繁复杂，一个地方的经验模型无法移植到另一个地方的地学研究对象中，因此三维数据实时获取在地学领域显得尤为重要。一旦三维地学数据可以像遥感数据获取一样及时、广泛与普及，三维GIS将会得到迅猛的发展。因此对三维GIS设计与开发应充分考虑未来三维地学数据获取能力的提高，以便及时受益于现代数据获取方法的进步。

2）大数据量的存储与快速处理

三维的数据量相比二维的数据量是呈指数级增长的，数据的存储和快速处理是一个巨大的难题。在三维GIS中，无论是基于矢量结构还是基于栅格结构，对于不规则地学对象的表达都会遇到大数据量的存储与处理问题。三维GIS中的三维可视化需要在空间数据库的支持下实现，从而满足海量数据应用的需求。基于空间数据库的可视化技术要求在保持图像真实感的基础上，快速实现三维场景的加载和绘制。基于显示的三维场景，用户能够方便地进行交互，并能实现对数据库的操作，同时，三维场景还需要快速对用户的请求做出应答，使用户在三维场景上可以方便地进行各种查询、移动、更新和漫游。为了解决上述大数据存储和处理的难题，除了在硬件上靠计算机厂商生产大容量存储设备和快速处理器外，还应该研究软件方面的算法以提高效率，例如，针对不同条件的各种高效数据模型设计、并行处理算法、小波压缩算法及在压缩状态下的直接处理分析等。

3）完整的三维空间数据模型与数据结构

三维空间数据库是三维GIS的核心，它直接关系到数据的输入、存储、处理、分析和输出等各个环节，它的好坏直接影响整个三维GIS系统的性能。三维空间数据库要求能够表示复杂的数据类型和空间关系，支持高效率的数据存取，从而为实现各种三维GIS功能提供基础，以提高三维GIS系统的整体性能。为此，需要对三维空间数据模型和数据结构进行研究。三维空间数据模型是人们对客观世界的理解和抽象，是建立三维空间数据库的理论基础。而要建立三维空间数据库，必须首先建立准确的空间数据模型。三维空间数据结构是三维空间数据模型的具体实现，是客观对象在计算机中的底层表达，是对客观对象进行可视化表现的基础。虽然已有许多关于三维空间数据库的研究与开发，但目前还没有出现能被大多数人所接受的统一理论与模式，有待于进一步研究与完善。

4) 三维空间分析方法的开发

智能决策是 GIS 的高级应用，目前二维 GIS 中的空间分析能力是比较薄弱的，大多数 GIS 不能运用到决策层次上，无法为决策者直接提供决策方案，只能作为大的空间数据库，满足简单的编辑、管理、查询和显示要求。导致上述情况的一个因素就是在现有的 GIS 系统中，空间分析技术的种类及数量都很少。在三维 GIS 中，同样面临这个问题。因此，研究开发三维 GIS 的基本空间分析功能，将各领域的专家知识嵌入 GIS 中，是三维 GIS 发展的一个重要方向。

毫无疑问，三维 GIS 在可视化方面具有得天独厚的优势。虽然三维 GIS 的动态交互可视化功能对计算机图形技术和计算机硬件也提出了特殊的要求，但是一些先进的图形卡、工作站以及带触摸功能的投影设备陆续问世，不仅完全可以满足三维 GIS 对可视化的要求，还可以带来意想不到的展示和体验效果。

然而，真正的三维 GIS 软件不能仅仅满足于完成显示和简单的分析功能。为此，国内外正加速推进综合能力更强的三维 GIS 软件平台的研发。作为世界 GIS 工业领袖的 ESRI 发布了具有增强三维数据管理、创作与编辑、三维分析和可视化处理能力的 ArcGIS 10；我国则在“863 计划”重点项目中专门立项开发三维 GIS 软件平台“地球透镜”(GeoScope)，积极探索地上与地下、室内与室外三维城市空间信息集成应用的新模式。关于三维 GIS 空间数据模型，可扩展的高效、可用的三维 GIS 软件体系架构，高效的三维空间数据库引擎，高性能的三维可视化分析与三维空间探索等关键技术将取得重要突破。这些关键技术的突破可以使得三维 GIS 技术稳步走向成熟，从而蕴育更广大的发展空间。

**2. 发展趋势**

三维 GIS 技术未来的发展一方面应关注对上述技术难点的攻克，另一方面应当顺应最新技术的发展与应用的需求，从这两点出发，三维 GIS 未来的发展趋势应当包括下面几点。

1) 建立统一的数据描述模型

目前，虽然对于三维空间数据模型的研究很多，但大多数数据模型是针对某一特定领域的，缺乏通用性，这极大地限制了三维 GIS 的功能。应首先以现实世界的某一类对象为研究目标，发展相应的三维数据模型，并基于此对现实世界中的地理实体进行属性的描述以及空间拓扑关系的描述，在此基础上实现三维 GIS 的空间分析功能。当上述应用于某特定领域的三维对象数据模型成熟之后，便可开始寻求统一的数据描述，从而实现现实世界与地理实体三维数据模型的高度统一。

2) 由三维 GIS 向四维 GIS 发展

随着三维 GIS 的发展，四维 GIS 也进入人们的视野，并将成为一个重要的发展趋势。四维 GIS 即在三维的基础上加上时间序列，从而对地理环境在时间维度上进行评价。目前，三维 GIS 的核心内容仍仅限于静态或时态空间实体的表示，还未充分考虑动态的时空现象，如大气、海洋和各种移动目标等。为更好地表示整个四维的环境，首先必须建立起最基础的三维地理空间框架。因为对这些动态时空现象的表示不仅要利用精度高、现势性好的传感器数据，还要利用科学的数值模拟与预测数据，这就涉及更多专业领域不同时空现象的物理模型与行为模型。显然，“智慧地球”的建设需要对整个地球空间环境有更透彻的感知，自然也对四维虚拟地理环境技术提出了日益紧迫的需求，这才是三维 GIS 技术未来的发展趋势。

3)向三维 Web-GIS 发展

从 21 世纪开始，Internet 进入了爆发式增长阶段，网络的铺设大幅度增加及网速快速提高。GIS 研究和应用也开始转向 Internet 网络，称之为 Web-GIS。Web-GIS 利用 Internet 技术在 Web 上发布空间数据，为用户提供空间数据浏览、查询和分析的功能，具有应用范围广泛、平台无关性、操作简便等特点。

同样，三维 GIS 也有转向 Web 的趋势。目前的 Web-GIS 主要还是二维地图的表现形式，基于三维立体模型 Web 端的空间分析面临着数据支持格式少、显示优化不足等问题。荷兰的国际地理信息科学与地球观测学院(ITC)已经对三维 Web-GIS 进行了比较深入的研究，并尝试在 Web 上实现数字城市应用，建立了一些具有初步功能的实验系统。目前，这些三维 Web-GIS 实验系统在数据模型、网络传输等方面还存在许多缺陷，因此还没有得到实际应用。

三维地理信息具有多维信息显示和分析的特点，三维可视化技术与 Web-GIS 的有效结合可以呈现给用户更真实、形象的空间信息。另外，随着各种计算机硬件、软件技术和网络方面的三维 GIS 技术取得快速发展，促使计算机图形学、数据库、互联网、三维建模、三维模型可视化等相关技术也得到飞速发展。上述两个方面的因素使得三维技术在 Web-GIS 领域的应用也变得越来越广泛，同时也为网络端的三维 GIS 技术勾画出美好的前景。

## 1.3 本章小结

本章主要介绍了 OpenGIS 和三维 GIS 的相关概念和背景。

第一节中，介绍了开放的地理数据互操作规范——OpenGIS，包括 OpenGIS 的概念、目的和发展趋势等，同时还提及了 OGC 协会所做的工作。

第二节中，详细介绍了三维 GIS 的相关概念和背景。首先，按照从二维到 2.5 维，再到三维的顺序介绍了 GIS 的发展历程。接着，选取了几个典型领域介绍三维 GIS 的应用现状。然后，将三维 GIS 与二维 GIS 进行了对比，突出三维 GIS 在各方面的优越性。最后，针对三维 GIS 目前的技术难点提出相应的发展趋势。

目前，开放地理数据互操作规范 OpenGIS 正在成为正式的国际信息技术标准，三维 GIS 也已经逐步进入应用。本章是后面章节的铺垫，通过本章的介绍，读者应对三维 GIS 和开源 GIS 的概念有较为整体和全面的认识，了解三维 GIS 在整个知识体系中处于什么样的位置，以及具有何种意义。

# 第 2 章　三维数据模型及建模

三维 GIS 产品生产的基础是三维数据的采集、建模以及数据存储等一系列相关技术。本章首先列述几种主流的三维数据获取方法，接着介绍三维模型的分类和存储格式，最后介绍三维数据的建模方法。

## 2.1　三维空间数据的获取

三维空间数据获取的基本要求是集成化、实时化、动态化、数字化与智能化，这也是其主要特征。具体的数据获取方法可以分为两大类：点状方式的数据获取，包括 GNSS、激光测量技术等；以及面状方式的数据获取，如数字摄影测量技术、遥感技术、机载与星载对地观测技术和地面车载测量系统等。

三维空间数据的获取还可以分为地表或地下数据来讨论，地表三维空间数据建模通常是用于城市三维建模，采用的数据获取方法包括传统数字测图方法、GNSS 测量技术、激光扫描测量技术、倾斜摄影测量技术、SAR 和 InSARS 技术等；而地下三维数据建模通常应用于采矿和钻井的工程，采用的数据获取方法包括钻孔勘探技术、应用地球物理技术、三维地震技术等。由于本书侧重对地表三维空间建模的介绍，因此在本章中也重点介绍地表三维空间数据获取方式，对于地下三维空间数据的获取请读者根据兴趣和需要自行查阅相关资料。

### 2.1.1　数字测图方法

数字测图系统是以计算机为核心，在外接的输入、输出的硬件和软件设备的支持下，对地形空间数据进行采集、输入、处理、绘图、存储、输出和管理的测绘系统。传统数字测图可应用于城市大比例尺地形图的绘制，它通常包含控制测量和碎部测量两个步骤。具体来讲，需要进行角度测量、方向测量、距离测量、高程测量和坐标测量等操作。其中，角度测量包括水平角、垂直角和方位角的测量，目前常使用的仪器为电子经纬仪；方向测量所确定的是任意方向与真北方向间的夹角，经常使用陀螺经纬仪和陀螺全站仪(图 2.1)来完成；距离测量主要有直接丈量法、间接视距测量和物理测量。使用控制测量获得的点三维数据进行内插所生成 DEM 数据可用于城市地形和植被的表达。

**1. 数字测图方法的优点**

(1)数字测图方法可获得较高的精度，因此常用于 GNSS 或其他测量方法的精度检核。

(2)全站仪可以快捷、高精度地同时测量角度、距离、高程三种要素，一次安置仪器便可完成所有测量工作，因此全站仪成为目前测量的主流仪器。

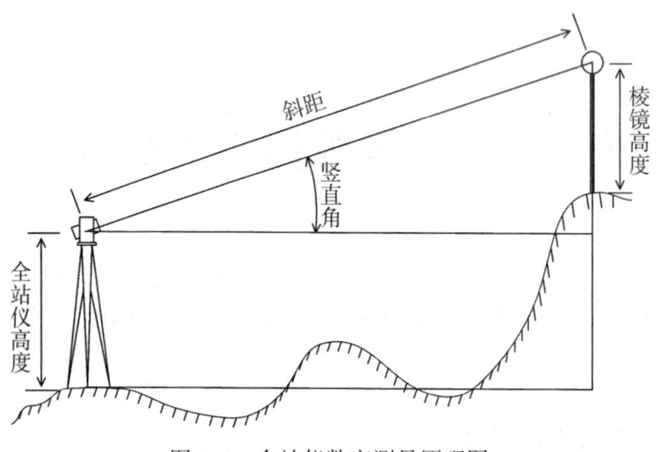


图2.1 全站仪数字测量原理图

(3)大比例尺地图可在几何建模中作为城市三维模型建设的底图，与摄影测量等其他方式获取的数据相结合可起到影像纠正的作用，使所建模型更精确。

**2. 数字测图方法的缺点**

(1)数字测图需要人员到达现场进行测量，工作量大，工作效率不够高。

(2)存在大范围测图精度变低以及受天气条件限制较大等缺点，因此数字测图方法往往需要与其他数据获取方式相结合才能发挥其作用。

### 2.1.2 GNSS测量技术

在三维数据的获取中，全球导航卫星系统(Global Navigation Satellite System，GNSS)是一种重要的途径，它可以获得点的三维坐标。目前，处于工作状态的导航卫星系统有美国的全球定位系统(Global Positioning System，GPS)、俄罗斯的格洛纳斯卫星导航系统(GLONASS)、中国的北斗卫星导航系统(BDS)和欧盟的伽利略系统(Galileo)，它们均在地面三维信息的获取中起到关键作用。GNSS测得的数据经过传输和分流、整周模糊度估算、周跳修复、基线向量解算、平差以及坐标转换等处理，获得空间三维坐标，再结合其他三维数据建立测区模型。将GNSS对地观测技术结合到各种场景的建模中可有效加快建模速度、提高建模精度。

图2.2是北斗卫星导航系统的工作基本原理示意图。

**1. GNSS的优点**

(1)相比于传统的数字测图方法，GNSS没有误差积累，定位精度与测站位置无关，定位精度较高。

(2)仪器操作简单，数据采集速度快，并可以实现单人操作，不需要考虑目视通视条件，可以实现远距离大范围测量。

(3)GNSS不受天气状况的影响，夜间、雨天均可作业，可以实现全球全天候定位。

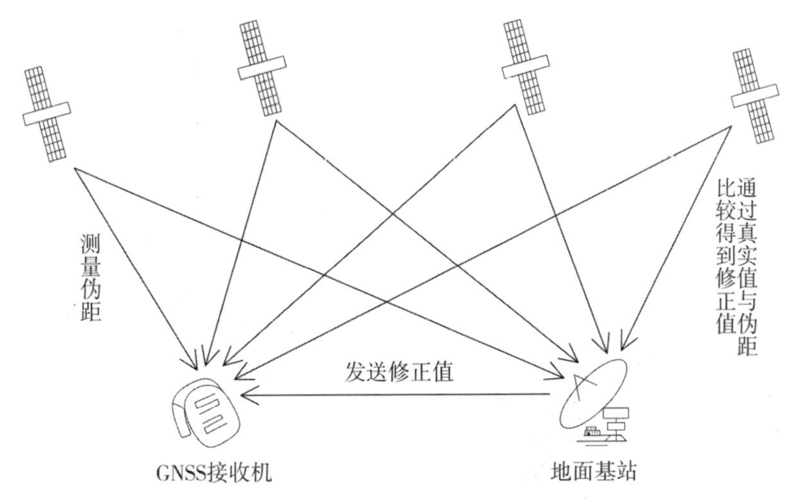


图 2.2 北斗卫星导航系统工作原理

**2. GNSS 的缺点**

GNSS 受天顶方向遮盖影响极大，因此在越空旷的地方，定位精度越高，而难以获取室内或隧道等场景的数据，这就导致该数据无法为室内或隧道等场景的三维建模服务。

### 2.1.3 激光扫描测量技术

三维激光扫描技术是 20 世纪 90 年代中期开始出现的一项高新技术，它的原理是主动发射激光信号并测量从被测目标反射回来的激光信号，从而高密度、高精度地获取被测物体的数字距离信息，通过记录这些被测物体表面大量的密集点的三维坐标、反射率和纹理等信息，可快速复建出被测目标的三维模型和线、面、体等各种图件数据，大范围、高分辨率、快速地获取被测对象表面的三维坐标数据，这为快速建立物体三维影像模型提供了一种全新的技术手段。利用三维激光扫描技术获取的空间点云数据，可以快速建立结构复杂、不规则场景的三维可视化模型，尤其是建筑物模型，这种能力是现在的三维建模软件所不可比拟的。

如今三维激光扫描技术不断发展并日渐成熟，三维扫描设备也逐渐商业化。三维激光扫描已经成为当前研究的热点之一，并在文物数字化保护、土木工程、工业测量、自然灾害调查、数字城市地形可视化和城乡规划等领域有着广泛的应用。

根据平台的不同，激光扫描系统可以分为机/空载激光扫描系统和地面扫描系统两类，其中地面激光集成扫描技术已经成为国际上的研究热点。另外，根据测量原理的不同，三维激光测量还可分为脉冲式、基于相位差以及基于三角测量等种类，其中脉冲式激光扫描测量仪是最常见的激光扫描测量仪器，其原理如图 2.3 所示。

**1. 激光扫描技术的优点**

(1)三维激光扫描系统为主动式系统，通过探测自身发射的激光脉冲回射信号来描述目标信息，使得系统扫描不受时间和空间的约束，具有实时性和动态性。

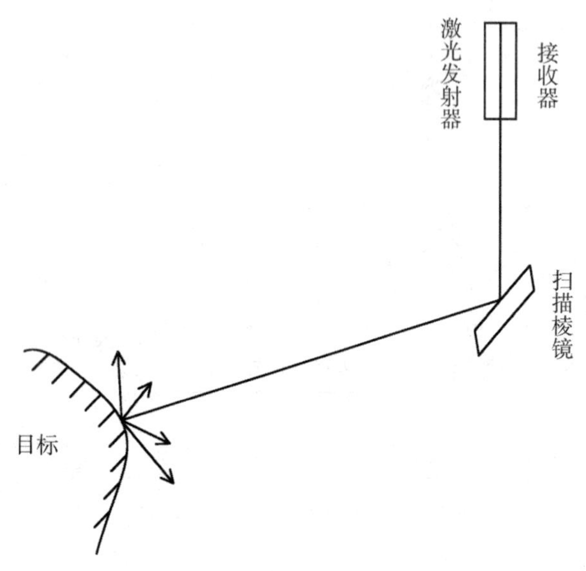


图 2.3　脉冲式激光扫描测量仪原理图

(2)激光扫描能够以高密度、高精度的方式获取目标表面特征；还可以自由控制点云的采集密度，以适应不同目的，具有高度灵活性。因此三维激光扫描多用于较小目标的三维建模。

(3)观测过程中由扫描仪内部的电子设备自动控制，无须人工干预，减少了人工干预带来的不确定性，实现了高稳定性。

(4)三维扫描系统是一种主动式的测量系统，无须与被测物体接触，可深入复杂的现场环境中进行扫描。另外，其数据采集在白天、黑夜以及恶劣的天气条件下均可进行，具有良好的适应性。

(5)三维激光扫描系统可以和 GNSS 等进行集合，实现更强、更多的应用，具有可拓展性。

**2. 激光扫描技术的缺点**

(1)三维激光扫描作为较为新兴的技术，其测量设备价格较为昂贵，并且测量布置也较为繁琐，在实施过程中存在一定的测量盲区。

(2)虽然激光雷达可以较好地反映待测物体表面的几何特征，但是对于纹理特征的表达，存在原理上的缺陷。这对于较为精细的三维建模来讲，是一种严重缺陷。

(3)由于激光扫描采用的测量方式是固定采样间隔，因此其对于边界、点线特征的测量精度都会无法避免地受到采样间隔的限制。

### 2.1.4　倾斜摄影测量技术

倾斜摄影测量(Tilt Photogrammetry)技术是近年来国际测绘遥感领域发展起来的一项高新技术。倾斜摄影测量技术通过在同一飞行平台上搭载多台传感器，同时从一个垂直、四个倾斜共五个不同的角度采集影像，再配合惯导系统获取高精度的位置和姿态信息，通过特定的数据处理软件进行数据处理，将所有影像纳入统一的坐标系统，从而更加真实地再现三维地物的实际情况。其工作原理如图 2.4 所示。

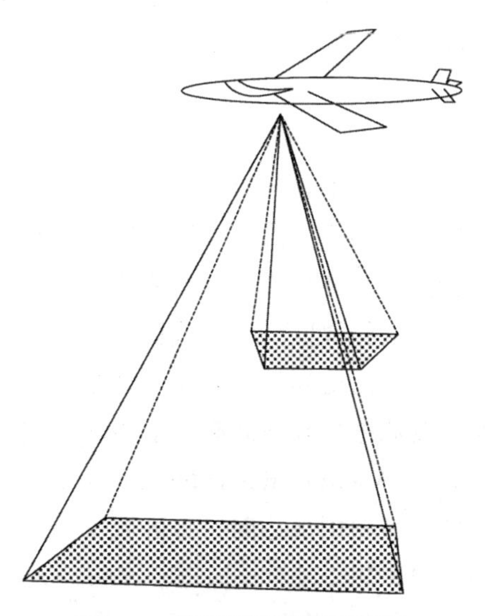

图 2.4　倾斜摄影测量原理图

倾斜摄影测量技术是在传统摄影测量技术基础上发展而来的。传统摄影测量包括航天摄影测量、航空摄影测量、地面摄影测量和近景摄影测量，通常采用飞行平台搭载一个镜头相机，获取地面的下视视角的影像。这样的下视影像只能够获得地物的俯视图，对地物侧面的纹理和三维几何结构的获取能力十分有限，以建筑物为例，只能获得屋顶和少量房屋侧面的纹理。

倾斜摄影测量通过在同一飞行平台上搭载多台传感器，便可以从垂直、倾斜等不同角度采集影像，由此便可以得到在正射影像上被遮挡的地物信息，使得基于该影像的三维建模成为可能。正因这些特性，倾斜摄影测量技术成为近几年来国际范围内发展十分迅速的一项高新技术，受到了广泛关注。

**1. 倾斜摄影测量技术的优点**

(1)对于大飞机倾斜摄影测量来讲，由于航高较高，因此获得的数据范围较大，一次性可以获取几十平方千米的城市建筑物及地形模型。并且建模速度快，纹理真实性强，能带来具有冲击力的视觉感受。

(2)不需要与目标进行接触，因此为一些难以涉足的区域的测量和观测工作提供了方便，如地质灾害调查、矿山监测等。

**2. 倾斜摄影测量技术的缺点**

(1)对于大飞机倾斜摄影测量来讲，由于航高较高，接近于地表的细节(如电线杆、电线和栏杆等)会损失严重。无人机低空倾斜摄影在此问题上的表现优于大飞机，但是又会由于航高限制导致单次采集区域过小。因此大飞机倾斜摄影测量常用于大范围、低精度的宏观场景的三维建模。

(2)倾斜摄影测量影像中存在遮挡问题，对于被密集植被遮挡的目标，是无法获得相应数据的。若要解决植被下目标的测量问题，需要结合激光雷达测量技术，利用激光雷达的穿透能力便可获得一定厚度植被下的目标数据。

### 2.1.5　SAR 和 InSAR 技术

合成孔径雷达(Synthetic Aperture Radar，SAR)最早于 20 世纪 50 年代发端于美国。它是一种利用微波探测地表目标的主动式成像传感器，用一个小天线作为单个辐射单元沿一直线不断移动，随着小天线的移动，其在不同时刻和位置接收到同一地面目标信号的频率也会发生变化，也即出现多普勒频移效应。频率偏移对于时间而言是线性的，所以反射脉冲可以解释成是经过线性调频调制而得到的。因此，将在不同位置接收到的目标信号通过具有频率逆偏移特性的匹配滤波器进行滤波调制，就能够得到目标的唯一像素。

合成孔径雷达干涉(Synthetic Aperture Radar Interferometry，InSAR)是传统的 SAR 与射电天文干涉技术相结合的产物。它利用雷达向目标区域发射微波，然后接收目标反射的回波，得到同一目标区域成像的 SAR 复图像对；通过求取两幅 SAR 图像的相位差，获取干涉图像，然后经相位解缠，从干涉条纹中获取地形高程数据(图 2.5)，从而计算出目标地区的地形、地貌以及表面的微小变化。该技术可用于数字高程模型建立、地壳形变探测等。

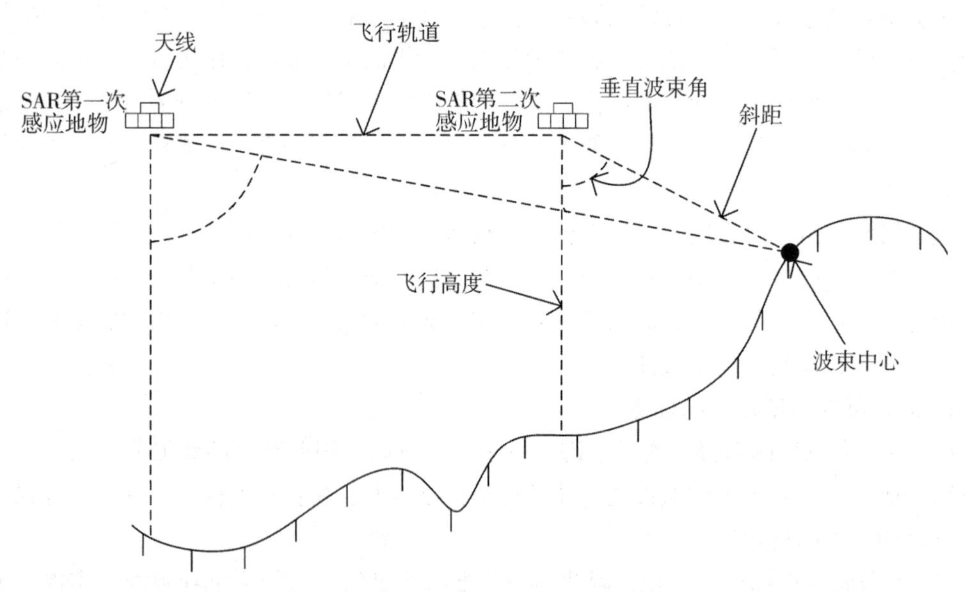


图 2.5　合成孔径雷达干涉原理图

**1. SAR 和 InSAR 技术的优点**

(1)具有全天时、全天候的特点。在云层覆盖的区域很难由光学遥感进行观测，但是

SAR 具有一定的穿透能力，因此能够在云层覆盖的情况下对地物进行观测。并且 SAR 作为主动遥感，主动发射电磁波的观测方式使其摆脱了对太阳作为辐射源的依赖。

(2) SAR/InSAR 具有覆盖范围广的特点。如 SAR 数据可以一次性监测约 40000km$^2$、空间分辨率为 20m 的地表形变图。如此，高分辨率的地表形变图是通过传统测量手段难以获取的。

(3) SAR/InSAR 可对地壳变形进行准确的测量和检验。通过相位的计算能够得到高精度的地面纹理、地面形变等信息，是地壳构造变形(板块动力学理论、地震、造山等)研究的一个新的强有力工具。

**2. SAR 和 InSAR 技术的缺点**

SAR/InSAR 技术原理较为复杂，因此对监测结果精度的评定较为复杂，针对精度改进的研究的开展较为困难。

## 2.2 三维数据模型

### 2.2.1 三维数据模型分类

现实生活中的地形地貌、房屋建筑等地理实体要想借助计算机来可视化显示或表达，就必须将其抽象或简化成计算机易于存储和显示的数据模型。三维空间数据模型真实地反映了对空间对象的抽象表述，进而反映了我们对现实世界的认知。由于人们认识客观事物的目的和方法不同，因此三维空间数据模型的类型也不同。作为三维可视化和空间数据库的基础，三维空间数据模型一直是国内外众多学者和科研机构研究的热点，截至目前已提出 20 余种模型。根据模型对现实世界数据的提取方式，可以将这些模型分为基于栅格模型、基于矢量模型、混合模型和其他模型；基于数据结构可以将这些模型分为三类，基于面的模型、基于体的模型和基于混合构模的数据模型。

事实上，三维空间数据模型除了几何特征和数据描述特征两方面的特性可以作为分类依据之外，还可以从是否具有拓扑关系、是否采用面向对象的描述方法这两个方面进行考虑。例如，四面体模型(TEN)是一个基于体表示的模型，具有描述拓扑关系的能力，还可以采用面向对象方法描述模型元素之间的拓扑关系。而由于只有矢量数据结构的模型才会具有拓扑数据模型的特点，面向对象的数据模型可以同时包含矢量和栅格两种数据结构以及不同的空间对象。因此，可以将三维空间数据模型从几何特征、数据描述格式加以考虑，而不将其他的分类依据作为讨论依据。总之，从几何特征角度来看，可将三维空间数据模型归纳为基于面表示的模型(Facial Model)、基于体表示的模型(Volumetric Model)以及基于混合表示的模型(Hybrid Model)三大类；从数据描述格式来看，可以分为矢量、栅格以及矢量与栅格集成(Raster-Vector Integration)三种。表 2.1 中根据两种不同的分类方式对一些模型进行了划分，列举出的模型仅是众多模型中的一部分，但都具有代表性，基本上可以代表三维空间数据模型研究的主流。在本节中还将选取表中较为经典的一些模型进行详细讲解。

表 2.1　典型三维数据模型

| | 面模型 | 体模型 | | 混合模型 |
|---|---|---|---|---|
| | | 规则体元 | 非规则体元 | |
| 矢量 | · 不规则三角网(TIN)<br>· 边界表示(B-REP)<br>· 断面模型(Section)<br>· 断面-三角网(Section+TIN)<br>· 线框模型(Wire Frame)<br>· TIN 形式多层 DEMs<br>· 三维形式化数据结构(3D FDS)<br>· 面向对象三维几何目标数据模型(OO 3D)<br>· 简化的空间数据模型(SSM)<br>· 三维城市模型(3D CM) | · 实体几何(CSG) | · 四面体格网(TEN)<br>· 实体模型(Solid)<br>· 非规则块(Irregular Block)<br>· 3D-Voronoi 图<br>· 地质细胞(Geocellular) | · TIN+CSG 混合模型 |
| 栅格 | · 规则格网(Grid)<br>· 形状模型(Shape)<br>· 格网形式多层 DEMs | · 体素(Voxel)<br>· 八叉树(Octree)<br>· 规则块(Regular Block) | | |
| 矢量栅格集成 | · Grid+TIN 数字高程模型 | · 针体模型(Needle) | | · Octree+TEN 混合模型<br>· TIN+Octree 混合 |

**1. 面模型**

面模型的表示方法注重三维空间实体表面的表示。在使用面模型表示三维空间时，空间对象的几何特征通常依靠微小的面单元来描述，可借助表面表示形成目标的空间轮廓，所模拟的表面可能是封闭的，也可能是非封闭的，如地层构造、地形表面、建筑物的轮廓与空间框架。面模型的优势主要在于数据的显示和更新方面。但它也有缺点：缺少相应的三维几何描述和内部属性记录，故面模型无法实现三维空间数据的查询和分析功能。面模型中较为典型的结构模型包括规则格网结构(Grid)、不规则三角网(Triangulated Irregular Network，TIN)及边界标识模型(B-REP)等。

**2. 体模型**

与面模型不同，体模型在表达三维空间目标时使用了体信息来描述对象的内部情况。该类模型更注重三维空间的体元分割和真三维实体表达。体模型的出现使得物体的体信息能够更方便地被可视化表达和分析。体模型中，可以独立描述和存储体元的属性，故该类模型在对象的空间分析方面具有明显的优势，可以进行三维空间分析和操作。但由于体模型包含的数据量较大，所以占用的内存空间较大，从而导致计算机的计算和显示速度较慢。

体模型一般分为规则体元和非规则体元，它们的特点不同，适用场景也不同。如实体几何模型(Constructive Solid Geometry，CSG)和八叉树模型(Octree)属于规则体元；而四面体格网模型(TEN)和金字塔模型(Pyramid)是非规则体元。

**3. 混合模型**

混合数据模型是将几种数据模型集成统一在一个模型中，故该类模型同时具备面模型和体模型两者的优点。面模型侧重三维空间实体的表面表示，便于显示和更新数据，却难以进行空间分析；体模型侧重空间实体边界和内部的整体表示，易于进行空间操作和分析，但所需的存储空间大，数据结构复杂，计算速度很慢。混合模型综合了两者的优点，取长补短，使得该类模型不仅便于数据显示和更新，而且易于空间操作和分析。目前，对混合模型的研究尚局限于理论和概念的探讨阶段，但同时具备面模型和体模型优点的混合数据模型已经成为空间数据模型研究的热点之一。混合模型主要有 Octree-TEN 混合模型、TIN-Octree 混合模型、Hybrid 模型和 TIN-CSG 混合模型等，在本书中不再重点介绍，读者可根据兴趣或需要自行查阅相关资料。

## 2.2.2　典型三维模型

**1. 规则格网结构(Grid)**

规则格网结构(Grid)将地理信息表示成一系列按行、列排列的同一大小的格网单元，通常是正方形，也可以是矩形、三角形等规则格网。每个格网单元对应一个数值，则规则格网在数学上可以表示为一个矩阵，在计算机实现中则是一个二维数组。每个格网单元或数组的一个元素对应一个高程值。规则格网结构示意图如图 2.6 所示。

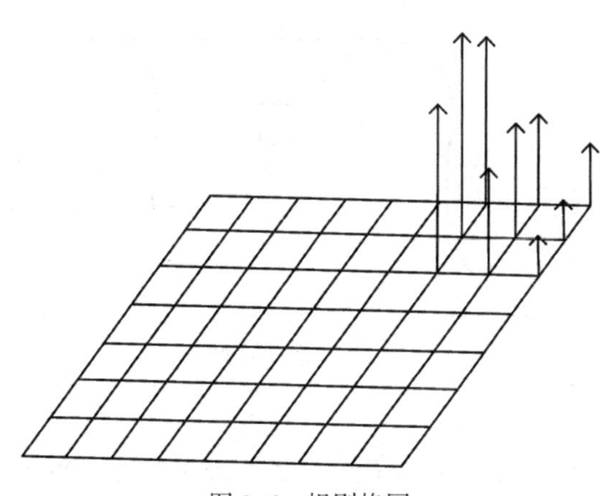

图 2.6　规则格网

对于规则格网中每个格网的数值的计算方式，主要有两种不同的解释：第一种是格网栅格观点，该观点认为某格网单元的数值是其中所有点的高程值，即格网单元对应的地面面积内高程是均一的高度，这使得数字高程模型成为一个不连续的函数；第二种是点栅格观点，该观点认为某格网单元的数值是格网中心点的高程或该格网单元的平均高程值，这样就需要用一种插值方法来计算每个点的高程。

规则格网结构常用于数字高程模型(DEM)中地形的表现，它是 DEM 中使用最广泛的格式，目前许多国家提供的 DEM 数据都是以规则格网的数据矩阵形式提供的。

规则格网的高程矩阵的数据结构简单，算法实现容易，便于空间操作和存储等，便于计算机处理，并且易于计算等高线、坡度、坡向和自动提取流域地形等，这是它的主要优点。而格网 DEM 的缺点主要有以下几点：

(1)数据量大，通常需要采用压缩存储；

(2)在地形平坦的地区，存在大量冗余数据；

(3)采用规则的数据表示不规则的地面特性本来就是不协调的，因此规则格网无法准确表示地形的结构和细部，不利于表示地形复杂区域；

(4)对于某些特种计算如通视计算，过分依赖格网轴线。

为避免上述问题，可采用附加地形特征数据，如地形特征点、山脊线、谷底线、断裂线等，以描述地形结构。

**2. 形状模型(Shape)**

形状模型是通过表面点的斜率来描述目标表面，其基本元素是表面上各单元所对应的法线向量，而不是 $z$ 轴坐标的值，如图 2.7 所示。对于每一个格网点($x_i$，$y_i$)，当在 $x$ 和 $y$ 轴方向上的坡度($z_{xi,j}$，$z_{yi,i}$)都已知时可以定义一个表面上的法向量($-z_{xi,j}$，$-z_{yi,i}$，1)，因而就可以确定格网点之间的关系。进一步来讲，如果格网边界上的 $z$ 值已知或部分格网点的 $z$ 值已知，则可以采用坡度值借助最小二值拟合方法来确定所有点的 $z$ 值。

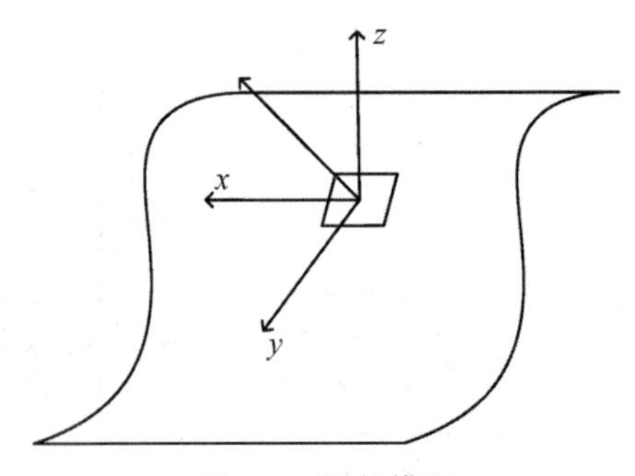


图 2.7　形状模型

形状模型的基本思想是通过法向量的变化来反映表面坡度的变化，通过坡度变化可以再求出表面点之间的高度变化，最终确定目标的三维表面。形状模型主要用于三维表面重建，在对物体进行可视化操作中，相比于格网点 $z$ 值更加简单，具有一定的优势，但是对模型操作困难，求算表面高程时较为不便。

**3. 不规则三角网(TIN)**

不规则三角网(TIN)模型采用一系列互不交叉、互不重叠且相互连接的三角形来拟合地表或其他不规则表面。TIN 中三角面的形状和大小取决于不规则分布的测点的密度和位置，能够避免地形平坦时的数据冗余，又能按地形特征点表示数字高程特征。与 Grid 一样，TIN 常用来拟合连续分布现象的覆盖表面，构造数字地面模型，特别是 DEM。如图 2.8 所示是不规则三角网的建立的示意图。

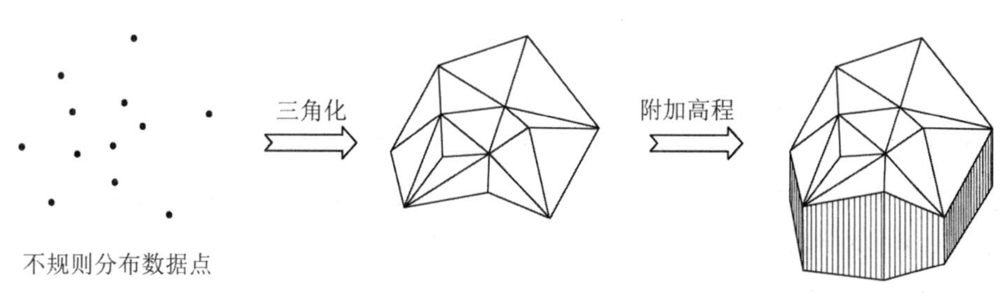


图 2.8　不规则三角网

TIN 模型的优点是它能够以不同层次的分辨率来描述地形表面，三角面的形状和大小取决于不规则分布的测点的位置和密度，能够避免地形平坦时的数据冗余，又能按地形特征点表示数字高程特征。与格网数据模型相比，TIN 模型在某一特定分辨率下可以用更少的时间和空间来更精确地表示更加复杂的表面，特别是当地形中包含大量如断裂线、构造线等特征时，TIN 模型可以更好地顾及这些特征，从而精确、合理地表达地表形态。即 TIN 具有精度高、速度快、效率高和善于处理断裂线及地物的特点，因此 TIN 被广泛应用于数字制图和用地表面的模型化及分析。

组成 TIN 的基本元素包括：节点(Node)、边(Edge)和面(Face)。其中，节点是相邻三角形的公共顶点，也是用来构造 TIN 的数据采样。边是两个三角形的公共边界，可以具体反映 TIN 的不光滑性；同时，边还可能包括断裂线、特征线和区域边界等。面是由最近的三个节点所组成的三角形面，是 TIN 描述地形表面的基本单元。TIN 中每一个三角形都描述了局部地形的倾斜状态，具有唯一的坡度值。三角形在公共节点和边上是无缝的，也即三角形是不可交叉和重叠的。

对于 TIN 中的三角形的几何形状，一般有如下三个基本要求：

(1)三角形的格网唯一；

(2)三角形尽量接近正三角形；

(3)三角形边长之和最小，以保证最近的点形成三角形。

TIN 的三角剖分准则是指 TIN 中的三角形的形成法则，它决定着三角形的几何形状和 TIN 的质量。目前，在 GIS、计算机以及图形学领域常用的三角剖分准则有下面五种。

(1)空外接圆准则：在 TIN 中，每个三角形的外接圆都不包括点集其余任何点。

(2)最大最小角准则：在 TIN 的相邻的两个三角形形成的凸四边形中，这两个三角形的最小内角一定大于交换凸四边形对角线后所形成的两个三角形的最小内角。

(3)张角最大准则：一点到基边的张角为最大。

(4)面积比准则：三角形内切圆面积与三角形面积，或是三角形面积与周长平方之比最小。

(5)对角线准则：限定两个三角形组成的凸四边形的两条对角线之比。这一准则的比值限定值需要给定，即当计算值超过限定值才进行优化。

三角剖分准则是建立三角形格网的基本准则，应用不同的准则会产生不同的三角网。一般而言，应尽量保持三角网的唯一性，即在同一准则下由不同的位置开始建立的三角格网，其最终的形状和结构应该是相同的。

在空外接圆准则、最大最小角准则下进行的三角剖分称为狄洛尼三角剖分(Delaunay Triangulation，DT)。这两个准则令 TIN 中的三角形尽可能等角，这样可以减少由细长三角形产生的潜在的数值精度降低问题。这样的 TIN 在表达连续表面方面的优势十分明显，在所有生成三角网剖分方法中，DT 方法在地形拟合方面表现最出色，因此常被用于生成 TIN，ArcGIS 也支持 DT 方法。

**4. 边界表示模型(B-REP)**

边界表示模型是一种分级结构数据模型，它的基本思想是对任何对象的位置和形状都通过点(Vertice)、边(Edge)、面(Face)和体(Shape)四个层次来定义，即每个对象体由有限个平面或曲面组成，每个面通过有限条边围成的区域来定义，每条边又通过两端点来确定。例如，一个长方体由 6 个面围成，每个面由 4 条边界定，每条边又由两个端点确定，如图 2.9 所示。

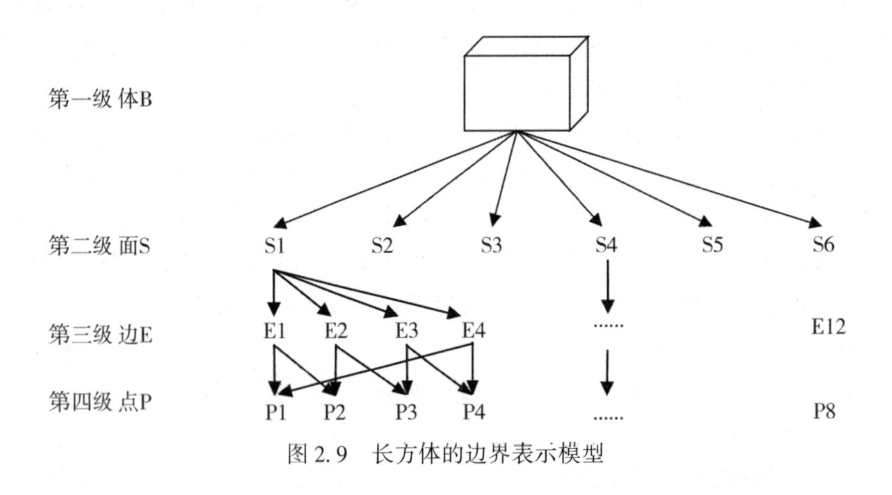


图 2.9　长方体的边界表示模型

边界表示描述形体的信息包括几何信息(Geometry)和拓扑信息(Topology)两个方面，这是边界表示的重要特征。其中，拓扑信息描述的是形体上的顶点、边、面的连接关系，它形成物体边界表示的“骨架”；而形体的几何信息犹如附着在“骨架”上的肌肉。例如，形体的某个面位于某一个曲面上，定义这一曲面方程的数据就是几何信息。此外，边的形状、顶点在三维空间中的位置(点的坐标)等都是几何信息，一般来说，几何信息描述形体的大小、尺寸、位置和形状等。

边界表示的优点是详细记录了构成对象的各几何元素的几何信息和其相互的连接关

系，便于存取各几何元素，有利于以面、边、点为基础的各种几何运算和操作，非常适合描述结构简单的规则二维对象和规则三维对象。但对于不规则三维对象，使用边界表示模型时很不方便，且数据维护的工作量较大，数据关系复杂，缺乏对三维对象内部信息的描述，效率低下。

**5. 断面-三角网混合模型(Section+TIN)**

在二维地质剖面上，主要信息是一系列表示不同地层界线的边界或有特殊意义的地质界线的边界，如断层、矿体或侵入体。每条界线均赋予了属性值。断面-三角网混合模型的实质是将相邻剖面上属性相同的界线用三角面片连接，从而形成具有特定属性含义的三维曲面。如图 2.10 所示，一矿体在三个剖面上的封闭边界线之间采用三角形进行连接，就可以形成三维曲面。

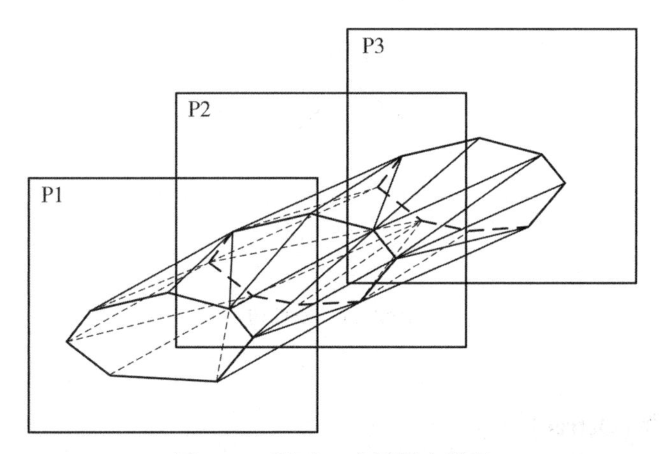


图 2.10　断面-三角网混合模型

相邻剖面地质界线之间的三角形连接方法可以采用同步前进法或最短对角线法，但为了达到正确的连接必须经过二维剖面的编辑。断面-三角网的构模步骤为：①剖面界线赋值；②二维剖面编辑；③相邻剖面连接；④三维场景重建。

断面-三角网混合模型构模方法的优点是可以清晰地反映地质体之间的界面分布，它的主要缺点是难以表达三维地质体的内部结构。

**6. 实体几何模型(CSG)**

在使用实体几何模型进行构模时，首先预定义一些形状规则的基本体元，体元是指最简单的实体，如立方体、圆柱体、球体、圆锥及封闭样条曲面等。构造物体的过程就是将体元根据集合论和布尔逻辑组合在一起，如进行几何变换(缩放、平移、旋转)和体元之间的正则布尔操作(并、交、差)，从而形成一个更为复杂的空间对象。

通常可以将 CSG 模型表示成一棵布尔树结构，称为 CSG 树，如图 2.11 所示，CSG 树是一个表示三维目标及其对应关系的树。树的叶节点为基本体素与参数，树的根节点和中间节点为正则布尔运算符。

构造实体几何有许多实际的应用，在需要简单几何物体的场合或者数学精度很关键的场合都有应用，它在描述如城市模型、CAD 模型等这些结构简单的三维物体时十分有效。但在表达复杂不规则的三维物体，尤其是地质体时，CSG 模型效率低下。同时该模型无法描述组成对象体元之间的拓扑关系。

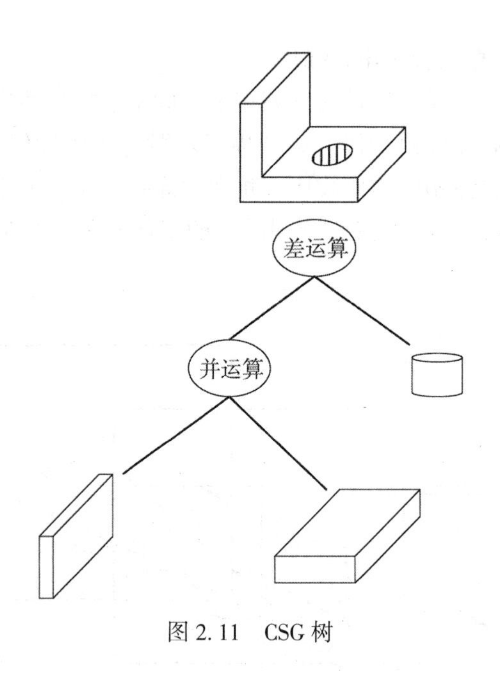


图 2.11　CSG 树

**7. 八叉树模型(Octree)**

八叉树模型可以看作四叉树在三维空间的拓展，也可看作三维体素阵列表示形体方法的一种改进。它的每个节点表示一个正方体的体积元素，每个节点有八个子节点，将八个子节点所表示的体积元素加在一起就等于父节点的体积。八叉树模型在医学、生物学、机械学等诸多领域都已得到成功应用。

八叉树的实现逻辑如下：设一个待表示的形体为 $V$，$V$ 可以放在一个充分大的正方体 $C$ 内，形体 $V \neq C$，那么形体 $V$ 的八叉树可以用一个递归来表示，八叉树的每个节点与 $C$ 的一个子立方体对应，树根对应 $C$ 本身，若 $V=C$，则此八叉树只有树根；若 $V \neq C$，则将 $C$ 分为八个子立方体，其中每个子立方体与树根的一个子节点相对应。只要有某子立方体没有被 $V$ 完全占据或是完全空白的，就要将其八等分，从而该子节点就又有了八个子节点。这样的递归、判断、分割的过程需要一直进行，直到节点对应的立方体完全空白、完全被 $V$ 占据或是已达到预先确定的体素大小。这样的迭代定义八叉树的过程如图 2.12 所示。

八叉树模型充分利用了形体在空间上的相关性，因此一般来说，它占用的存储空间比三维体素阵列少；但是实际上它还是使用了较多的存储空间，因此这并不是八叉树模型主要的优点。八叉树模型的主要优点在于可以方便地实现有广泛用途的集合运算，这恰是其他表示方法难以处理或需要耗费很多资源之处。此外，八叉树模型的有序性和分层性为显

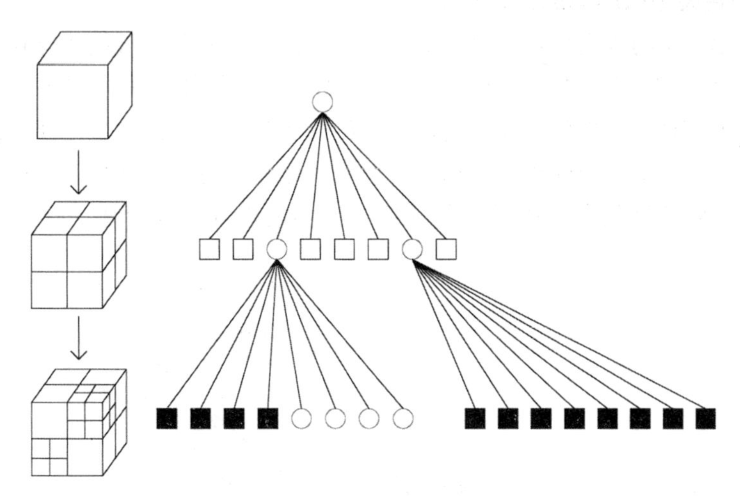

图 2.12 八叉树模型

示精度和速度的平衡以及隐线和隐面的消除等带来许多方便。

**8. 规则块模型(Regular Block)**

规则块模型是传统的地质构模方法，它把建立模型的空间按照一定的方向(三个正交的方向)和间隔分割成规则的三维立方格网，称为块段，如图 2.13 所示。在每个块段中，由克立格法、距离加权平均法、杨赤中滤波与推估等方法所确定的品位、质量或其他参数被视为常数，及块体均被视为一个均质同性体。以矿体建模为例，每个块段在计算机中的存储位置与其在自然矿床中的位置相对应。该模型的优点是数据结构简单、规律性强、易于编程实现，而其缺点是描述矿体形态的能力差，在矿体边界处误差大，尤其是对复杂矿体的模拟效果不理想。该模型比较适合属性渐变的三维地质体建模，在有边界约束的情况下必须进行局部单元细化才能够满足建模要求，这也就导致了数据量急剧增加，因此该模型无法精确模拟矿体边界或开采边界。

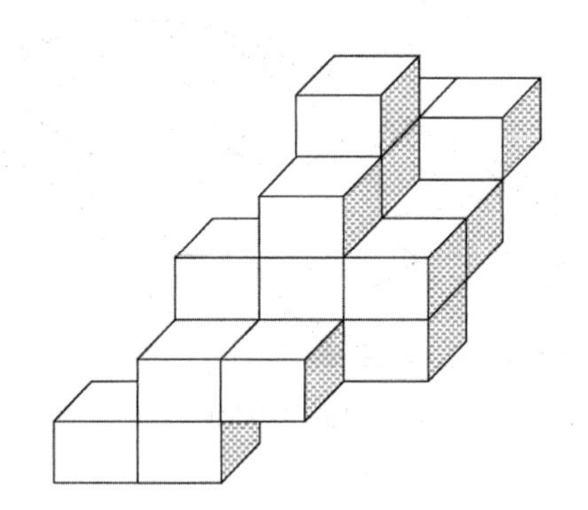

图 2.13 规则块模型

**9. 非规则块模型(Irregular Block)**

非规则块模型是与规则块模型相对应的，二者的区别在于：规则块体在 3 个方向上的尺度($a$，$b$，$c$)可以互不相等，但必须是常数。而非规则块体在 3 个方向上的尺度($a$，$b$，$c$)不仅互不相等，且不为常数。非规则块模型的优势是可以根据地层空间界面的实际变化进行模拟建模，故可提高空间构模的精度。其缺点是建模过程与处理过程都比较复杂，同时此模型中对空间位置信息必须进行具体描述，不能像规则块模型一样隐含表达。如图 2.14 所示。

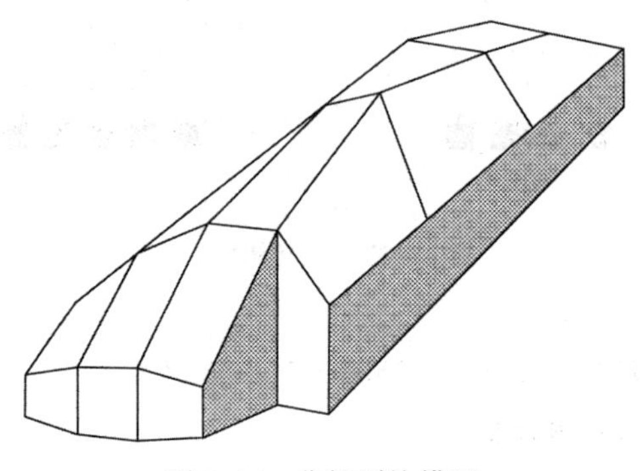

图 2.14　非规则块模型

**10. 实体模型(Volume)**

实体模型是采用多边形格网的方法来精确描述地质体在开采过程形成的开挖边界，同时使用传统的块体模型来独立地描述形体内部的属性分布。如图 2.15 所示，该模型既可以简化体内属性表达和体积计算，又可以保证边界构模的精度。该模型的缺点是对具有复杂内部结构的实体进行建模时，需要大量的人工交互。加拿大的 LYNX 系统就提供了实体构模技术。

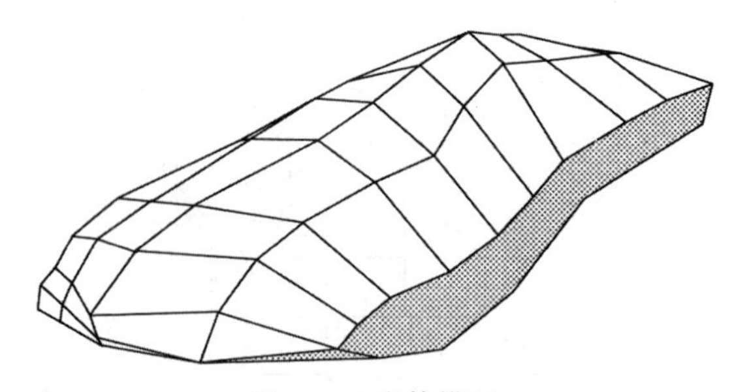

图 2.15　实体模型

**11. 针体模型(Needle)**

针体模型也称为行程模型。该模型是在 3D 栅格模型的基础上采用数据压缩技术所产生的。具体做法是在每个($x$，$y$)位置所对应的 $z$ 值上，采用行程编码技术进行压缩，即只记录起始坐标和行程长度，如图 2.16 所示。该模型的主要优点是节省存储空间，但模型的精度比较低，同时，在数据处理中所用到的变换操作会对处理速度造成影响。该模型常用于表示诸如地层、煤层、地下水等均质层状三维对象。

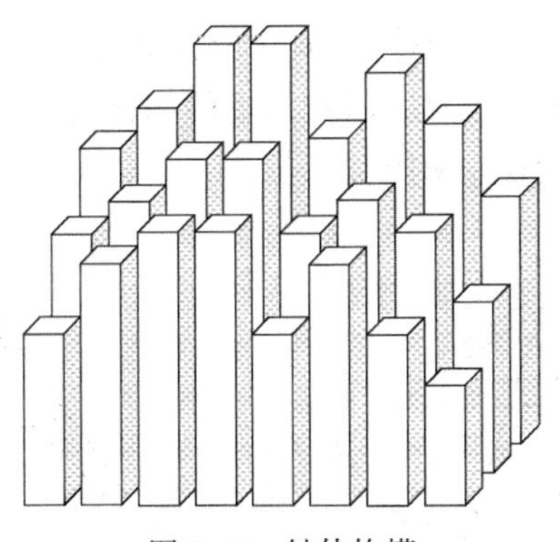

图 2.16　针体构模

**12. 四面体模型(TEN)**

TEN 模型是在 3D Delaunay 三角化研究的基础上提出的，是不规则三角形格网(TIN)在三维上的扩展。它是将目标空间用紧密排列但不重叠的不规则四面体形成的格网来表示。其基本思路是将三维空间中无重复的、集中的散乱点用互不相交的直线两两进行连接，从而形成三角面片，再由互不穿越的三角面片构成四面体格网。其中，四面体都是以空间散乱点为其顶点，且每个四面体内部不含点集中的任一点。不规则四面体模型示意图如图 2.17 所示。

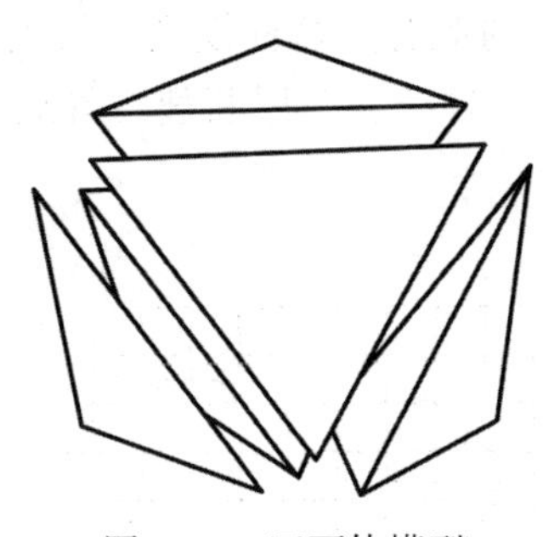

图 2.17　四面体模型

Delaunay 四面体应具有如下特点：

(1)所形成的四面体互不重叠。

(2)所形成的四面体可以覆盖整个三维空间。

(3)任一点均不位于不包含该点的四面体的外接球内。此特点是 Delaunay 四面体的一个重要性质，也是生成 Delaunay 四面体的出发点。

构模时，四面体内点的属性可通过插值函数进行插值得到，插值函数的参数由四个顶点的属性决定。四面体模型虽然可以描述实体内部，但不能精确表示三维连续曲面，而且用该模型模拟三维空间曲面也较为困难，算法设计较复杂。

**13. 金字塔模型(Pyramid)**

金字塔模型与TEN模型类似，不同之处在于金字塔模型用1个四边形和4个三角面片封闭形成的金字塔状模型来实现对空间数据场的剖分(图2.18)。该模型的数据维护和模型更新十分困难，因此一般较少采用。

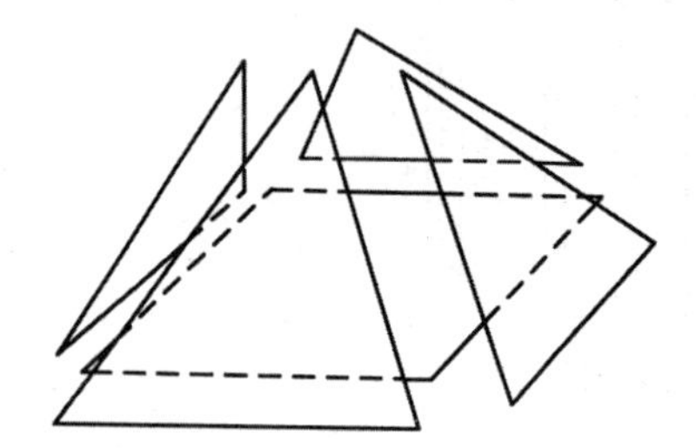
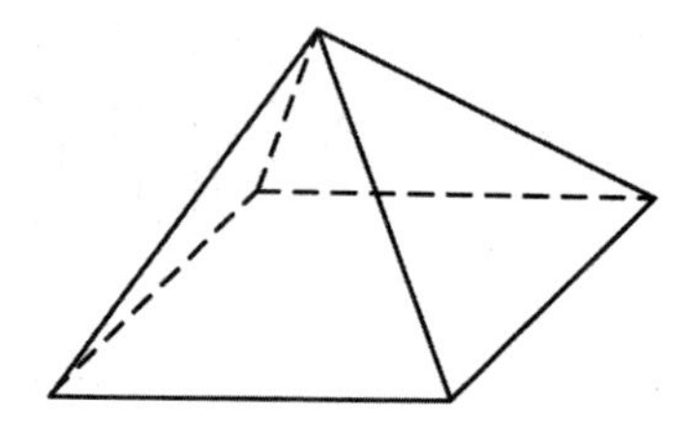

图2.18 金字塔模型的基本体元

**14. Grid+TIN混合模型**

Grid和TIN是数字地面模型DTM的两种主要表现形式。基于Grid的DTM数据结构简单，应用方便，但由于需要进行数据内插而损失了原始数据的精度，同时在地形较为平坦的区域，由于要保持规则的格网结构而产生了数据冗余。而基于TIN的DTM则直接利用原始数据重构地表，保留了原始数据的几何精度，完全不存在数据冗余，但缺点是数据结构较为复杂，不便于进行如DTM叠加等应用分析。为了克服单一结构的缺点，有学者提出Grid+TIN混合数字地面模型的概念，这种模型在较大范围下一般采用规则格网附加特征数据，例如在地形特征点、山谷线、底层断裂线等处，形成全局高效、局部完美的DEM，如图2.19所示。

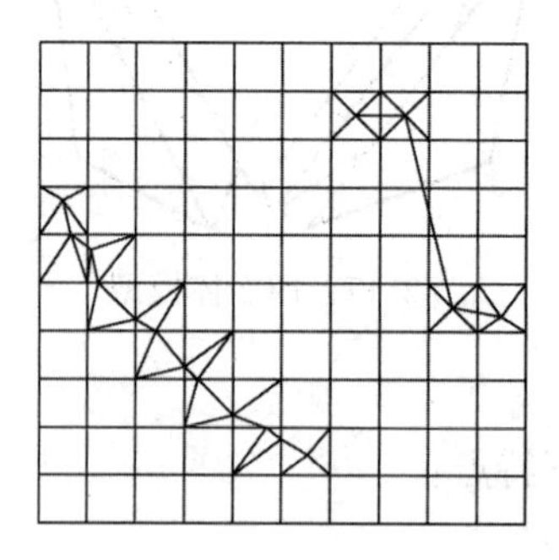

图2.19 Grid+TIN混合模型

这样的模型适用于表面模型的构建，尤其在需要考虑复杂地形特征的数字表面模型的建模和具有断层或裂隙线的地层分界面的建模条件下更为合适。在需要的条件下，这种模型可以实时地完全转化为 TIN 结构的形式。Grid 与 TIN 混合模型的数据结构复杂且不便于管理，因此，目前这种方法的研究重点是存储结构和算法设计。

**15. TIN+CSG 混合模型**

TIN+CSG 集成模型是数字城市建模的主要方式。数字城市建模中要同时创建地形表面模型和建筑物模型，为此可用 TIN 模型表示地形表面，用结构实体几何(CSG)模型表示建筑物实体，两种模型的数据是分开存储的。为了实现 TIN 和 CSG 的集成，在 TIN 模型中将建筑物的地面轮廓作为内部约束，同时，将 CSG 模型中建筑物的编号作为 TIN 模型中建筑物的地面轮廓多边形的属性，从而将两种模型集成在一个用户界面。TIN+CSG 混合模型的示意图如图 2.20 所示。

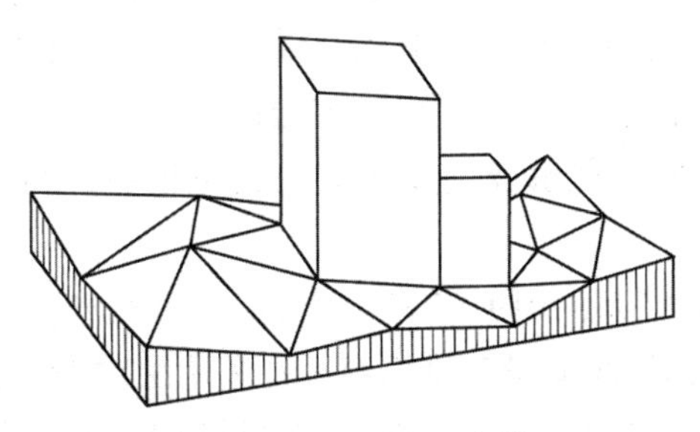

图 2.20 TIN+CSG 混合模型

TIN+CSG 实际上是一种表面上的集成方式，一个目标只由一种模型来表示，然后通过公共边界进行连接，最后的显示和操作也是分开进行的。这种混合模型适用于城市景观建模，对于其他许多场景，如地下场景的复杂断层、褶皱和节理裂隙等精细的地质构造是难以表达的。

在 TIN+CSG 集成模型中，一个关键就是 TIN 模型和 CSG 模型地面相交处的处理。由于建筑物底面(与地面接触的面)在理论上是一个平面，而地形表面是一个连续空间曲面，若不对坐落在地形 TIN 面上的建筑物 CSG 模型做任何处理，则建筑物底面与地形表面就可能存在裂缝。这样不仅影响模型的质量和可视化效果，还会扰乱拓扑关系，影响空间分析，因此必须对 TIN 面和 CSG 模型进行处理，保证两种模型无缝集成。

## 2.3 三维数据模型存储格式

常用的三维地理空间数据有倾斜摄影测量建模数据、人工建模数据、建筑信息模型、激光点云、三维管线、三维点线面等，这些数据来源各异、格式多样、体量庞大，给多终端应用，尤其是在 Web 上的高性能访问带来很大难度。针对这样的困难，各种新的三维模型数据格式不断产生，它们各自有着不同的产生背景与优缺点。

在早期三维 GIS 应用中，是利用 KML、KMZ 或如 dae、obj 等的三维点集合外挂模型文件来实现对三维内容的支持的，但该方法不适用于大规模数据。随后，OSGB 三维数据格式被推出，该格式大多是由 Smart3D、街景工厂等倾斜摄影建模软件生成的，可用于承载大数据量，但它结构复杂且不支持对象化表达，难以在 WebGL 客户端直接解析，因而难以形成高效且标准的网络发布方案，阻碍了数据共享。

在 2016 年，开放地理空间联盟(OGC)推出了 3D Tiles 格式，它采用 JSON 格式的瓦片层次集合来表达三维要素，用于解决摄影测量数据、激光点云、BIM、CAD 等大规模异构三维数据在 Web 上的流式传输和渲染问题。3D Tiles 能够承载海量多源三维数据，但文件格式众多而复杂，大数据量级别下瓦片集大且繁杂，渲染效率不够高。另外，3D Tiles 的支撑工具少，应用成熟度不高。

在 2017 年，OGC 社区又发布了新的格式规范——I3S(Indexed 3D Scene Layer)格式和 SLPK(Scene Layer Package Format)格式，可用于流式传输具有大数据量、多种类型的三维地理数据集，支持在网络和离线环境下高性能三维可视化与空间分析。但目前的 I3S 版本适用的数据类型有限，只包括离散三维模型、格网、点数据和激光点云，不包含其他类型。在应用方面，能够支持 I3S 的工具也很少，与其他格式转换时效率低、复杂度高。

针对上述问题，T/ CAGISI-2019 定义了空间三维模型数据格式 Spatial 3D Model (S3M)。S3M 采用树形结构组织海量三维内容，并采用层次细节(Level of Details，LOD)、实例化、对象化技术支持三维内容的空间查询、空间分析与高性能渲染。

本节从特点、对比以及结构的角度，对四种文件格式展开介绍，这四种文件格式分别是：三维点集合外挂的模型文件类型：OBJ 文件格式、Max 文件格式、3ds 文件格式；专门为大量地理三维数据流式传输和海量渲染而设计的 3D Tiles 文件格式。这四种文件格式现在均较为成熟且使用较为广泛，因此本节重点介绍它们；而针对上文提到的其他文件格式，请读者根据兴趣和需求查阅相关资料自学。

### 2.3.1　OBJ 文件格式

常见到的以“.obj”为后缀的文件有两种：第一种是基于 COFF(Common Object File Format)格式的 OBJ 文件(也称目标文件)，用于编译应用程序；第二种是 Alias Wavefront 公司推出的 OBJ 模型文件，在本书中提到的 OBJ 文件均是指后者。OBJ 文件是由 Wavefront 公司开发的一种标准 3D 模型文件格式，适合 3D 软件模型格式之间的转换，目前几乎所有知名的 3D 软件都支持 OBJ 文件的读写。

OBJ 文件一般包括三个子文件，分别为“.obj”“.mtl”“.jpg”文件。其中，.obj 文件存放主要模型信息；.mtl 文件用于存储材质库信息；.jpg 文件用来存储纹理信息。

另外，OBJ 文件是可编辑的文本文件，可以直接通过任意的文本编辑器(如记事本)打开后进行编辑。

**1. OBJ 文件格式特点**

OBJ 文件格式支持直线(Line)、多边形(Polygon)、表面(Surface)和自由形态曲线(Free-form Curve)。其中，直线和多边形通过点来定义，曲线和表面则根据其控制点和依附于曲线类型的额外信息来描述，这些信息可用来表示规则和不规则的曲线，包括贝塞尔曲线(Bezier)、B样条曲线(B-spline)、基数曲线(Cardinal/Catmull-Rom)和基于泰勒方程(Taylor Equations)的曲线。OBJ文件的其他特点有以下几点：

(1)OBJ文件是一种3D模型文件。它不包含动画、材质特性、贴图路径、动力学、粒子等信息。

(2)OBJ文件不包含面的颜色定义信息，但可以引用材质库，材质库信息储存在一个后缀是".mtl"的独立文件中。mtl文件是OBJ文件附属的材质库文件，材质库中包含材质的漫射(Diffusion)、环境(Ambient)、光泽(Specular)的RGB的定义值，以及反射(Specularity)、折射(Refraction)、透明度(Transparency)等其他特征。

(3)OBJ文件主要支持多边形(Polygons)模型。虽然它也支持曲线(Curves)、表面(Surfaces)、点组材质(Point Group Materials)，但有些软件导出的OBJ文件并不包括这些信息。

(4)OBJ文件支持三个点以上的面。其他很多模型文件格式只支持三个点的面，所以导入软件的模型经常会被三角化，这不利于模型的再加工。

(5)OBJ文件支持法线和贴图坐标。在其他软件中调整好贴图后，贴图坐标信息可以存入OBJ文件中，这样文件导入软件后只需指定一下贴图文件路径，而不需要再调整贴图坐标。

**2. OBJ 文件结构**

OBJ文件不需要任何形式的文件头(File Header)。尽管在OBJ文件中，经常使用几行文件信息的注释作为文件的开头，但这些注释并不是OBJ文件所必需的。如在下面的OBJ文件中：

```
#
# Wavefront OBJ file
# Converted by the 3D Exploration 1.831
# XDimension Software, LLC
# http://www.xdsoft.com/explorer/
#
# object 6LAYER01
g_LAYER01
v 0.06 7.61064 -0.896991
v -1.49903e-15 7.61064 -0.906991
v -1.48801e-15 7.70063 -0.756992
```

以"#"(井号)开头的注释行记载了与模型相关的一些信息，但是这些注释行可有可无。另外，从上面的OBJ文件内容实例中可以看出，文件主体部分每行都由一两个标记字母，即关键字(Keyword)开头。关键字是对该行数据的类型的说明。以下介绍OBJ文件中几种常用的关键字。

1)顶点数据(Vertex Data)

v：几何体顶点(Geometric Vertices)。
vt：贴图坐标点(Texture Vertices)。
vn：顶点法线(Vertex Normals)。
vp：参数空格顶点（Parameter Space Vertices)。
2)自由形态曲线(Free-form Curve)/表面属性(Surface Attributes)
deg：度(Degree)。
bmat：基础矩阵(Basis Matrix)。
step：步尺寸(Step Size)。
cstype：曲线或表面类型（Curve or Surface Type)。
3)元素(Elements)
p：点(Point)。
l：线(Line)。
f：面(Face)。
curv：曲线(Curve)。
curv2：2D 曲线(2D curve)。
surf：表面(Surface)。
4)自由形态曲线(Free-form Curve)/表面主体陈述(Surface Body Statements)
parm：参数值(Parameter Values )。
trim：外部修剪循环(Outer Trimming Loop)。
hole：内部整修循环(Inner Trimming Loop)。
scrv：特殊曲线(Special Curve)。
sp：特殊的点(Special Point)。
end：结束陈述(End Statement)。
5)自由形态表面之间的连接(Connectivity Between Free-form Surfaces)
con：连接（Connect)。
6)成组(Grouping)
g：组名称(Group Name)。
s：光滑组(Smoothing Group)。
mg：合并组(Merging Group)。
o：对象名称(Object Name)。
7)显示(Display)/渲染属性(Render Attributes)
bevel：导角插值(Bevel Interpolation)。
c_interp：颜色插值(Color Interpolation)。
d_interp：溶解插值(Dissolve Interpolation)。
lod：细节层次(Level of Detail)。
usemtl：材质名称(Material Name)。
mtllib：材质库(Material Library)。

shadow_obj：投射阴影(Shadow Casting)。

trace_obj：光线跟踪(Ray Tracing)。

ctech：曲线近似技术(Curve Approximation Technique)。

stech：表面近似技术（Surface Approximation Technique)。

在上述的关键字中，最常用的几个参数是v，vt，vn，f，s，g，o，usemtl，mtllib。

在OBJ文件中，面的索引可正可负，正值表示顶点的绝对索引，负值如-a，-b，-c表示从该面位置开始倒数的第a，b，c个顶点；vn，vt索引也一样，可正可负。

### 2.3.2 Max文件格式与3ds文件格式

**1. 3ds Max与Max文件格式**

软件3D Studio Max通常简称为3ds Max或3d Max，是由Discreet公司开发的(后被Autodesk公司合并)基于PC系统的三维动画渲染和制作软件，是世界上应用最广泛的三维软件之一，它集模型创建、材质编辑、动画设计、渲染输出等功能于一体，是三维模型创建及动画制作的主流软件。Max文件是3ds Max软件专用的格式，文件后缀为“.max”。在3ds Max中，创建或打开的三维模型在保存时将默认保存为max格式。

Max文件格式的适用范围有局限性，一般仅限于各版本的3ds Max软件。同时，3ds Max 10以前的版本是向上不兼容的，即高版本3ds Max软件做的.max文件不能被低版本的3ds Max打开，而低版本3ds Max软件做的.max文件可被高版本的3ds Max识别和打开。所以，在使用3ds Max导出三维模型时，通常保存为其他格式。3ds Max支持的导出格式包括.3ds，.obj，.dae，.fbx等。其中比较常用的是.3ds和.obj。

另外，Max文件中保存的模型信息比3ds文件中多，因此文件比3ds文件大得多。

**2. 3ds文件介绍**

3ds是一种通用导出格式，它保留了各软件统一使用的相对空间信息。相比Max文件，它可以被更多的软件识别和使用，使用范围更广。

但3ds文件相对较小，它不能保存复杂的材质和模型信息，如带反射、折射的材质等。这可能会导致一些下载下来的较大的3ds Max模型出错。针对这个问题，可以先将模型转换成3ds格式以减小模型文件大小和模型面数，再导入3ds Max并重新附材质，这样模型文件就会相对较小，在建模中更不易出错。

3ds文件是二进制文件，文件结构是由许多“chunk”(又称“块”)组成的。与其他一些文件格式中的块类似，chunk也包含了头(Header)和内容(Content)，chunk的头包含了ID(2字节)和长度(4字节)，其中长度是chunk的整个长度，因此chunk的内容长度就是chunk的整个长度减去6字节。chunk是相互嵌套的，因此必须以递归的方式读取它们。若把ID所在位置作为一个chunk的地址，则通过“chunk地址+chunk长度”就可以找到下一个chunk的地址(即下一个chunk的ID所在位置)。每个chunk都包含一些信息，如顶点、材质或灯光等，相应地就被称为顶点chunk、材质chunk或灯光chunk等。具体描述如表2.2所示。

表 2.2　chunk 描述

| Offset | Length | Name |
|---|---|---|
| 0 | 2 | chunk-ID |
| 2 | 4 | chunk-length = 6+n+m |
| 6 | n | Data |
| 6+n | m | sub-chunks |

表 2.2 中，chunk-length 是一个 chunk 的容量。Data 是主数据，sub-chunks 是子块。因此只要知道入口地址(ID 为 0x4D4D，称为基本块，标识 3ds 文件)和 chunk 对应的偏移量，就能找到所需要的数据。

3ds 文件中 chunk 的内部组织类似一种树状结构(Chunk Tree)。一个简单的 3ds 文件中 chunk 间的树状关系如图 2.21 所示，其中 ID 号为 0x4D4D 的块是树干，其长度为“0 + sub-chunks”，而 ID 为 0x3D3D 的 3D editor chunk(描述对象信息)和 EDITKEYFRAME(关键帧信息)等是树干上的大树枝；Object block（描述对象的点与面总的信息)等是大树枝上的小树枝，较小的树枝都是比它大一级树枝的子块 sub-chunk。父块的长度上标示的是其下属所有子块的“长度”总和。

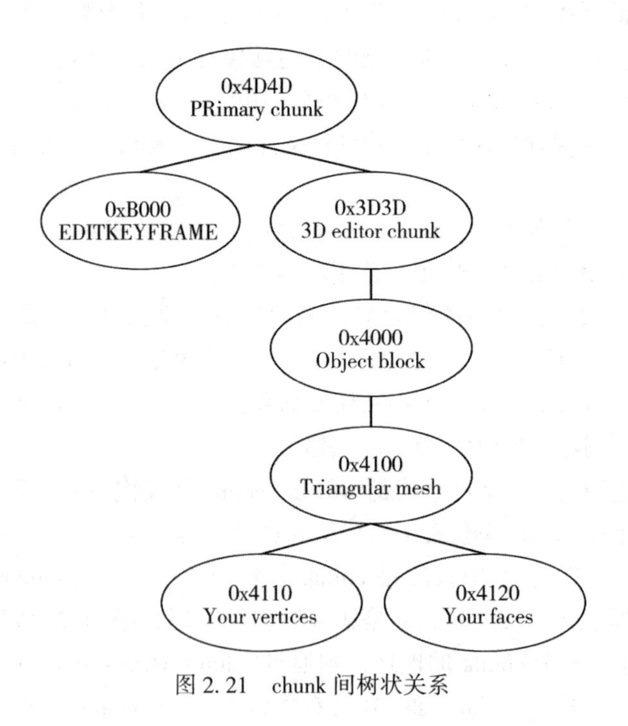


图 2.21　chunk 间树状关系

在实际应用中，因为某种 chunk 的长度固定，故偏移确定，也就能直接计算得到某个块的 ID 所在位置。一部分不同功用的 chunk 的 ID 如表 2.3 所示。

表 2.3　部分 chunk 介绍

| ID | 用途 | 父 chunk | 子 chunk | 长度 | 内容 |
|---|---|---|---|---|---|
| 0x4D4D | 根 chunk，所有 3ds 文件的来源，包含：编辑器和关键帧 chunk | 无 | 0x3D3D<br>0xB000 | 头长度+子 chunk 长度 | 无 |
| 0x3D3D | 编辑器主 chunk，包含：格网信息、灯光信息、摄像机信息和材质信息 chunk | 0x4D4D | 0x4100<br>0xafff | 头长度+子 chunk 长度 | 无 |
| 0x4000 | 格网主 chunk，包含所有的格网 | 0x3D3D | 0x4100 | 头长度+子 chunk 长度+内容长度 | 名称 |
| 0xB000 | 关键帧主 chunk，包含所有关键帧信息 | 0x4D4D | 0xB008<br>0xB002 | 头长度+子 chunk 长度 | 无 |
| 0x4100 | 格网信息 chunk，包含格网名称、顶点、面和纹理坐标等 chunk | 0x4000 | 0x4110<br>0x4120<br>0x4140<br>0x4160 | 头长度+子 chunk 长度 | 无 |
| 0x4110 | 顶点信息 | 0x4100 | 无 | 头长度+内容长度 | 顶点个数<br>顶点坐标 |
| 0x4120 | 面信息 | 0x4100 | 0x4130 | 头长度+子 chunk 长度+内容长度 | 面个数<br>顶点索引 |

这里只介绍了 3ds 文件中极少的一部分，事实上一个复杂模型对应的 3ds 文件中 chunk 的数量可以达到上千个，它们构成了一个复杂但灵活的文件系统，用户不需知道所有的 chunk 便可以顺利读完整个文件。

### 2.3.3　OSGB 文件格式

OSGB 文件格式是 Bentley 公司的 Context Capture Center 生产的实景三维模型格式，国内大部分倾斜摄影数据是以 OSGB 格式保存的。OSGB 格式是 OSG 格式的二进制版本，OSG 文件是 OpenSceneGraph 三维引擎所支持的三维模型格式，其内部结构为树状结构，其文件内部保存三维模型的模型结构，纹理通过外部图片保存。OSGB 文件通过对 OSG 文件进行压缩，同时将纹理打包进 OSGB 文件，在减小数据结构的同时，只用一个文件就可以同时包含纹理和几何结构，提高了直接读取效率。

Tile 是 OSGB 格式倾斜实景三维数据的基本单元。实景三维模型被保存为瓦片(Tile)形式，每一个 Tile 存储在一个文件夹中。通常情况下，单个 OSGB 三维模型数据中会有多个 Tile 文件夹，每个文件夹下包含多个以“.osgb”为后缀的数据文件(在此我们将以“.osgb”为后缀的文件称为 OSGB 文件)，其中每个 OSGB 文件都可以看作一个独立的三维模型，文件内存储了模型的贴图和结构信息。

每一个 Tile 文件夹就是一个多细节层次(Level of Details，LOD)数据，因此 Tile 文件夹也可称为 LOD 文件夹。LOD 是指对同一个场景，有若干层从清晰到模糊的数据，当屏幕视角距离某个地物近时，软件自动调用最清晰一层的数据；而当屏幕视角远离该地物时，则自动切换为模糊层的数据，因此层级越深的 LOD 数据量就会越大。由最精细一层的 LOD 开始，经过简化生成上一层 LOD，最粗一层 LOD 即保存为单个 OSGB 文件。生成 LOD 的过程中采用四叉树剖分法，因此每增加一层，OSGB 文件数量就会是上一层的 4 倍。这种分块方式能够提高数据加载效率，在显示时可以消隐部分不可见数据，兼顾程序的运行效率与物体显示的精细程度，减少显示客户端的负载。OSGB 三维数据模型整体文件夹的结构层次如图 2.22 所示。

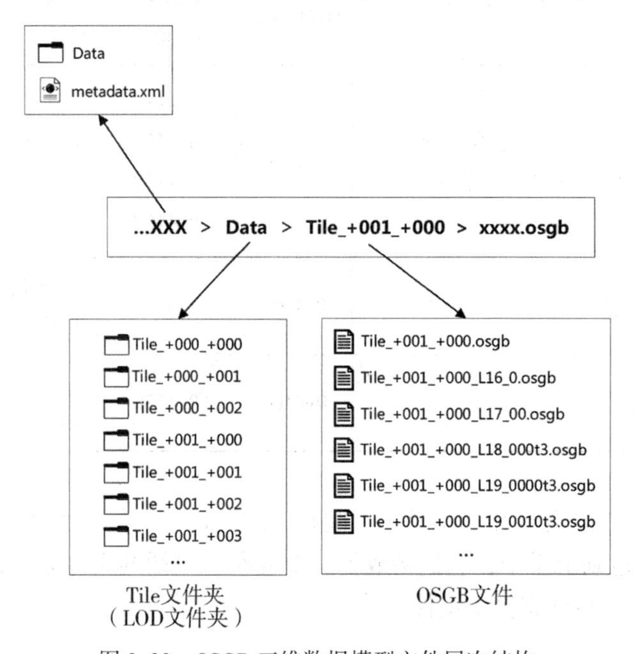


图 2.22　OSGB 三维数据模型文件层次结构

从图 2.22 中可以看到，与 Data 文件夹同级的还有一个 XML 文件记录该三维模型的元数据，主要是记录位置信息。名为“Tile_ +001_ +000”的 Tile 文件夹下包含多个与该模型对应的 .osgb 分级文件，其中同名的 OSGB 文件是主瓦片模型，这样的主瓦片都可看作根节点，根节点下面便可以树状结构组织整个数据。

每个 Tile 文件夹中都会包含一个根节点(Group 类型)，中间层次的节点(Group 类型或 Geode 类型)(中间层次的节点描述模型的几何信息、纹理信息以及上下层节点之间的父子关系)，还包含最底层的节点(Geode 类型)。最底层节点仅描述模型的几何和纹理信息，其中结构信息以三角网形式存储，因为三角网中相邻的三角形拥有公用点，为节约存储空间，三角网的所有顶点保存在顶点数组中，每个三角形的顶点数据记录为顶点数组中的点的索引。另外，每一个 OSGB 文件中都有一个 PageLOD 节点，用来索引下一层 LOD。OSGB 模型文件中节点及其父子关系如图 2.23 所示。

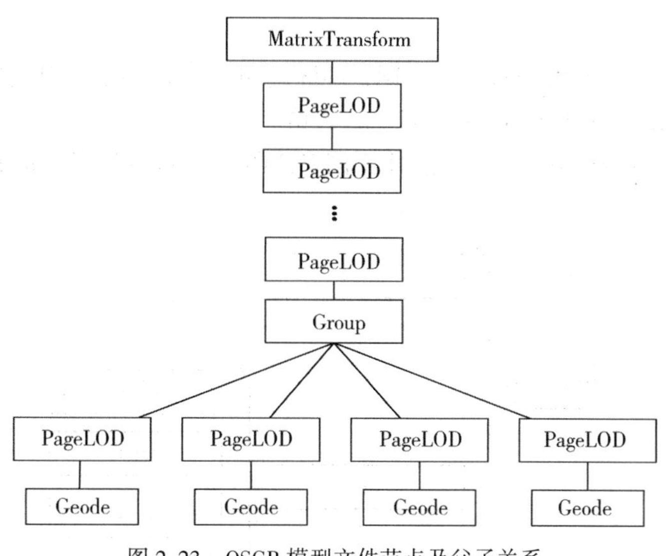


图 2.23　OSGB 模型文件节点及父子关系

### 2.3.4　3D Tiles 文件格式

3D Tiles 是由 Cesium 研发团队创建的三维数据传输规范，主要用于渲染和流式处理海量 3D 地理空间数据。它定义了一种数据分层结构和一组切片格式，来进行数据内容的渲染。

3D Tiles 对三维数据具有超强的兼容能力，这种能力来自其定义本身的抽象特性。利用这种抽象特性，可以使得其描述事物的方式介于三维模型范畴和地理要素范畴之间，进而使得不同领域之间可以进行自由的概念映射。据此，3D Tiles 可以根据自己的定义范畴来解释不同来源与应用的数据。也正是由于 3D Tiles 没有对数据的可视化进行明确的规则定义，用户可以使用自认为合适的方式来可视化 3D Tiles 数据。3D Tiles 的定义是连接三维模型与地理信息范畴的纽带，三者的关系如图 2.24 所示。

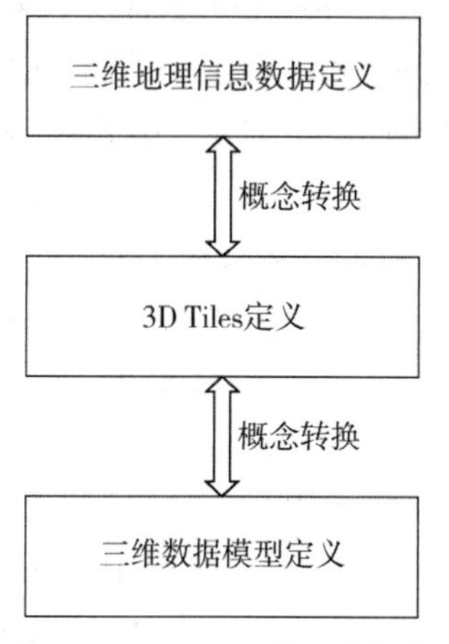


图 2.24　3D Tiles 的纽带作用

3D Tiles 定义数据的基本框架是切片集，切片集包括切片集数据和切片数据，基本结构如图 2.25 所示。从图中可以看出，数据定义包含两部分，即切片集数据(tileset)和切片数据(tile)。切片集数据是对整个切片集的说明以及切片的空间组织结构的存储，相当于元数据；切片数据则负责存储单个切片内的所有三维地理信息数据，包括模型数据、属性数据等。

另外，一个 tileset 是由一系列 tile 组成的树状结构，每个 tile 可以引用下面其中一种格式的可渲染内容。

(1)批量 3D 模型(Batched 3D Model，b3dm)：大型异构 3D 模型，包括三维建筑物、地形等。

(2)实例 3D 模型(Instanced 3D Model，i3dm)：3D 模型实例，如树、风力发电机等。

(3)点云(Point Cloud，pnts)：大量点云数据。

(4)组合数据(Composite，cmpt)：将不同格式的 tile 组合到一个 tile 文件中。

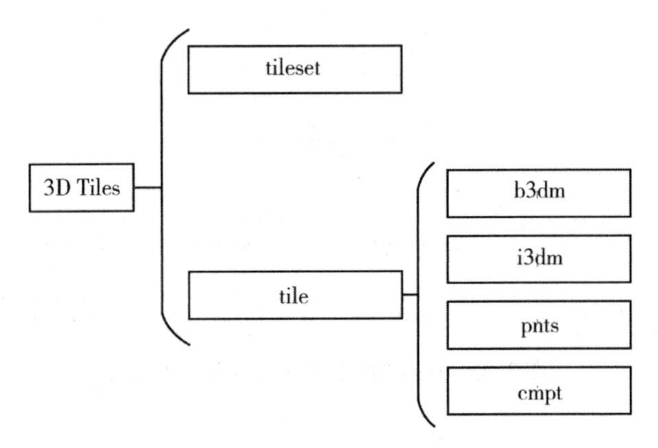


图 2.25　3D Tiles 基本结构

**1. 切片集数据(Tileset)**

在 3D Tiles 文件格式中，使用一个 titles. json 文件作为整个数据集的入口，这个 JSON 文件描述了整个三维切片数据集，它记录的是一些逻辑信息以及一些元数据，而属性信息和嵌入的模型等信息则位于二进制切片文件(即 tiles)中，这些 tiles 文件可以由 tileset. json 中的切片文件中 uri 属性来引用。

Tileset 必须包含以下 4 个顶级属性：切片集资产说明(asset)、切片集中的要素元数据(properties)、切片集的几何体误差(geometricerror)和整个切片集索引树的根节点对象(root)。下面是一个 tiles. json 文件具体内容的示例：

```
{
    "asset" : {
        "version": "1.0",
        "tilesetVersion": "e575c6f1-a45b-420a-b172-6449fa6e0a59",
    },
    "properties": {
        "Height": {
            "minimum": 1,
            "maximum": 241.6
```

```
        }
    },
    "geometricError": 494.50961650991815,
    "root": {
        "boundingVolume": {
            "region": [
                -0.0005682966577418737,
                0.8987233516605286,
                0.0001164658209855815 9,
                0.8990603398325034,
                0,
                241.6
            ]
        },
        "geometricError": 268.37878244706053,
        "refine": "ADD",
        "content": {
            "uri": "0/0/0.b3dm",
            "boundingVolume": {
                "region": [
                    -0.0004001690908972599,
                    0.8988700116775743,
                    0.0001009672972278719 6,
                    0.8989625664878067,
                    0,
                    241.6
                ]
            }
        },
        "children": [..]
    }
}
```

由此可以看到，上面的 tiles.json 文件中具有 4 个基本属性，下面介绍这些属性。

(1)切片集资产说明(asset)：存储描述整个切片集的元数据，包括 3D Tiles 的版本号(必需)、该切片集的版本号(针对具体应用的数据版本号)、切片内部使用的 glTF 数据的向上轴设置(默认 Y 轴向上)。

(2)切片集中的要素元数据(properties)：properties 是一个包含 Tileset 中每个 Feature

属性的对象。它记录了该切片集所存储的要素的元数据，例如，整个切片集中要素的地理空间范围、要素的 ID 范围等。上面的示例是一个建筑物的 3D Tiles 模型，每个瓦片都含有三维建筑物模型，每个模型都包含三维建筑物模型，每个模型都包含 Height 等属性，并且包含该属性的最大值和最小值。

(3)切片集的几何体误差(geometricError)：geometricError 是一个非负数，用于保存整个切片集模型所在空间的几何体误差，一般用切片集所在的地理外包区域的体对角线表示。通过这个几何误差的值来计算屏幕误差，以此确定 tileset 是否进行渲染。若在渲染过程中，当前屏幕误差大于此处定义的屏幕误差，则不对此 tileset 进行渲染。

(4)整个切片集索引树的根节点对象(root)：root 下的内容就是一个切片(tile)，根节点以 JSON 对象的形式存储当前节点的切片元数据。由于根节点下面会包含子节点，所以 root 以树的形式来表示整个切片集的空间组织结构，在容量上 root 占据 tiles. json 文本的绝大部分。

**2. 切片(Tiles)**

从上面的例子可以看出，切片元数据主要包含 children、content、refine、geometricError、boundingVolume 五种基本属性(图 2. 26)。下面具体介绍切片数据五种属性的基本概念以及相应作用。切片元数据的组织结构如图 2. 26 所示。

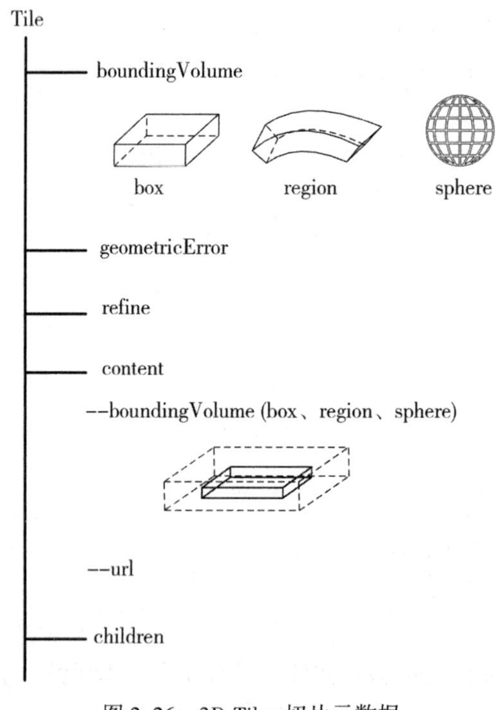


图 2. 26　3D Tiles 切片元数据

(1)包围体(boundingVolume)：表示当前节点切片的空间范围，即一个能将三维对象完全包住的最小的一个简单几何体。3D Tiles 提供了三种包围体，分别是 box、region 和 sphere，下面对这三种包围体进行详细介绍：

①包围盒(box)：boundingVolume. box 属性是一个由 12 个数字组成的数组，用来定义了右手 3 轴($x$, $y$, $z$)笛卡儿坐标系，其中 $z$ 轴向上。在该数组中，前三个元素定义了边界框中心的 $x$, $y$, $z$ 值。接下来的三个元素定义了 $x$ 轴方向和半长度。再接下来的三个元素定义了 $y$ 轴方向和半长度。最后三个元素定义了 $z$ 轴方向和半长度。下面的代码是一个包围盒的示例：

```
"boundingVolume": {
    "box": [
        0,      0,      10,
        100,     0,      0,
        0,      100,     0,
        0,      0,      10
    ]
}
```

②地理包围区域(region)：boundingVolume. region 属性是一个由 6 个数字组成的数组，用于定义具有纬度、经度和高度坐标的边界地理区域，其顺序：[西、南、东、北、最小高度、最大高度]。纬度和经度是在 EPSG4979 中定义的 WGS-84 数据中心，以弧度为单位。高度在 WGS-84 椭圆体上方(或下方)，以米为单位。下面的代码是一个地理包围区域的示例：

```
"boundingVolume": {
    "region": [
        -1.3197004795898053,
        0.6988582109,
        -1.3196595204101946,
        0.6988897891,
        0,
        20
    ]
}
```

地理包围区域的每条边都和坐标轴平行。由于地球是球体，因此在地球中，这个区域的形状不是一个标准的长方体，而是如图 2.27 所示的形状。

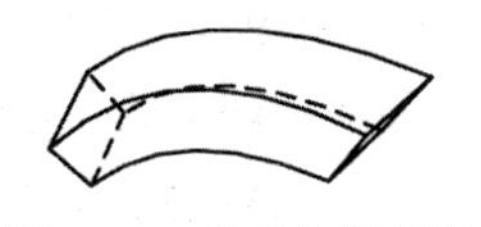

图 2.27 地理包围区域

③包围球(sphere)：boundingVolume. sphere 属性是一个由 4 个数字组成的数组，用于定义边界球体。数组中，前三个元素定义了右手 3 轴($x$, $y$, $z$)笛卡儿坐标系中球体中心的 $x$, $y$ 和 $z$ 值，其中 $z$ 轴向上。最后一个元素是以米为单位的半径。

(2)几何体误差(geometricError)：该属性用来表示当前切片中可识别的单个模型的误差尺寸，通常由切片模型中单个几何体的包围盒体对角线表示。需要注意的是，前面介绍过的 Tileset 中也有 geometricError 这个属性，需要区分的是，Tileset 的 geometricError 是根据屏幕误差来控制 Tileset 中的 root 是否渲染；而 tile 中的 geometricError 则是用来控制 tile 中的 children 是否渲染。

(3)细化方式(refine)：该属性表示切片细化方式，有两个取值：REPLACE(替换)和 ADD(增加)。属性值为 REPLACE 时，表示子节点的数据会替代父节点进行显示；属性值为 ADD 时，表示子节点的数据会在父节点加载的基础上增加到三维场景中。

(4)内容(content)：该属性存储当前节点的切片引用，其中，url 可以引用后缀为“. b3dm”“. 3dm”和“. pnts”的二进制切片数据文件，甚至可以引用其他 3D Tiles 资源的 titleset. json 路径，这样便可以实现 3D Tiles 引用链，而 boundingVolume 存储切片数据的空间范围，切片数据范围要求包含于切片范围。

(5)子节点(children)：该属性以 JSON 对象数组的形式存储子节点的切片元数据。除了以上属性外，切片元数据中还包括一个 transform 属性，存储一个包含 16 个元素的数组，用于表示以列为主序的 4×4 的坐标变换矩阵，从而实现切片空间位置的变换。transform 矩阵对 box 或 sphere 表示的 boundingVolume 起作用，对 region 无效。transform 不是必要属性，省略时等价于单位矩阵 $\boldsymbol{E}$。

## 2.4　地理场景的三维数据建模方法

如今地理空间信息技术发展中最为活跃的领域之一是快速、准确地获取构建三维模型的空间数据(包括平面位置、高程或高度数据)和真实的纹理数据(包括地物顶部和侧面纹理)，并根据这些数据完成地理场景的三维建模。根据数据源的不同，以及数据获取的分辨率、精度、时间和成本的差异，可在地理场景三维建模中采用不同的建模方法。目前主要的建模方法包括以下四种：基于二维数据的三维地理信息建模、基于影像的场景三维建模、基于倾斜摄影测量的三维地理信息建模及基于点云的场景三维建模。下面分别介绍这四种方法。

### 2.4.1　基于二维数据的三维地理信息建模

二维的地理信息数据(如二维地形图和数字地图等)是三维地理信息建模的重要原始数据。在二维地形图或数字地图中，各种地物要素，如地形地貌、建筑物、公路铁路、附属设施、绿化水系及独立地物等都具有较为精确的平面几何数据和基本的属性数据。但这些数据中不具备完整的三维信息和纹理数据，如建筑物侧面的纹理图案以及建筑物高度等信息。因此，从二维到三维的实现需要通过一定方法获取现实实体的纹理、详细的属性数据或数字高程模型。在一些三维建模软件(如 3ds Max、AutoCAD 等)中利用上述获取的纹理、属性或数字高程模型来对已有的二维数据进行加工并建立三维模型，便可构建虚拟三维地理场景。主要有以下几种方法：

(1)直接在二维 GIS(数字地图等)的基础上，从属性数据中获取建筑物高度，对建筑物进行高度拉伸，再将建筑物顶面和侧面纹理映射到建筑物上，采用这种方法可以快速建立三维模型。

(2)将数字高程模型和二维 GIS 相结合，将地面的起伏情况表达出来，然后在该地面情况上将建筑物表达出来。如此一来建筑物便有了实际高度和与地面的相对高度，能够表达建筑物在空间的实际分布情况。如图 2.28 所示便是该方法的基本技术流程。

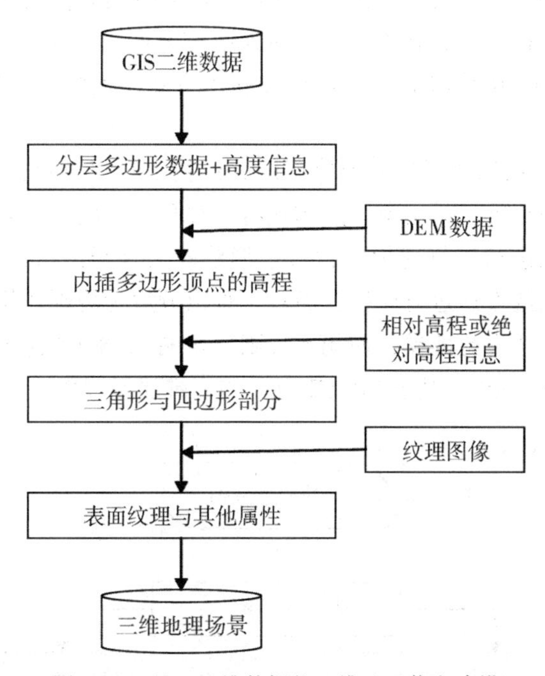


图 2.28 基于二维数据的三维地理信息建模

目前市面上可用于三维地理信息建模的三维建模软件有 3ds Max、AutoCAD、Sketchup 和 Skyline 等。在实际应用中，3ds Max 和 AutoCAD 的应用较为广泛。这两种软件适用于不同的应用场景，在大范围平面设计中一般由 AutoCAD 作为主导，而用于单独表现个体建筑物或少量建筑物群的表现图时通常采用 3ds Max。而基于 Sketchup 的建模通常和 3ds Max 的建模方式大致相同，但 Sketchup 在渲染方面涉及较少，在精细建模时 Sketchup 可以与 3ds Max 互换。而基于 Skyline 三维建模可以在大场景中批量或者精细建模。

基于二维数据的三维地理信息建模方法的优点是成本低、自动化程度高，可以满足许多三维空间分析与模拟的需求，如通视性分析污染物扩散模拟等，并且在 GIS 三维场景中建立的三维模型可以直接置于 GIS 系统中，可直接赋予相关的属性信息并加以应用。目前市面上的主流 GIS 软件，如我国中地数码集团研发的 MapGIS 软件和美国 ERSI 公司研发的 ArcGIS 软件等，都具有简单的地理信息数据的三维建模功能。

但是目前的 GIS 软件在三维场景制作的开发中还存在很多缺陷，如一些地理信息数据不能够完全、真实地建模，建模人员需要借助其他一些软件，如 Sketchup 等进行相互补充以建立三维模型；此外，GIS 三维场景中建筑物、植被等表面纹理贴图也很难实现与原貌一致。因此，此类方法得到的三维场景模型的真实感较差，无法支持任意视角的真实体验，这也是此类方法在三维建模领域的一大缺陷。

### 2.4.2　基于点云的场景三维建模

机载、车载和地面三维激光扫描仪(LiDAR)的广泛应用为快速获取密集的场景对象表面的非结构化三维点云提供了有利条件，从而为地理场景及其对象的三维建模提供了精确的三维数据。然而，LiDAR 获取的三维点云数据含有较多的噪声，后期的数据处理工作量很大。

依据 LiDAR 点云数据构建场景三维模型的关键技术在于从点云中提取地面目标的特征点，如边界点、转角点等，再由特征点构建特征线和特征面，从而建立目标的三维表面模型。在基于点云数据进行三维建模中，对于形状较为规则或可以分解为规则形状的目标，可以采用模型驱动的方法进行建模；而对于难以分解为规则几何形状对象的目标，则可以采用数据驱动的方法进行建模，使用不规则三角网(TIN)将点云连接起来，建立被扫描对象的表面模型。图 2.29 是基于 LiDAR 点云的三维建模过程。

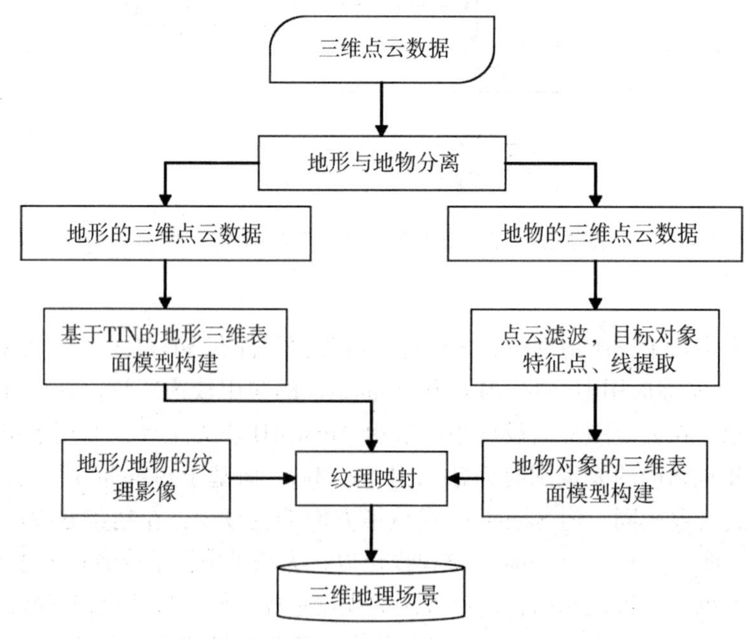


图 2.29　基于 LiDAR 点云三维建模过程

由图 2.29 可看到，基于点云的场景建模基本步骤是：首先，根据已知信息对原始观测值进行概算，将地形数据和地物数据分离；其次，对地物点云数据进行滤波，去除测量噪声、遮挡物(如树木等)，得到建筑物等地物目标的点云；再次，根据地物目标自身的几何特征，提取目标的特征点、特征线以及二维平面轮廓；最后，根据提取的特征点、线进行表面三维和拓扑重建。

### 2.4.3　基于影像的场景三维建模

由于数码相机和摄像机的普及，图像获取的成本逐渐降低，所以采用内参标定或非标定的相机，在场景的不同视点拍摄图像或视频影像，可采用摄影测量方法或计算机视觉方法进行场景对象的自动三维建模。其中，相对成熟的数字摄影方法可以利用高重叠度航空摄影或遥感影像自动匹配生成场景的表面三维点云，并构建数字表面模型(Digital Surface Model，DSM)，再根据原始影像与 DSM 的关系自动地从影像上获取纹理影像，映射到 DSM 上，得到具有真实感的三维模型。相关技术流程图如图 2.30 所示。

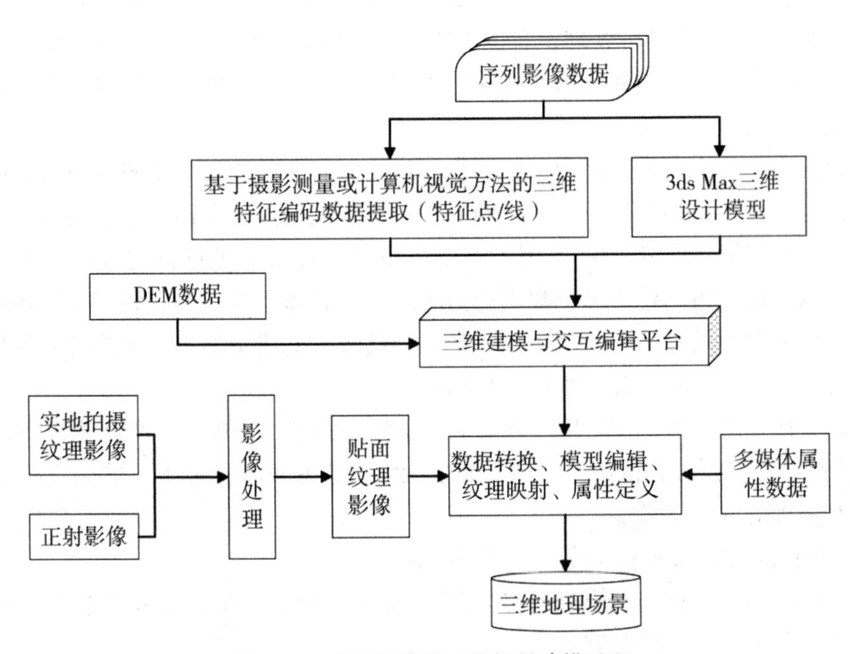


图 2.30　基于影像的三维场景建模过程

近年来，利用多角度倾斜航空摄影影像，通过多视角影像匹配进行城市场景三维模型的自动或半自动构建技术，取得了一些突破性成果，并在许多城市得到实际应用。在地面采用手持数码相机于不同角度拍摄建筑物多角度影像也可用于建筑物的三维建模，如旋转多基线交向摄影测量方法，以标定相机对场景进行多站交向摄影，匹配出密集的同名像点，采用光束法区域网平差法，计算同名像点的三维坐标，形成拍摄对象表面的密集点云。

在计算机视觉领域也在探索利用标定相机或非标定相机、摄像机，在不同时间拍摄具有重叠的数字影像或视频图像，进行影像的特征提取，提取少量特征点并进行特征匹配，采用SFM(Structure From Motion)方法同步估计相机内外参数及特征点的三维坐标，再进行密集匹配得到拍摄场景对象表面大量离散点，并构建表面三角网和进行图像纹理映射，得到场景的真实感三维模型。基于多视影像的场景建模自动化程度高，但所建模型的质量受图像匹配的影像较大，而且基于计算机视觉原理构建的场景与真实场景间存在尺度差异。

目前，由于影像自身成像条件的限制(如光照的变化和镜头的畸变等)，以及现实地理场景的复杂多变(如非结构化目标的存在、建筑物类型的多样性以及局部遮挡等)，从影像中自动地检测和构建三维模型是十分困难的，广泛应用的基于影像的场景三维建模还需要进行大量的人机交互工作。

### 2.4.4　基于倾斜摄影建模方法

基于倾斜摄影的三维建模方法是利用配套软件(如Smart3D、PhotoScan、PhotoMesh和街景工厂等)对倾斜影像进行处理，直接生成三维模型的一种方法。相比于正射影像，倾斜影像能从多个角度观察地物，从而能够更加真实地显示地物的实际情况，极大弥补了正射影像应用的不足。

倾斜摄影在获得多角度的倾斜摄影测量影像的同时，可获得各个视角倾斜影像下影像曝光点坐标数据、相机参数以及相机之间的相对位置关系描述文档。之后利用三维建模软件进行基于多视点影像及其POS数据、姿态、相对位置关系进行自动空三加密，生产精确的三维点云数据，再构建TIN创建生产白膜的三维表面模型，最后利用正射和倾斜影像纹理信息映射到白膜的各个角度，生成实景三维模型。上述步骤中较为关键的几步包括倾斜影像联合平差、纹理映射和三维模型自动构建。

以Smart3D为例，基于倾斜摄影测量的三维建模的基本步骤可以概括为以下四点：

(1)外业通过五镜头获得倾斜影像，要求旁向重叠度40%及以上，航向重叠度75%及以上，并有精确的pose数据。

(2)内业将倾斜影像和pose数据导入Smart3D软件。

(3)在Smart3D软件中对倾斜影像进行空三加密，如果外业pose精度较低，还需要输入像控点坐标，进行像片控制测量。

(4)在模型修复或美化软件中对三维模型进行修模。

倾斜摄影测量三维建模是目前三维地理信息室外建模的主流技术与方法，不仅能够真实地反映地物情况，而且可以通过先进的定位技术，嵌入精确的地理信息，获得更丰富的影像信息、更高级的用户信息，极大提高了航摄影像处理的速度。倾斜摄影测量三维建模高效、方便、快捷，尤其是高逼真度的特点令其成为室外三维建模的首选。

但倾斜摄影测量也有缺点：首先，当前各个厂家生产的单镜头像素较低，分辨率也较低；其次，利用倾斜摄影测量数据进行后期建模的软件，如Smart3D生产的三维模型的局部地区的变形较大，后期的修模工作较为繁重。

### 2.4.5 BIM 建模方法

建筑信息模型(Building Information Model, BIM)是21世纪建筑行业一项新兴的技术。美国国家 BIM 标准中对 BIM 的定义包括三部分:

(1)BIM 是一个设施(建设项目)物理和功能特性的数字表达;

(2)BIM 是一个共享的知识资源,是一个分享有关这个设施的信息,为该设施从概念到拆除的全生命周期中的所有决策提供可靠依据的过程;

(3)在设施的不同阶段,不同利益相关方通过在 BIM 中插入、提取、更新和修改信息,以支持和反映各司其责的协同作业。

更通俗地讲,BIM 是一种将建筑信息化、模拟化、虚拟现实化的运作方式,通过专门的建模软件,将建筑物以直观的三维可视化模型呈现,并赋予对应的参数信息,可进行设计、编辑、分析等系列操作并依次进行动态调整,从而应用于规划设计、工程施工、运营维护、变形监测等工程项目的全过程。

目前的 BIM 软件中,各个方面功能都相对全面的,主要有 Autodesk 公司的 Revit、Bentley 公司的 AECOsim Building Designer、Graphisoft 公司的 ArchiCAD。开源软件主要有 xBIM、BIM server、BIM surfer 等,这些开源软件主要基于工业基础类(IFC)标准进行数据交换。

在三维地理信息建模中,BIM 建模的过程主要涉及外业测量、数据处理和三维建模三个步骤。

(1)外业测量:在不同的场景中进行 BIM 三维建模时,可以根据场景的特点采用不同的方法获取三维建模原始数据,相应的数据包括由激光扫描得到的点云数据及由倾斜摄影测量得到的地表倾斜影像等。根据建模原始数据的来源不同,在外业测量中需采用相应的仪器、制订相应的计划,并获得相应的数据。

(2)数据处理:根据外业测量中获取三维数据的不同,相应的数据处理也需要采取相应的步骤。如若外业测量获得了倾斜影像,那么对倾斜影像的处理步骤包括影像的匀光匀色、POS 数据处理、像控点数据处理等;若获得的是三维激光扫描点云数据,相应的数据处理则包括坐标转换、点云拼接、点云去噪、数据平滑、点云抽稀等步骤。

(3)三维建模:经过数据处理后的三维数据便可以输入 BIM 软件进行相应的建模操作,对于不同的数据源和不同的 BIM 软件,三维建模的主要步骤可能会有些差异,但整体步骤大致相似。以 Revit 为例,建模的操作主要包括导入数据、轴网标高的建立、创建族文件、设置材质和纹理贴图以及模型检查等步骤。

BIM 建模方法具有可视化、协调性、模拟性、优化性,以及可出图性五大特点。它最初被应用于建筑、结构和机电等领域。通过在传统的二维图纸上增加空间信息,将 2D 拓展为 3D,又增加时间信息将其拓展到 4D,增加造价信息拓展到 5D。除了这些信息之外,BIM 还涵盖了空间关系、光照分析、地理信息以及建筑组件的属性信息等。

现在,BIM 已经拓展到测绘领域,在测绘领域的相关研究包括 BIM 与 GIS 的融合、建筑测绘成果可视化、变形监测新方法和地模的建立等方面。近年来,随着信息技术快速发展，BIM 技术的模型可视化、细节精细化、特征参数化、协调程度高，在测绘领域具有广泛的应用前景。

## 2.5　本章小结

本章按照三维数据的采集、模型原理、存储格式和建模方法的思路顺序，详细介绍了三维数据相关概念和原理。

第一节中，首先从数据来源角度展开介绍，除了数字测图和 GNSS 测图这些较为传统和成熟的方法之外，还介绍了新兴的激光扫描测量、倾斜摄影测量，以及 SAR 和 InSAR 技术，使读者对于数据获取有较为全面的认识。

第二节中，对三维数据展开介绍，将三维数据基于几何特征、数据描述格式进行分类。在讲述具体的数据模型时，选取较为典型的模型进行了详细介绍，而省略了部分模型的介绍，感兴趣的读者可以自行查阅相关资料。

第三节中，介绍了五种常见的三维数据的存储格式，分别是 OBJ 格式、Max 格式、3ds 格式、OSGB 格式以及 3D Tiles 格式。并介绍了针对几种格式之间常见的相互转换方法。

第四节中，对三维建模方法展开介绍，共介绍了基于二维数据的、基于点云场景的、基于影像的、基于倾斜摄影测量的及基于 BIM 的共六种建模方法，其中包含了传统方法和新兴技术，读者能够通过本节的学习对三维数据建模有整体的了解。

通过本章的介绍，读者应能够了解三维数据的获取、三维数据存储，并学习三维数据模型、三维建模方法的原理，为后续利用软件进行三维数据建模的实际操作打下理论基础。

# 第3章　三维数据组织与管理

在GIS的应用中，往往需要收集大量的包括矢量、栅格、影像、关系表等在内的、多比例尺的基础地理数据和专题地理数据，建立空间数据库，以满足地理空间分析、模拟和决策的需要。必须对这些类型众多、数据量庞大、来源多样的地理空间数据进行科学合理的编排和组织，才能在空间数据库中进行有效的存储和管理。在本章第一部分将分别介绍三维的栅格、矢量、模型数据的组织方式。而空间数据库的管理贯穿整个空间数据采集、编目、处理、存储、索引、检索、分析及应用的各个环节中，在本章中重点介绍版本机制和HDFS文件管理机制。

## 3.1　三维GIS数据组织

空间数据组织是对地理空间数据采用特定空间数据模型和数据结构描述及表达之后，在空间数据库中进行高效存储、管理的中介或桥梁。因此，空间数据组织的实质就是对一定地理区域或空间范围内的多种比例尺、多种类型的基础和专题地理数据进行有序化安排的策略和方法。

空间数据组织的目的是提高空间数据的查询和使用效率，其手段是对空间数据进行合理划分，并建立适当的空间索引。它贯穿于空间数据的获取、处理、存储、分析、制图和分发的整个数据流，其主要任务包括空间数据分类、编码、存储、索引等。为了进行数据展示和应用服务，空间数据组织的任务还包括空间数据库结构设计和运用体系创建等。

### 3.1.1　三维GIS数据组织策略

三维GIS模型数据的内容包括数字高程模型DEM、数字正射影像DOM、地物(如房屋、道路、水系、桥梁等)的三维矢量数据及材质、纹理和相关的多媒体属性数据。数据类型和结构复杂、数据量大是它的显著特点。因此，三维数据组织是实现三维GIS数据管理调度的保证。

数据组织的基本出发点是分类组织、分层组织与分区(块)组织三种不同的策略。

**1. 数据分类组织**

分类组织是根据场景数据类型的不同，将数据组织为不同类型的数据集。分类使得每类对象都只是整个数据库的一小部分，有利于聚合特征相近的对象，从而大大提高数据的选择、重组和处理的效率。例如对于城市场景，需要建立的数据集包括三维模型数据集、地形数据集、要素数据集、栅格数据集以及管线数据集。

**2. 数据分层组织**

在分类数据组织的基础上，根据场景对象三维模型的语义不同，将它们分别组织为不同的对象层，如建筑物层、地下空间对象层、独立设施层、桥梁层等。每一层是对同一类对象进行聚合的三维模型集合。通过分层组织，将数据表现和组织控制在一定层次内。这种层次既包括几何上的分层，如影像金字塔将不同细节程度的对象按照层次结构进行组织；也包括地物数据的分层组织，如水系，居民地等。这种细节上的划分不仅直接决定了物理存储的数据量大小，同时也决定了跨尺度数据检索与存取的效率。

**3. 数据分区(块)组织**

对于海量影像数据或地物数据，即使经过分层和分类，每层和每类的数据量仍然非常大，因此还需采用分块的策略。数据分块组织是根据场景的空间范围，将其按一定的子区域，如城市的区或街道边界范围划分为若干个独立的块，每块的各类数据形成子场景数据集。这种思想主要是通过减少每次调度的工作量来提高计算速度和显示速度。通过分块，在某一时刻，场景中的大部分块是不可见的，不必存储与显示，仅需绘制那些可见的区域。这种方法可以大大减少显示和计算的复杂程度，提高效率。

这种分块组织方式对于数据量较庞大的建筑物、独立设施等的三维模型而言，可有效减少每一分块的数据量，提高效率；但对于道路、管线等跨越分块的三维模型来说，则有可能会破坏其完整性，并且由于数据量较小，因此一般不进行分块而是进行无缝组织。另外，对于城市地形、DLG、DOM 和 DEM 数据，分块或不分块均可，可对它们进行逻辑无缝数据组织。

在实际的三维数据组织中，一般会同时采用以上三种数据组织策略，将整个场景所需表达的各类数据有机地组织在一起，构成一个场景的综合数据集。

三维空间数据可分为栅格数据、矢量数据和模型数据三种类型，本节分别介绍其数据组织的策略。

### 3.1.2　LOD 数据组织方法

多细节层次(Level of Detail，LOD)是由 Clark 在 1976 年提出的，其基本思想是用不同的分辨率或细节层次表示场景中的物体。LOD 技术在不影响画面视觉效果的条件下，通过逐次简化景物的表面细节来减少场景的几何复杂性，从而提高绘制算法的效率。该技术通常对每一原始多面体模型建立几个不同逼近精度的几何模型，与原模型相比，每个模型均保留了一定层次的细节。在绘制时，根据不同的标准选择适当的层次模型来表示物体。LOD 技术应用领域十分广泛，在实时图像通信、交互式可视化、虚拟现实、地形表示、飞行模型、碰撞检测等领域都成为一项关键技术，目前几乎所有的三维系统都采用 LOD 技术。

恰当地选择 LOD 模型可以在不损失图形细节的条件下加速三维场景的显示，提高系统的相应能力。LOD 模型的选择方法分为如下几种：①将不需要用图形显示硬件绘制的细节去掉；②将无法用图形硬件绘制的细节去掉，如基于距离和物体尺寸标准的方法；③将人眼察觉不到的细节去掉，如基于偏心率、视野深度、运动速度等标准的方法。

LOD 模型的操作实现方式主要有静态 LOD 和动态 LOD 两种，下面分别进行介绍。

**1. 静态 LOD**

首先通过预处理对一个物体建立几个离散的不同细节层次模型。在实时绘制时根据特定的标准选择合适的细节层次模型来表示物体。该模型的优点是不用实时在线生产模型，因此速度较快。

**2. 动态 LOD**

利用动态 LOD 算法生成一个数据结构，从中可以得到大量不同分辨率的细节层次模型，分辨率甚至可以是连续变化的，在实时绘制时从这个数据结构中抽取出所需的细节层次模型。此类模型一般能够保证视觉效果上的连续性和一定的误差范围，但是由于实时操作要求较高，因此在算法设计和数据结构上比较复杂。尽管很多学者在连续 LOD 模型上提出了很多改进和创新，但该模型只适用于单个物体或小范围地形的简化，不适用于大范围地形，尤其是全球地形环境。

### 3.1.3 三维栅格数据的组织

在三维 GIS 数据中，栅格数据主要包括遥感影像数据以及数字高程数据，在数据库中占据大部分的内存，是三维系统中最基本的地理空间数据，是体现系统影像特征和三维特性特点的基础数据。栅格数据的组织是非常关键的，对于栅格数据的组织的考核指标有数据索引机制、数据压缩方法以及数据扩展和更新能力等。

构建多比例尺图像金字塔以及进行分层分块处理是解决海量栅格数据可视化的有效方法。为了提高三维系统的显示效率，可以采用基于线性四叉树的 LOD 模型对地形、影像数据做分层分块预处理，建立一系列“金字塔”结构的数据集。金字塔是一种多分辨率层次模型。在地形场景绘制时，在保证精度的前提下为提高显示速度，不同区域通常需要不同分辨率的数字高程模型和纹理影像数据。数字高程模型金字塔和影像金字塔则可以直接提供这些数据而无须进行实时重采样。尽管金字塔模型增加了数据的存储空间，但能够提高渲染地形的效率。分块的金字塔瓦片模型还能够进一步减少数据访问量，提高系统的输入输出执行效率，从而提升数据的整体性能。当地形显示窗口的大小确定时，采用瓦片金字塔模型可以使数据访问量基本保持不变，瓦片模型的这一特性对于海量数据的实时可视化是十分重要的。

对于海量栅格数据的分层，金字塔结构也是一个行之有效的方法。不同层之间的数据具有不同的分辨率、数据量和所描述的细节程度，分别用于不同细节层次的表达。在同一层中，数据索引的组织按照“片—块—格网”方式进行。片是整个区域的数据的逻辑分区，并作为空间索引的基础；每一个片包含若干个块，块是基本的数据存储与访问单元，也是三维实时可视化中渲染的基本单元，所有块在存储时依次排列，相邻块的相邻边的数据相互重叠。格网是最基本的栅格单元，即一个二维影像的像元或一个 DEM 格网。

**1. 分区**

如图 3.1 所示是一个经典的基于格网索引方式的栅格数据分区组织方式，对同一细节层次的数据按照“片—块—行列”的方式进行分区组织。一个细节层次的数据区域被划分为若干连续的数据子区域，片是整个区域数据的逻辑分区并作为空间索引的基础，每一个片包括若干数量的块；片与块是基本的数据存储与访问单元，块也是图形绘制的基本单元；一个片中的所有块在存储时依次排列，相邻块在相邻边上数据相互重叠。每个块包括若干行列的最基本栅格单元，如一个影像像元和DEM格网。基于上述的这种分层分区组织方式，依据细节程度要求和($X$，$Y$)位置便可以快速定位数据库中任意层次、任意位置的栅格数据。

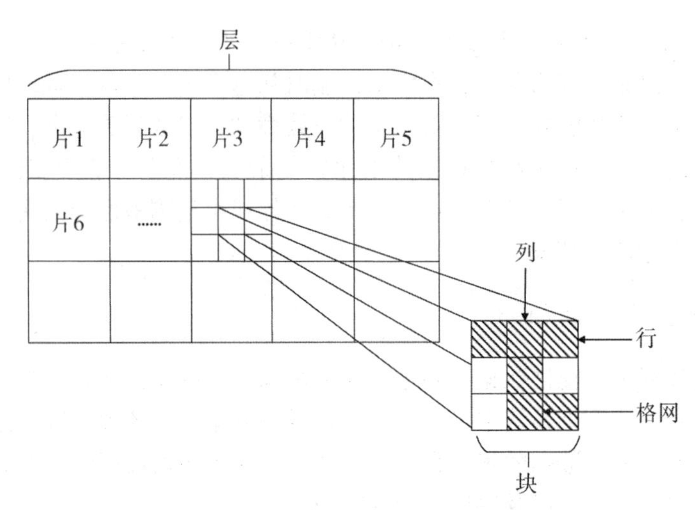


图3.1　基于"片—块—行列"层次结构的栅格数据组织方法

分区组织的关键是设计合理的片与块的大小，即每个片包括的行列数、每个块所包含的栅格单元行列数。片与块的大小直接关系到每帧图形绘制所需访问数据库的次数和每次数据检索与存取的数据量。如果分块太小，访问数据库的次数就越多；反之，则每次数据库吞吐的数据量就越大。由于在漫游过程中需要动态装载的数据往往只有一行或一列数据，为了能将数据装载过程比较均匀地分解到各个图像帧，显然数据块的划分也不宜过大。根据一定的屏幕分辨率和显示环境参数可以计算出每帧图像相应的视场范围及与计算机软硬件性能最佳匹配的数据处理能力，由此计算出每帧图像可以处理的DEM/DOM数据块数。

**2. 分级**

为了满足视点高度变化对不同细节层次数据快速浏览的需要，一般在物理上要建立金字塔层次结构的多分辨率数据库。而不同分辨率的数据库之间可以自适应地进行数据调度。金字塔结构是分层组织海量栅格数据行之有效的方式，不同层的数据具有不同的分辨率、数据量和地形描述的细节程度，分别用于不同细节层次的地形表示，如图3.2所示。这样就可以在瞬时一览全貌，也可以迅速看到局部地区微小细节。

如果在多个细节层次上有完全不同的数据来源，如分辨率为0.5m的彩色航空影像，分辨率为1m的IKONOS卫星影像，分辨率为10m的SPOT卫星图像和分辨率为30m的TM卫星图像，则数据库的细节层次设计应充分考虑不同来源数据的特点，如分辨率和颜色变化等。在如透视显示等一些应用中，由于DOM常与DEM一起使用，为了简化分别调度这两种数据库的有关处理方法，常将二者设计成同样的细节层次深度并采用相同的数据调度机制。当然，每个细节水平的 DEM 和 DOM 可以具有不同的分辨率。

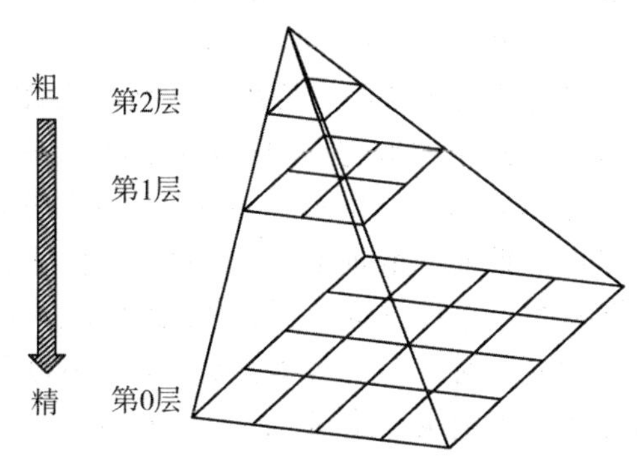


图 3.2　海量栅格数据的分层组织

## 3.1.4　三维矢量数据的组织

矢量数据是一种最广泛使用的空间数据，它主要由点、线和多边形组成。在三维系统中，矢量数据主要用来表达空间要素信息，比如地名/地址、注记、道路等。矢量数据有多种存储表达方式，如基于文件的 ESRI Shapefile、MapInfo TAB 等，基于空间数据库存储的 ESRI GeoDatabase 等，基于 XML 描述的 Google KML 等。这几种矢量数据格式都是目前国际上通用的数据格式，能够方便地进行数据转换和共享。

**1. 三维矢量数据的分块组织**

各种三维空间对象的分布具有不均匀性，例如，建筑物与道路在市中心区域比较密集，而在郊区部分比较稀疏。矢量数据的分区分块必须克服这种非均匀分布的特性，以保证各个子区域内的对象个数比较均衡。分区的依据有两种：第一种是根据 R 树空间索引机制合理地进行空间划分，尽量减少目标外接矩形范围之内的重叠(如按照街区进行划分)；第二种是考虑与数据库管理系统最佳性能相匹配的表空间接纳的对象个数，根据给定的软硬件环境，可以通过实验方便地检测出数据库管理系统具有最佳性能的各种参数设置。

**2. 三维矢量数据的分层组织**

矢量数据的类型繁多，它的范围可以从洲际、国界，到某条公路、机场。而三维 GIS 的视点变化范围极广，可以从卫星轨道贴近到地面。如果在卫星轨道视角时就将公路、机场等这类较小范围的矢量数据标注出来，则无疑会影响三维 GIS 地图的显示效果，因此需要对矢量数据进行分层组织。暂不绘制一些在当前视点无法清晰显示的矢量数据，而是随着视点向地面拉近逐步绘制出来。

## 3.1.5　三维模型数据的组织

三维模型数据也是三维系统的主要数据源之一，例如，城市场景就是主要通过城市的建筑模型和设施模型来体现的。为了显示三维场景，ArcGIS 的 ArcGlobe 三维场景可视化平台采用多面体(MultiPatch)模型来表达带纹理的建筑物、灯柱、树、桥梁、地下建筑或某种类型的分析表面等单个建模对象，实际上是一系列不规则三角面片来表示这些对象的表面几何形态，并对三角面片映射纹理以增加建模对象的真实感。对从其他途径完成三维对象几何建模和纹理映射(如利用 3ds Max、Sketchup 软件交互建模，或依据倾斜摄影测量、LiDAR 数据自动或半自动建模的建筑物、桥梁等三维对象)的三维模型，按真实空间坐标转换为多面体模型，按三维模型的地物识别将它们组织为多面体要素类(或层)。每个多面体要素类是经分块、分类的同类三维对象——多面体要素(如单体建筑物模型)的集合，而每个多面体要素是由一系列三角面片、三角扇、三角条带或三角环构成的、表示三维对象边界的面(如建筑物的一个墙立面、屋顶等)组成的，每个面都有自己的纹理、颜色、透明度和几何信息。因此，对一个多面体要素类是以树状结构来组织几何、纹理、属性等数据的，每个面可作为一个记录存储到空间数据库中。

### 3.1.6 空间索引

当将大量的、不同类型的地理空间数据组织起来并利用空间数据对它们进行存储和管理后，要从中快速地找到某一个或局部范围内的特定对象，就必须建立有效的空间索引。

空间索引是指依据空间对象的位置和形状或空间对象之间的某种空间关系按一定的顺序排列的一种数据结构，其中包括空间对象的概要信息，如对象的标识、外接矩形及其指向空间对象实体的指针。作为一种辅助性的空间数据结构，空间索引介于空间操作算法和空间对象之间，通过它的筛选，大量与特定空间数据操作无关的空间对象得以被排除，从而提高了控件数据操作的速度和效率。

空间索引是空间数据组织的重要组成部分，通过抽取与空间定位相关的信息组成对原空间数据的索引，达到以较小的计算量实现对大数据量的高效检索、查询的目的。空间数据索引的方法有很多，在此仅针对三维矢量数据、三维栅格数据分别介绍较为常用的空间索引方法，其中对于三维矢量数据常用三维 R 树索引，对于三维栅格数据常用八叉树索引。在介绍相关三维索引之前，将先介绍与该三维索引相对应的二维空间索引，为三维索引作铺垫和基础。

**1. 八叉树索引**

1)四叉树索引

对于无缝组织的栅格和影像数据，一般依据数据所覆盖的地理空间范围，对其进行规则的空间划分，并对划分的子空间按照某种方式进行编码，构建空间索引。

四叉树索引通过将已知范围的空间分成四个相等的子空间，如此递归下去，直至树的层次达到一定的深度或者满足某种要求时停止分割。对每次划分的子空间自左向右、自上而下地分别编码，形成均匀的四叉树结构，如图 3.3 所示。

如图 3.3 所示，四叉树中各节点编码顺序为自上而下、从左到右，依次编码。其根节点编码为 0，按照上北下南、左西右东的地理定位方式，根节点四个子节点的编码分别为：西南为 00、东南为 01、西北为 10、东北为 11。编码为 00 的节点的四个子节点编码为：西南为 0000、东南为 0001、西北为 0010、东北为 0011。依次类推，对整棵四叉树进行编码。栅格四叉树中每个数据块都有单独的编码。记录四叉树的编码及所对应的栅格或影像数据块(也称为瓦片)，建立起栅格或影像数据的四叉树索引。

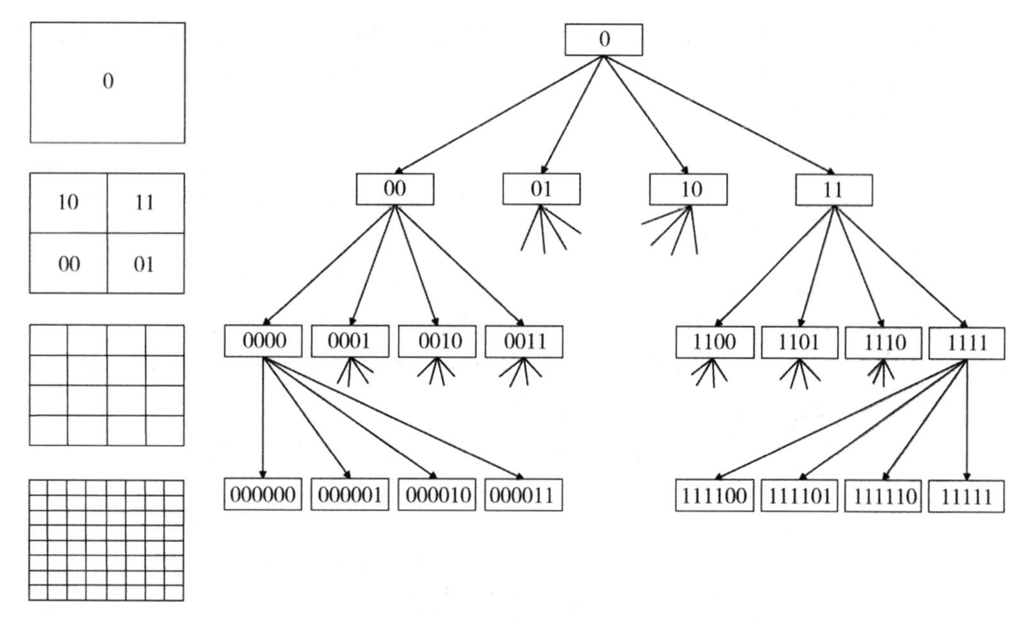


图 3.3　栅格数据的四叉树索引结构

2）基于八叉树的空间索引

八叉树是四叉树在三维空间的扩展。将三维场景所表达的空间 $V$ 分别按 $X$、$Y$、$Z$ 三个方向从中间进行均等分割，把 $V$ 分割成 8 个体积相同的立方体；然后根据每一个立方体中所含的目标来决定是否对各立方体再进行八等分的划分，一直划分到每个立方体被一个目标所充满，或没有目标，或大小已经达到预先设计的最小划分尺寸为止。对每一层级分割的子块按与四叉树类似的编码规则进行八叉树编码，记录各个分块的八叉树编码以及所包含的三维对象的标识码，形成八叉树三维空间索引。如图 3.4 所示，空白圆圈代表该立

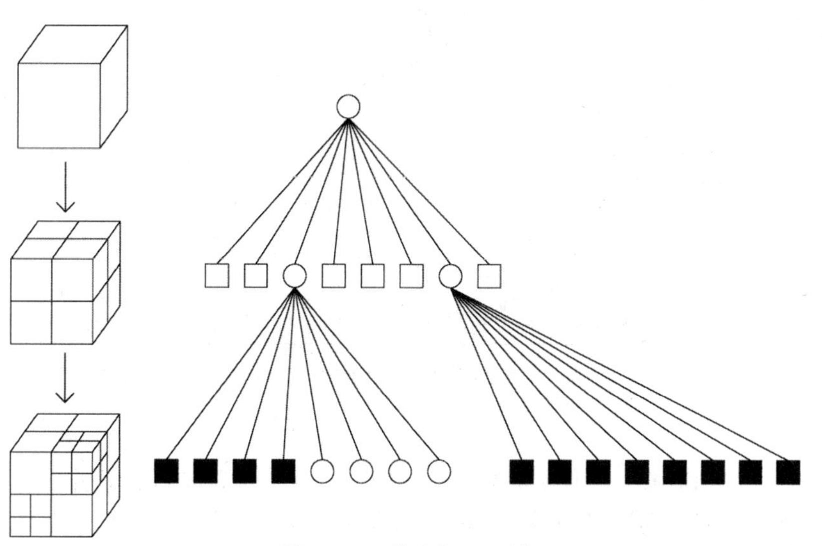

图 3.4　三维空间八叉树

方体尚未被目标填满，或者它包含多个目标，需要继续划分；填充小矩形表示立方体已经被某一个目标填满，不再划分；空白的小矩形表示该立方体中没有目标。

**2. 三维 R 树索引**

1)R 树索引

R 树索引首先生成并记录包围了单个要素的最小包络矩形(Minimal Bounding Rectangle，MBR)，然后将空间位置相近的若干要素的外接矩形重新组织为一个更大的虚拟矩形 Rect，由此实现一个自下而上的索引结构。在构造虚拟矩形时，其方向应与坐标方位轴一致，同时满足三个条件：①包含尽可能多的矩形；②矩形间的重叠率尽可能少；③允许在每个矩形内再划分小矩形。对这些虚拟的矩形建立空间索引，得到 R 树索引文件，其叶节点包含指向所包围空间要素的指针。如图 3.5 所示是 R 树的示例，其中，R 表示索引节点 Rect 对象，$m_i$和$P_i$分别表示各空间要素，x 表示点查询对象。

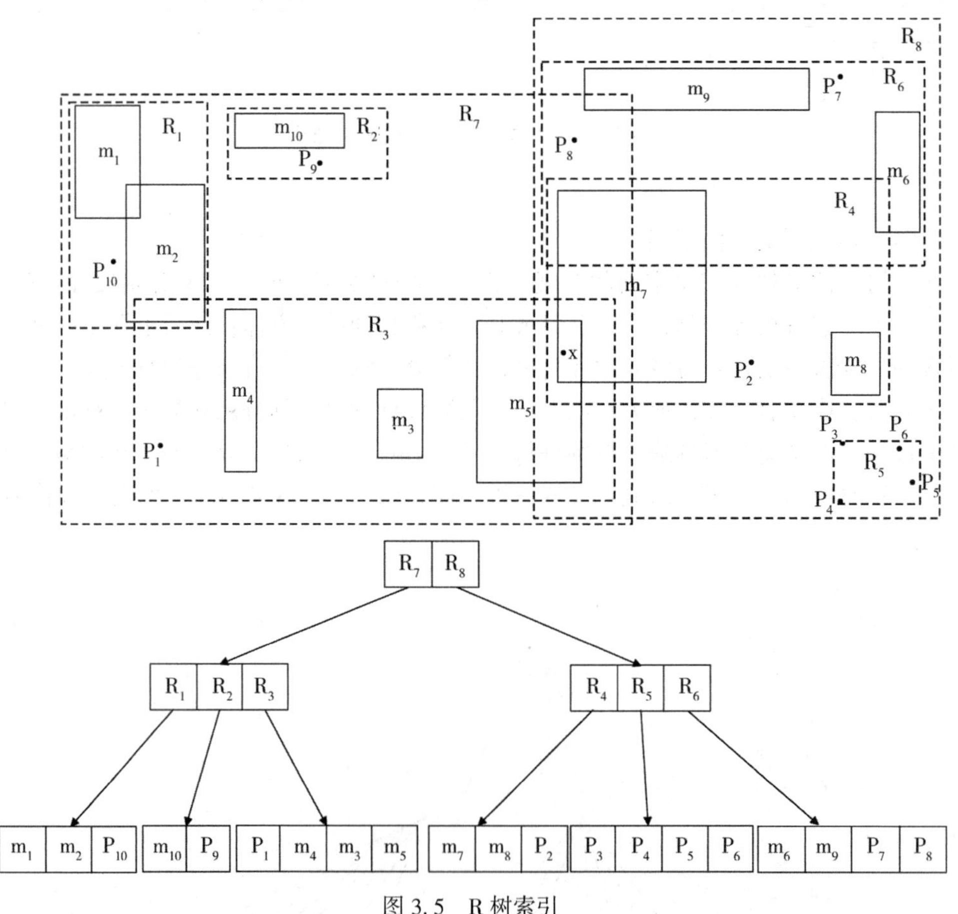


图 3.5　R 树索引

R 树是一种采用对象界定技术的高度平衡树，其优点是有较高的索引效率，支持动态的空间索引构建，对空间数据的插入、删除和查询可以同时进行，并且不需要进行周期性的索引重组。但是 R 树允许同级节点间存在空间上的相互重叠，因此对于精确的匹配查询来说，R 树不能保证唯一的搜索路径。Oracle Spatial、面向 Informix 的 ArcSDE 等采用了 R 树索引。从 R 树的产生到现在的近 30 年中，许多学者致力于 R 树的研究，在 R 树的基础上衍生出许多变种，如 R+树、R＊树、压缩 R 树等，其效率和实用性都不断提高。

2)三维 R 树索引

三维 R 树是二维 R 树在三维空间的扩展，因此，三维 R 树索引的构建方法与二维 R 树的情况基本类似。只是此时需要设计虚拟边界立方体(Virtual Bounding Box，VBB)来代替二维 R 树中的虚拟矩形，使每一立方体中包含若干个空间邻近的多面体对象，并由底向上逐级合并为更大的虚拟边界立方体，形成具有多层次的三维 R 树索引。图 3.6 给出一个三维 R 树空间索引的示例。图 3.6 中，虚拟边界立方体 A 中包含三维空间对象 a、b、c 和 d(以其最小包络立方体表示)；虚拟边界立方体 B 中包含三维空间对象 e、f 和 g。

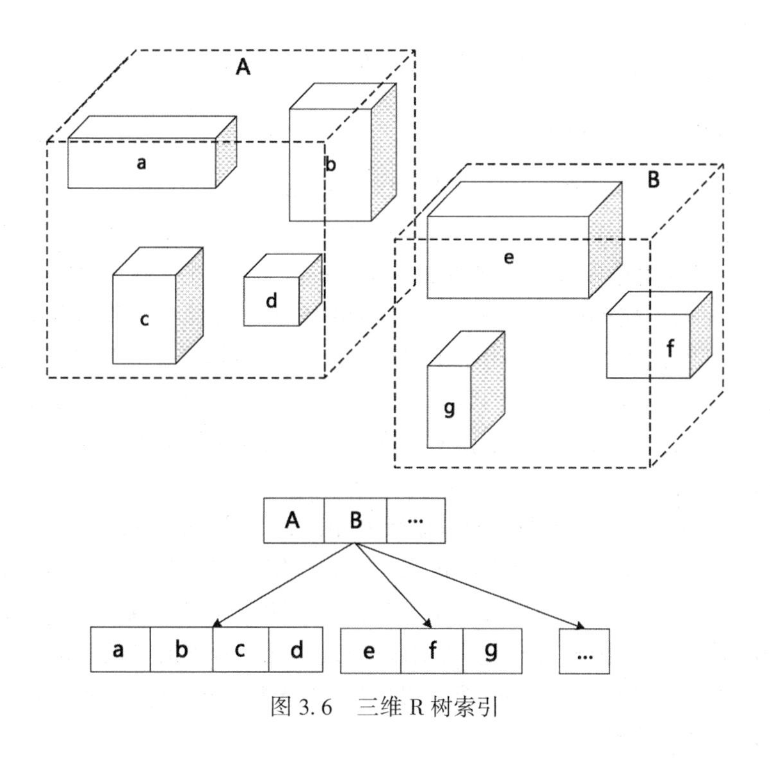


图 3.6　三维 R 树索引

与二维 R 树相同，三维 R 树同级节点所代表的三维空间可能存在部分重叠(这种重叠通常会随着数据量或空间维数的增加而剧增)，导致对数据的区域搜索可能需要沿着多条路径进行，从而降低了搜索效率。因此，在三维空间数据组织中，通常需要采用启发式算法来减少三维 R 树节点的空白区域、各分支的重叠区域及虚拟边界立方体的体积，从而减少各分支的重叠区域，提高节点的利用率，改进三维 R 树索引的性能。例如，可以采用球形或规则多面体作为三维空间对象的外包体，从而避免使用虚拟边界立方体分解三维空间所带来的大量重叠区域和空白区域；或者对三维 R 树进行改造，如三维 R+树、三维 R＊树等，但尚未达到实用阶段。

## 3.2　三维数据管理

互联网和物联网时代的发展，使全球的数据信息呈现出指数级增长。如今的数据量级已经从TB级(1TB=1024GB)跃升为PB级(1PB=1024GB)、EB级(1EB=1024PB)，甚至是ZB(1ZB=1024EB)级别。现今的大数据已经发展得相对稳定，并且带动了不计其数的理念、模式、技术以及其他应用。伴随这样的趋势，对于庞大的空间数据如何组织、更新、维护和存储带来了许多难题，而这些难题也催生出一系列的三维数据管理方法。

本节重点介绍数据库的版本管理模式和HDFS文件存储模式两个部分。版本管理可以解决数据库的更新和维护中长事务管理和多用户并发操作的问题，而HDFS文件存储则是目前应用较为广泛的一种数据存储系统。另外，本节还将以面向对象的GeoDatabase空间数据库为例，介绍空间数据库的模型结构、存储类型以及其版本机制。

### 3.2.1　GeoDatabase数据库

随着面向对象技术的成熟和广泛应用，以GeoDatabase为代表的第三代面向对象的空间数据模型应运而生，并在空间数据模型对象化的进程中迈出了坚实的一步。

GeoDatabase又称为地理数据库(Geographic Database)，是一种采用标准关系数据库技术来表现地理信息的数据模型，支持在标准的DBMS表中存储和管理地理信息。它采用面向对象技术将现实空间世界抽象为由若干对象类组成的数据模型，每个对象类有其属性、行为和规则，对象类之间又有一定的联系。用户可以在已有的空间数据模型之上，建立符合应用需求的扩展模型，因此，它不仅便于人类认识地理空间世界，而且还具有较好的客户化能力和可扩展能力。

与Coverage、Shapefile等早期空间数据模型相比，GeoDatabase大大扩展了带有行为关系和属性的表达能力，是概念和能力的扩展，它允许用户在数据中加入其应用领域的方法或行为，以及其他任意的关系和规则，使数据更具智能和面向领域应用。它实现了之前所有空间数据模型都无法解决和完成的多源数据的集成统一管理的难题，即在一个公共模型框架下将GIS通常所处理和表达的地理空间特征(如矢量、栅格、三维表面、网络和地址等)进行统一的描述与管理。

**1. GeoDatabase模型结构**

GeoDatabase是以层次结构的数据对象来组织空间数据。这些数据对象存储在要素类(Feature Class)、对象类(Object Class)和要素数据集(Feature Dataset)中。其中，对象类是一个在GeoDatabase中存储的非空间数据的表格；要素类是具有相同几何类型和属性结构的要素合集；要素数据集是共用同一空间参考的要素类集合。其中要素类可以是要素数据集内部组织的简单要素，也可以独立于要素数据集。独立于要素数据集的简单要素类要素称为独立要素类，而存储拓扑要素的要素类则必须放在同一个要素数据集内，以确保各要素类具有共同的空间参考。ArcCatalog工具可以生成要素数据集、要素类和对象类(表)，这些项生成后，子类、拓扑类、关系类和几何网络等项也就能生成。图3.7是GeoDatabase模型结构的示意图。

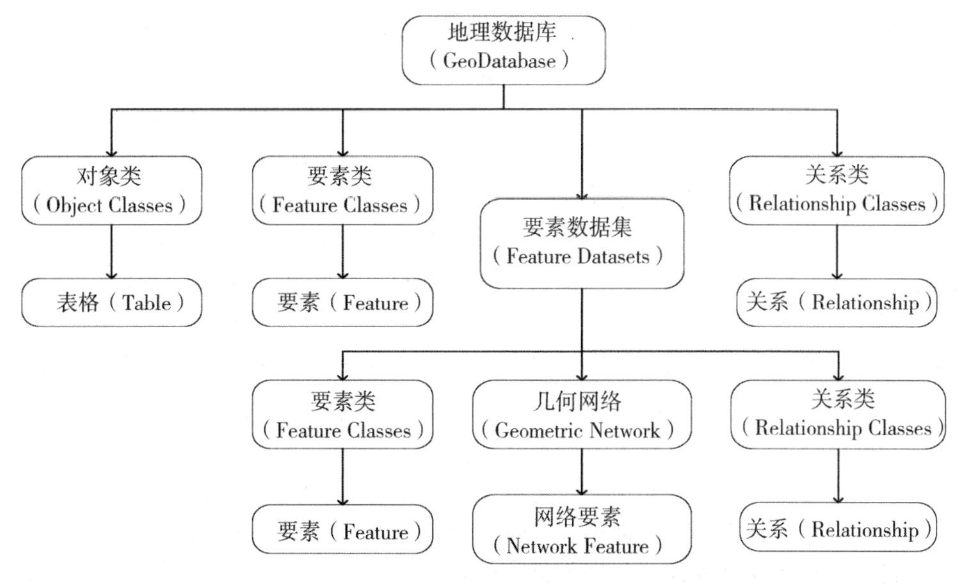


图 3.7 GeoDatabase 模型结构

**2. GeoDatabase 存储类型**

GeoDatabase 支持多种 DBMS 结构和多用户访问，从基于 Microsoft Jet Engine 的小型单用户数据库，到工作组，部门和企业级的多用户数据库，GeoDatabase 都支持。目前有两种 GeoDatabase 结构：个人 GeoDatabase(Personal GeoDatabase)和多用户 GeoDatabase(Multiuser GeoDatabase)，如图 3.8 和表 3.1 所示。

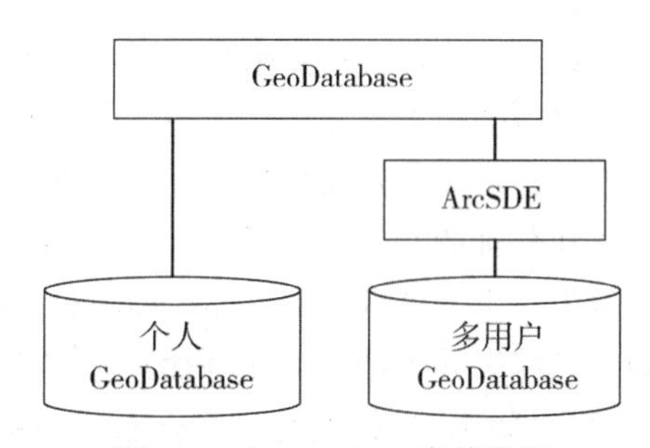


图 3.8 GeoDatabase 存储类型

**表 3.1 单用户与多用户 GeoDatabase 对比**

| GeoDatabase | DBMS | 特点 |
|---|---|---|
| 个人 GeoDatabase | · Microsoft Jet Engine (Access) | · 单用户编辑<br>· 2GB 大小限制<br>· 不支持版本管理 |
| 多用户，版本管理 GeoDatabase | · Oracle<br>· Oracel with Spatial 或者 Locator<br>· IBM DB2<br>· IBM Informix<br>· Microsoft SQL Server | · 需要 ArcSDE<br>· 多用户编辑<br>· 基于版本管理的工作流<br>· 数据库大小和用户数限制依赖于数据库 |

个人 GeoDatabase 与多用户 GeoDatabase 的对比如表 3.1 所示。其中，个人 GeoDatabase 采用 Microsoft Jet Engine 数据文件结构将 GIS 数据存储在小型数据库中，使用微软的

Access 数据库来存储属性表，数据库存储量最大为 2GB。个人数据库支持单用户编辑，不支持版本管理。而多用户 GeoDatabase 通过 ArcSDE 支持多种数据库平台，包括 IBM DB2、Informix、Oracle 和 SQL Server 等。多用户 GeoDatabases，它利用底层 DBMS 结构的优点可以支持海量数据存储、多用户并发访问以及长事务与版本管理的工作流。

**3. GeoDatabase 长事务处理与版本**

简单来说，事务处理，就是一组完成一个完整操作任务的每一步数据操作的集合。事务处理是关系数据库的核心思想，它保证了数据库的一致性及完整性，确保某个操作任务要么执行完成，要么根本就不执行。

根据从开始到结束的时间长短，可将事务分为长事务和短事务。短事务处理所需时间极短，在其处理进程中，关系数据库锁定数据库中相应属性表的相应行数据，这样正在被更新的行数据被锁定保护，直到事务处理结束。短事务处理结束之时，数据的行锁定也被释放。而长事务处理需要的时间很长，可能需要几个月才能够完成。

适用于短事务的行锁定并不适用于 GIS 中的长事务。因为要素在网络连接、拓扑关系和属性关联中是频繁交错出现的，要素之间的相互关联非常复杂，应用锁定可能会导致编辑操作失败。例如，若一个用户正在编辑在一个变电站旁边添加输电公共设施时，其他用户却准备编辑该变电站旁边的另一要素，这时的输电网络就很有可能陷入矛盾状态。另外，在多用户地理数据编辑环境中，每个用户都必须要看到最新的与显示在当前地图上的数据相对应的数据库状态。但是，在短事务处理情况下，每次其他用户做出任何操作变动时，系统将重新刷新用户界面上的地图。对于一些稍微复杂的大数据量地图，每次刷新可能需要几分钟的时间，这样的时间花销显然是无法接受的。

对于长事务处理过程，GeoDatabase 的版本管理机制采取“乐观锁定”机制，即假定用户间所做编辑并无冲突，允许用户在事务处理的任何阶段创建自己数据“版本”。当用户提交各自“版本”数据的时候，再通过一系列的“冲突检验”“冲突协调”“冲突提交”以进行并发处理，并保证数据库数据的准确性与一致性。

总的来说，GeoDatabase 的版本工作流中，数据只有在“变更提交”这一短事务进行时被锁控。由于编辑操作的工作量相对于整个地理数据库操作的量是非常小的，在实际的工作流操作中，编辑冲突并不多见。因此，协调冲突相对于“没有锁定情况下直接保存数据”或者“在长事务处理持续过程中检验数据”这两种处理角度，时间花销要小得多，GeoDatabase 的版本管理模式也被多领域及 GIS 软件所应用或借鉴。

### 3.2.2　空间数据库版本管理

当前各类 GIS 数据的现势性强，更新速度快，空间数据呈飞速增长状态，高效、安全地管理和维护这些海量的空间数据是一个全新的挑战，因此空间数据的版本管理和历史数据的合理存储显得尤为重要。

现在，大型地理信息系统平台软件普遍采用关系数据库系统(RDBMS)(如 Oracle、DB2、SQL Server 等)存储空间数据及其相关属性数据，其区别仅在于存储与访问机制的差异。采用关系数据库系统解决 GIS 空间数据存储的同时，也带来一系列数据更新与管理的问题。

长期以来，在 GIS 的应用中一直存在两个困扰我们的问题：

(1) GIS 空间数据编辑过程相关的长事务处理。

传统的关系数据库系统在处理影像、文本、数字等常规数据集时，通常采用"锁定—修改—释放"的策略来实现多个用户对数据库的编辑操作，即某个时刻被用户 A 锁定的对象就不能在该时刻被其他用户访问。但由于空间数据的特殊性，GIS 空间数据的编辑与更新，其工作性质决定一般不能由一个人独立完成，而是由多个人分区域、分范围操作，最后需要进行数据合并。

(2) GIS 数据库的联机多用户并发操作。

空间数据的编辑工作往往是"长事务处理"，若采用传统的单记录锁定机制，单个用户长时间锁定数据库将导致其他用户无法访问，这将极大地降低系统的运行效率，显然是不合理的。

目前支持多用户协同合作和长事务处理的最有效的技术是在数据库引擎中引入版本管理机制，即将每个用户处理的数据对象视为一个版本，用户在各自的版本中编辑，通过一定的版本合并机制得到该时期最终版本数据，并通过构建合适的数据模型，对各个历史时期的数据进行组织与存储，使得 GIS 数据库真正成为任何一个系统或部门完整的信息档案库。

版本工作流的概念最早是由是 ESRI 公司在其推出的 GeoDatabase 数据模型中提出的，GeoDatabase 提供了一种全新的空间数据版本管理方法(Versioning)，通过一个称为"版本"的数据管理框架，圆满地解决了以上问题，使得多用户能够同时编辑数据库，并且每个用户均有 GeoDatabase 的事务处理视图，用户对彼此之间的编辑修改也能够一目了然。

不仅如此，工作流的结构还可以模拟同一机构中多部门之间的商业事务处理工作，这为 GIS 在各个领域更深入的应用打下了良好的基础。

**1. 版本的概念**

版本原是指同一部书因编辑传抄或出版、影印方式不同而产生不同的略有差异的书籍。后来版本的概念被引入软件和数据库领域，用来代表不同功能的软件包和不同时期的数据库。

在空间数据库中，版本实际上是对数据库中数据的一种"拷贝"，同时完成了数据备份、模拟不同场景与方案、保留历史记录等多重功能，而且不产生大量的数据冗余。在一个版本中更新的内容，只在该版本中保存，它与原始记录一起可以向用户反映数据库的一种状态。

图 3.9 展示了版本应用的基本原理与设计初衷，当工作单位的不同部门对数据有不同种类的设计方案或不同的研究需求时，则可以分别建立各自的版本，对于每个版本可以由不同的工作人员共同进行设计或修改操作，不同版本间看不到彼此所作修改，互不影响。

版本的应用使空间矢量数据更新时不需要应用要素锁定或者数据复制，便可以实现多用户直接编辑同一空间数据库，数据更新是在原始版本的基础上实现多部门、多用户编辑的。

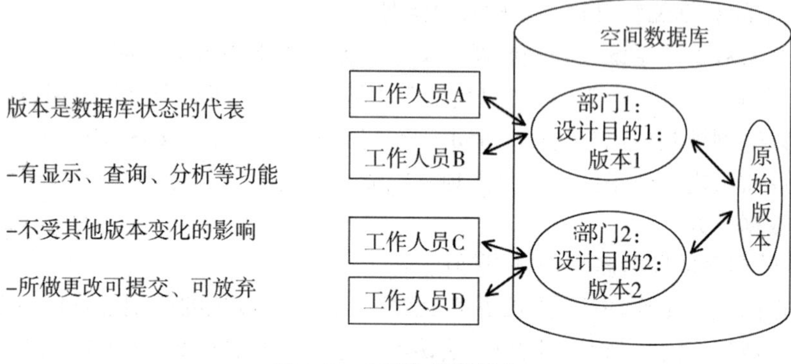


图3.9　空间数据库版本

**2. 版本的并发控制**

1)悲观锁与乐观锁机制

一般来讲，数据库都有并发机制来获得最大性能，并发机制的核心就是多用户情况下并发数据访问的冲突控制问题。为了解决这个问题，大多数数据库用的方法就是数据的锁定。数据库对数据的锁定分为两种方法：悲观锁和乐观锁。“悲观锁”是对数据的冲突采取一种悲观的态度，也即假设数据肯定会冲突，所以在数据开始读取的时候就锁定数据。而“乐观锁”认为数据在一般情况下不会造成冲突，在进行数据提交更新的时候，才会正式对数据的冲突与否进行检测，如果发现了冲突，则让用户返回错误的信息，让用户决定如何去做。

Oracle 中的悲观锁是利用 Oracle 的 Connection 对数据进行锁定。在 Oracle 中，应用这种方式带来的性能损失是很小的，但需要注意程序逻辑以免造成死锁。而且由于数据及时被锁定，在数据提交时就不会出现冲突，可以省去对数据的冲突处理。缺点就是应用程序必须始终保持一条数据库连接，就是说在整个锁定到最后放开锁的过程中，数据库连接要始终保持。

乐观锁从一开始就假设不会造成数据冲突，只是在最后提交的时候再进行数据冲突检测。在乐观锁中，有以下几种常用的实现方法。

(1)整体拷贝法。

这种方法在数据取得时把整个数据都拷贝到应用中，在进行提交时如发现两个数据一样，则表示没有冲突，否则通过业务逻辑解决并发冲突，然后提交。

(2)版本戳法。

采用版本戳法，首先需要在数据库表上建立一个新的字段，存储版本号。在数据提交时比较版本号，决定是否存在冲突，从而决定是否采用业务逻辑进行冲突处理。验证版本戳时，可以在应用程序端使用版本戳验证，也可以在数据库端采用触发器进行验证。

(3)时间戳法。

该方法是用时间戳记录数据最后更新的时间，Oracle 中时间戳的数据精度是最高的，可以精确到秒，在应用中已经足够了。具体处理策略与版本戳方法相同。

(4)散列算法。

与整体拷贝法相比，这种方法把当前数据内容进行传递，最后在提交时进行比较。不同的是，该方法只是把数据做了一个散列码，因此网络传递的数据要小得多。但是该方法会导致 CPU 的负荷较大。

比较上述几种方法，可以看出各方法存在的优点和缺点。而在空间数据库中，由于同时存在多用户并发处理的情况，并且这种处理总是花费较长的时间，因此，GeoDatabase 采取乐观锁的方式处理并发问题。而对于数据库中的版本冲突，则通过提交时的版本协调机制来解决。

2) GeoDatabase 的提交与协调机制

GeoDatabase 中，父版本与子版本之间的差别合并是通过提交(Post)和协调(Reconcile)操作实现的。提交是将子版本的修改提交到父版本中，并释放子版本的存储空间。协调是通过父版本来解决各子版本之间的冲突，并把父版本的变化带到子版本中。提交操作时，先检测父版本自子版本衍生以来是否做过修改，若有，则提交操作不能执行，必须先执行协调操作进行检测和解决冲突。

图 3.10 中，工作人员 A 和 B 同时在部门 1 的版本 1 之上做了编辑工作，当各自将其操作提交到父版本即版本 1 中时，首先进行协调操作，当没有冲突时方可进行提交。

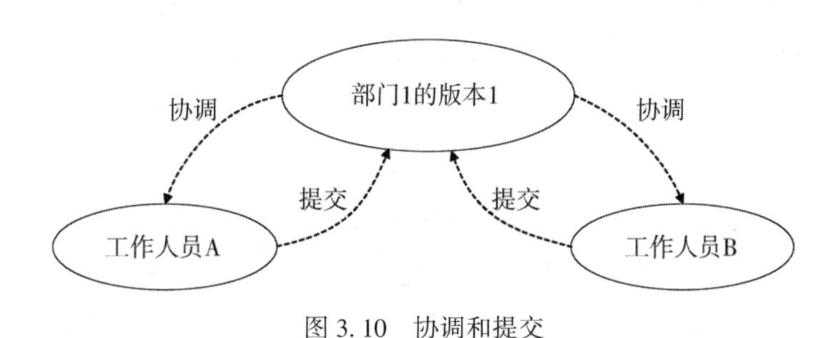


图 3.10 协调和提交

相对于传统的锁机制而言，版本机制可以从两个方面改进编辑的效率：一是允许多用户同时编辑同一要素，只是在最后提交时才进行冲突处理；二是在冲突处理时，用户可以自由选择哪种值作为结果。另外，版本机制更适合 GIS 中长达数天的长事务处理。

**3. 版本工作流模式**

工作流是将一组任务组织起来以完成某个经营过程，是业务整体或部分在计算机应用环境下的自动化。它定义了任务的触发顺序和触发条件，每个任务可以由一个或多个软件系统完成，也可以由一个或一组人完成，还可以由一个或多个人与软件系统协作完成。

企业在应用 GeoDatabase 的版本管理时，必须选取一个或多个符合自己单位的具体应用操作的工作流。GeoDatabase 版本管理支持的基本工作流有直接编辑模式、版本树模式、周期模式、历史快照模式等若干种。用户的任务操作可以是这些工作流中的一个或者几个工作流结合使用。下面具体介绍几种工作流的模式。

1)直接编辑模式

多用户访问 GeoDatabase 的工作流中，最简单的就是直接编辑默认版本。当每个人都打开默认版本进行编辑，一个临时的版本被创建。此时，编辑者不知道这个临时版本的创建，也无法为这个版本命名。无论编辑者是在编辑会话过程过程中，还是结束编辑时保存工作，这个临时版本都将自动与默认版本进行冲突协调并提交给默认版本。

如果冲突存在，则必须先在冲突解决对话框中协调冲突，以成功保存编辑工作。如果检验结果中没有冲突，编辑结果将直接提交到默认版本中。这样的工作流具有简单易行的优点。如果工作单元均为小规模的，没有可供选择的第二个可行方案或者存在历史快照，这个模式的工作流是最适合的。

2)多级版本树模式

当需要按不同部门、功能或地理位置对数据进行分类时，可以采用多级版本树工作流模式。例如，设计和建造新超市的工程可能包含有多个阶段，在地理位置上，可将其分为东区和西区两个部分进行建设，或者可以按创建行为分为框架创建、修建水气设备以及电力设施布置等。

对于多部门多工作分组的大型工程，多级版本树是最有效的组织途径。这样的模式允许负责工程各部分工作的工作小组都有自己的版本，因此这些小组可以保留各自设计的私有观点，并且在这些设计实施创建时将版本提交。版本树工作流模式如图 3. 11 所示。只有当各个工程的各个部分都提交时，该工程才能提交到默认版本。

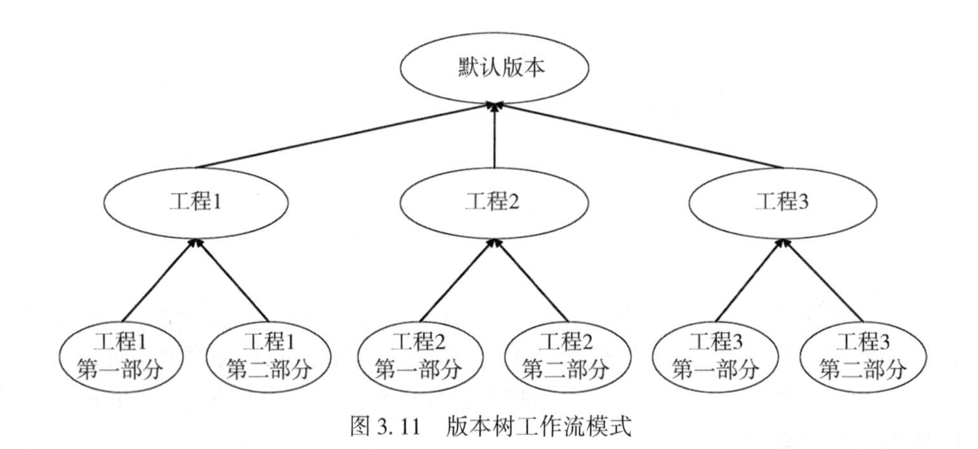


图 3. 11　版本树工作流模式

3)周期模式

许多工程的完成需要进行请示和批准的流程，它们必须经过工程设计、行政批示或法规批准后才能开展下一步的工作。

在这个过程中每个版本都代表工作流程的一个阶段。循环工作流可以记录每一个阶段的设计，当工程的最后阶段完成操作，便可以将这个设计方案直接提交给默认版本。这个工作流保存了版本目录结构中每一步工作提交的成果，可以通过父版本向默认版本或其他版本提交编辑操作。周期模式工作流如图 3. 12 所示。

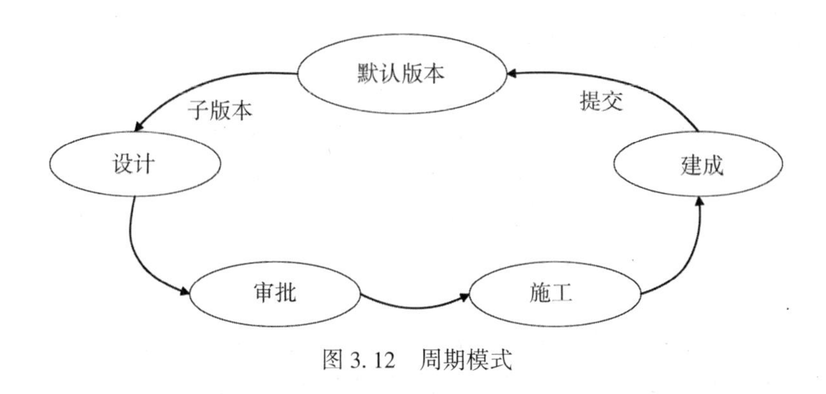

图 3.12 周期模式

4)历史延展模式

对某些工程来说，保存一些反映工程历史状态的版本十分必要。通过定义一个工程的历史版本，便可在工程版本提交给父版本时，保留这个版本作为其创建过程中的一个历史快照。因此，历史延展模式工作流常用于保存默认版本的档案。历史延展模式的示意图如图 3.13 所示。

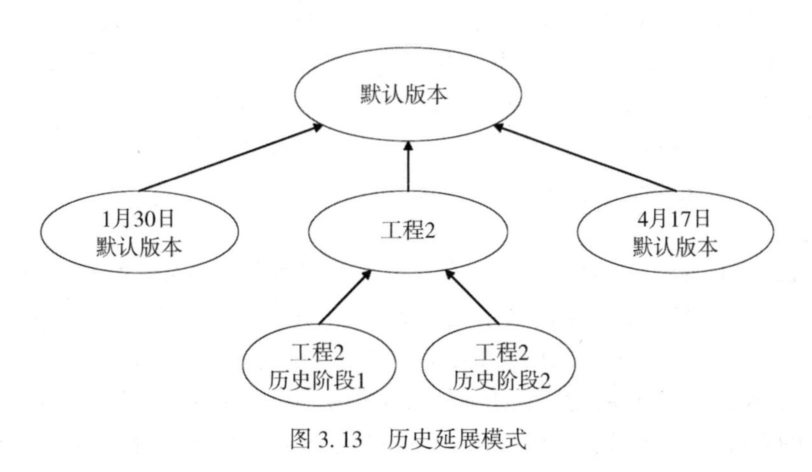

图 3.13 历史延展模式

### 3.2.3 HDFS 文件管理

目前国内外主流的数据存储系统主要包括 GoogleFS、Lustre、FastDFS、HDFS 等。其中，HDFS(Hadoop Distributed File System)是应用较为广泛且相对稳定的系统，它是 GFS (Google File System)的延伸，也是 Hadoop 项目的核心子项目。HDFS 是面向大规模数据密集型应用的、可伸缩的分布式文件系统。它具有高可用性、高可靠性、高稳定性和低成本等一系列优点，并且可以部署在较为普通和廉价的硬件上。它是一个可让使用者在短时间内部署完成的处理海量数据的分布式存储系统，因此得到众多企业的青睐。目前使用 HDFS 系统的国内互联网公司包括美团、腾讯和 360 等。

**1. HDFS 概念**

在 HDFS 文件系统中有以下几个较为重要的概念。

1) Block

Block(块)是 HDFS 文件系统中较为重要的概念。Block 是一个文件存储的基本单位,一个文件可以根据块的大小切分为若干个 Block, Block 则会根据存储策略存储到 DataNode 节点的磁盘中。Block 的大小一般设置得比较大,这样可以减少客户端与 NameNode 的交互次数以减轻 NameNode 的压力,同时会降低磁盘寻址的开销。

2) Packet

Packet 是 Block 的更细粒度的单位,每个 Block 在客户端与 DataNode 之间传送时会被分成若干 Packet,它是客户端与 DataNode 之间数据传输的基本单位。

3) Chunk

Chunk 是 HDFS 中数据校验的一个单位。HDFS 采取对数据进行校验的方式来确保数据传输的准确性。客户端在写数据时会进行一次数据校验,然后将数据传输到 DataNode 中, DataNode 在接收数据时会重新进行校验计算并与客户端传入的数据进行比较来保证数据的准确性。

4) 副本

HDFS 在设计初期会对数据做冗余存储来进行容错,默认一个 Block 有三个副本。当一个 Block 的某个副本不可用时,文件仍然可用,并可根据现有副本进行数据恢复。这种方法可避免硬件故障导致文件不可用。副本管理技术是广泛应用于存储系统的关键技术之一,它可提高系统可靠性、容错性和扩展性,并增强用户访问的并发性,提高系统服务性能。HDFS 副本放置策略是可靠性不高与带宽的平衡。

5) NameNode

NameNode 是 HDFS 主从系统的主节点,负责管理整个文件系统的目录树、处理客户端请求、建立 Block 到 DataNode 的映射关系等。在 Hadoop1. x 系列中, NameNode 是整个系统中唯一的单点问题。单点问题是指系统中只要一点失效,就会让整个系统无法运作。为了解决 NameNode 的单点问题,在 Hadoop2. x 中引入了 JournaleNode、ZKFControler,实现了 HDFS 的高可用功能。高可用(High Avalibility, HA)性服务系统是指系统硬件或软件出现故障之后仍可以继续运行的系统。

6) DataNode

DataNode 是真正存储文件数据的地方,又可以称为数据节点。客户端通过访问 Active NameNode 获取文件的元数据后会与 DataNode 进行通信,来读写真实数据。DataNode 也会通过块汇报向 NameNode 报告此时保存的块信息。

7) ZKFControler

ZKFControler,简称 ZKFC,它是为了实现 HA 框架而引入的组件。ZKFC 会监控 NameNode 的状态,实现将 NameNode 切换成主节点或从节点的功能。当主节点发生故障时, ZKFC 可快速发现并及时通知从节点切换为主节点。

8) JournalNode

JournalNode,简称 JNode,是记录 HDFS 中编辑日志的共享存储系统。它是为了保证主节点记录的客户端对文件系统的操作可以及时被从节点获取，并实现从节点的内存状态快速恢复到与主节点内存状态一致的功能。

9) EditsLog

EditsLog 是文件系统中的编辑日志，记录了客户端每一次对文件系统的修改操作。可利用 EditsLog 与对应的 FSImage 得到当前集群中最新的元数据信息。

10) FSImage

FSImage 是 HDFS 文件系统元数据的永久检查点。和编辑日志不同的是，它不能在每次文件系统进行修改之后都进行更新。

**2. HDFS 优缺点**

1) HDFS 文件管理系统的优点

(1)适合大数据处理。

能够处理百万规模以上的文件数量(GB、TB、PB 级数据)，能够处理 10KB 节点的规模。

(2)可检测和快速应对硬件故障。

在集群的环境中，硬件故障是常见的问题。因为上千台服务器连接在一起，会导致高故障率。因此故障检测和自动恢复是 HDFS 文件系统的一个设计目标。

(3)可处理非结构化数据。

HDFS 可处理结构化、半结构化、非结构化的数据(语音、视频、图片)，80%的数据都是非结构化的数据。

(4)流式数据访问。

HDFS 的数据处理规模比较大，每一次应用需要访问大量的数据，同时这些应用一般是批量处理，而不是用户交互式处理。应用程序能以流的形式访问数据集。主要影响因素是数据的吞吐量，而不是访问速度。

(5)简化的一致性模型。

大部分 HDFS 操作文件时，需要一次写入，多次读取。在 HDFS 中，一个文件一旦经过创建、写入、关闭，就不需要修改了。这样简单的一致性模型有利于提高吞吐量。

(6)可运行于廉价商务机器集群。

通过多副本机制，HDFS 可以提高可靠性。一旦出现故障也不会影响正常的业务处理，可以通过其他副本来恢复。

2) HDFS 文件管理系统的缺点

(1)不适合处理低延迟的数据访问。

低延迟数据，如与用户进行交互的应用，是需要数据在毫秒或秒的范围内得到响应的。由于 Hadoop 针对高数据吞吐量做了优化，牺牲了获取数据的延迟，所以 HDFS 并不适用于低延迟数据访问。

(2)无法高效存储大量小文件。

当文件以 Block 块的形式进行存储时，Block 块的位置会存储在 NameNode 节点的内存中不论存储大文件还是小文件，每个文件对应的单条 Block 的块信息大小是一致的，而 NameNode 的内存总是有限的。小文件存储的寻道时间会超过读取时间(这里的小文件是指小于 HDFS 系统的 Block 大小的文件，默认是 64MB)，它违反了 HDFS 的设计目标。

(3)不支持并发写入和任意修改。

一个文件同时只能有一个写，不允许多个线程同时写。仅支持数据 append(追加)，不支持文件的随机修改，以追加的形式达到修改的目的。

## 3.3　多源三维数据格式转换

以开源 CesiumJS 为例，其支持的三维模型格式为 3D Tiles。3D Tiles 的切片规范可在 https://github.com/CesiumGS/3d-tiles/tree/main/specification 上查看。简而言之，3D Tiles 由索引和内容组成，索引是 JSON 格式的元数据定义，包括数据范围、几何误差等；内容可以分为 3 种内容格式和 1 种集合格式，如表 3.2 所示。

**表 3.2　3D Tiles 的内容**

| 格式 | 用　　途 |
| --- | --- |
| Batched 3D Model(b3dm) | 多种三维模型格式，例如有纹理的地形数据，包含内外结构的建筑，大范围的模型数据等 |
| Instanced 3D Model(i3dm) | 实例化三维模型，例如森林、路灯和垃圾桶等城市附属物、设备零部件等 |
| Point Cloud(pnts) | 海量点数据 |
| Composite(cmpt) | 仅仅用于把上述多个不同格式的文件组织为一个文件 |

在 3D Tiles 中，每个 tile 可以是上述的任意一种格式，一个 tileset 是由一系列 tile 构成的树状结构，该结构结合了层次 LOD(HLOD)的概念，以便最快、最佳地渲染空间数据。

由于 3D 模型是多源异构的，即多种来源、多种差异化数据结构的，因此，为了将不同软件生产的 3D 模型加载到 Cesium 中使用，需要首先将其转换为 3D Tiles 格式。本书主要介绍多源 3D 模型格式转换为 3D Tiles 格式的方法、流程和所使用的工具。

通常在生产中使用的 3D 模型主要包括人工模型、BIM、倾斜数据和点云数据，模型数据的转化涉及将桌面端 3D 建模软件软件的数据格式，如 .fbx 格式、.obj 格式、.osgb 格式、.ifc 格式和 .las 格式等，转化为 Cesium 支持的 3D Tiles 格式后，才能进行进一步的可视化或三维数据处理等操作。本节中介绍 .fbx/obj 文件、.OSGB 文件、.3ds 文件和 .skp 文件等向 3D Tiles 的转化，使用的软件分别是 Cesiumlab。下面分别介绍上述数据转换的操作过程。

Cesiumlab 是一款专为 Cesium 开源数字地球平台打造的免费数据处理工具集，目前包含的工具包括地形数据处理、影像数据处理、点云数据处理、数据下载、建筑物矢量面处理、倾斜数据处理和三维场景处理等。同时提供一套 Java 开发的数据服务器，形成从数据处理、服务发布到代码集成的完整工具链。它能帮助用户最快速、最低成本地搭建项目所需要的基础场景。在上述各种数据的处理中，很重要的一点便是空间数据格式的转换，

Cesiumlab 可以将各种不同的空间数据格式转换为 Cesium 可以加载的格式，本节中主要用到的就是数据格式转换功能。

Cesiumlab 的最新版本可在其官网( http：//www.cesiumlab.com/ )上下载，本书中使用的版本是 V3.0.3。下载安装后打开 Cesiumlab，界面如图 3.14 所示。

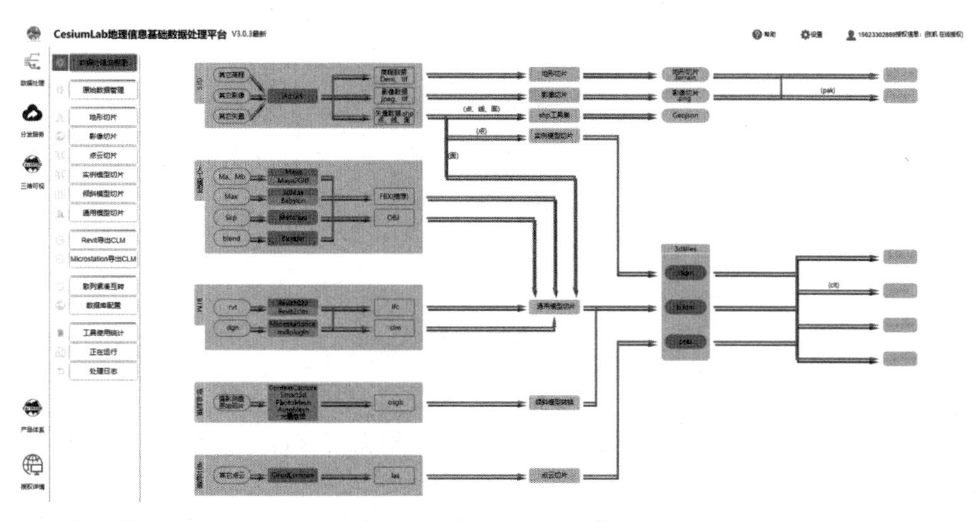


图 3.14　Cesiumlab 首页

安装完成后，便可开始数据转换操作。

### 3.3.1　OBJ/FBX 格式转换为 3D Tiles 格式

(1)打开 Cesiumlab 首页，点击左侧工具栏的通用模型切片(图 3.15)。

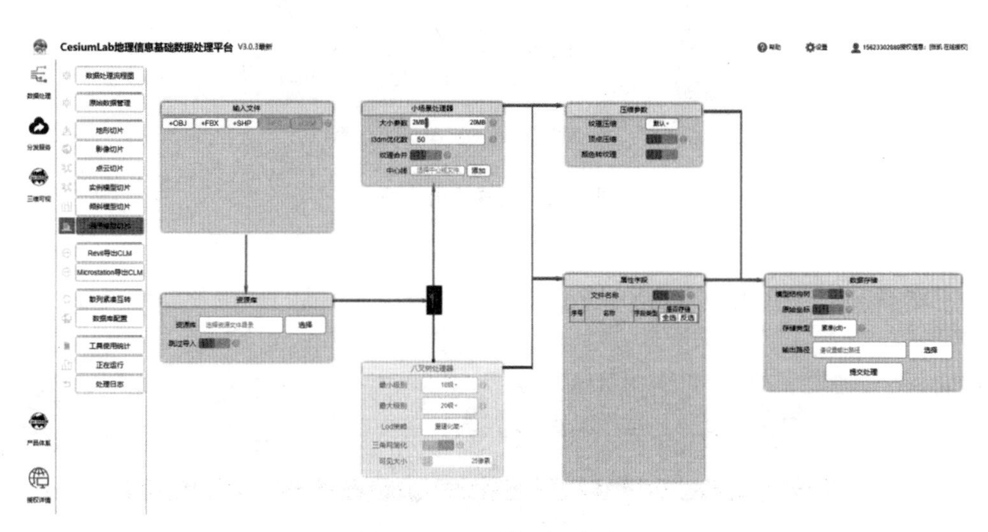


图 3.15　通用模型切片界面

(2)输入文件模块，根据文件类型选择 fbx 或 obj 文件(图 3.16)。

图 3.16 添加 3D 模型文件

(3)资源库、处理器、压缩参数、属性字段可以根据需求自定义设置，也可以默认不修改。

(4)在数据存储模块设置存储类型为“散列”，设置输出路径，点击【提交处理】(图 3.17)。

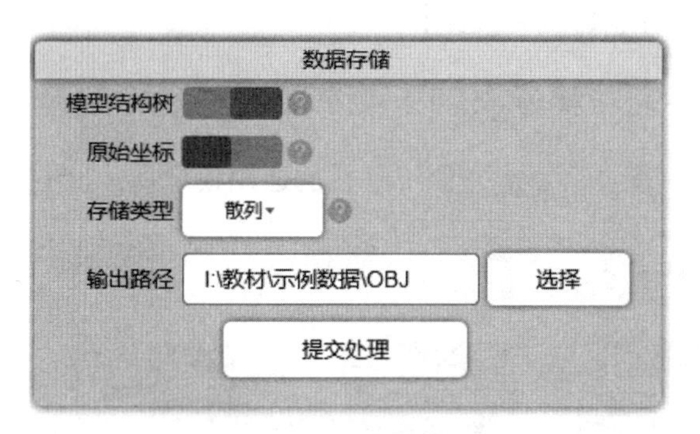


图 3.17 设置输出类型

(5)等待处理完成(图 3.18)。

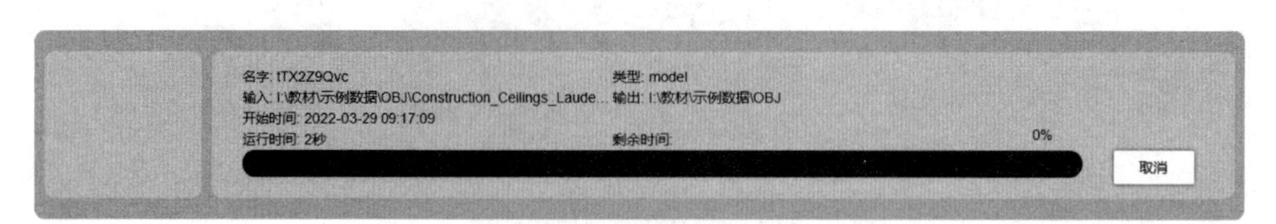


图 3.18 等待处理

### 3.3.2 OSGB 格式转换为 3D Tiles 格式

倾斜实景数据一般是倾斜摄影影像进行三维重建得到，多种软件均支持导出 OSGB 格式的数据，目前 Cesiumlab 仅支持 OSGB 格式转换。

(1)打开 Cesiumlab 首页，点击左侧工具栏的倾斜模型切片(图 3.19)。

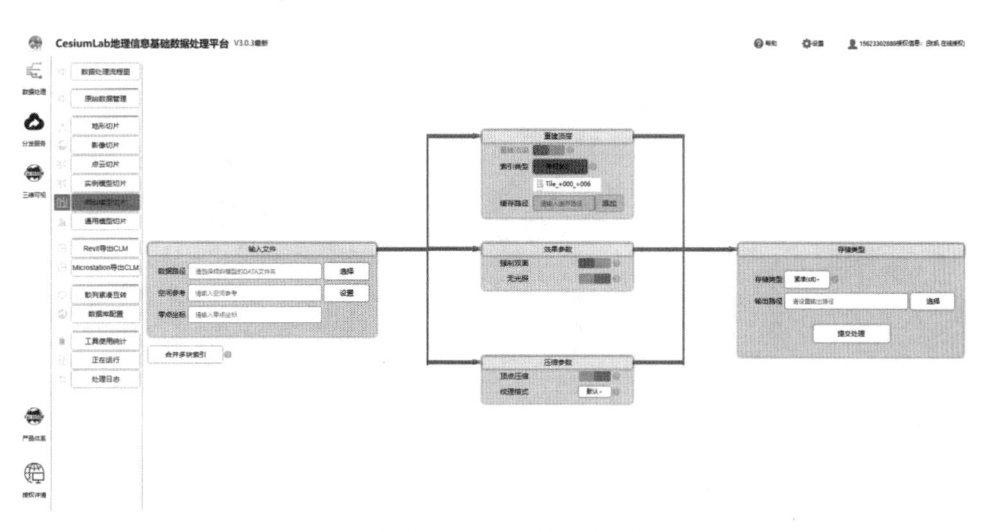


图 3.19　倾斜模型切片界面

(2)输入数据并设置空间参考(图 3.20)和零点坐标。无法处理单一 OSGB 或非 OSGB 格式的文件，输入文件必须为带 LOD 的 OSGB 格式的数据。其中，空间参考有多种输入方式，支持 EPSG、wkt、ENU；实践中，如果模型包含大批量数据，通常会包含坐标偏

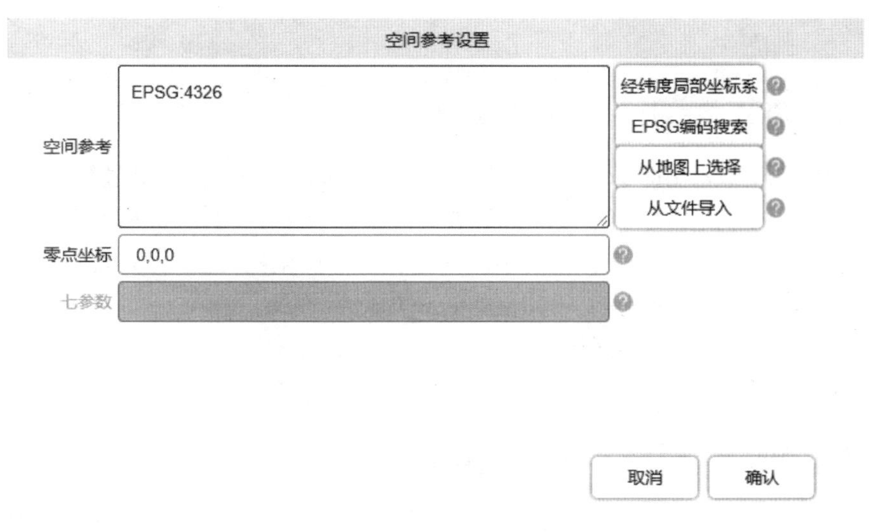


图 3.20　设置空间参考

移，零点坐标即用于该情况下的空间变换。

(3)重建顶层、效果参数、压缩参数可以根据需求自定义设置，也可以默认不修改。

在数据存储模块设置存储类型为“散列”，设置输出路径，点击【提交处理】(图3.21)。

图3.21　设置输出类型

(4)等待处理完成(图3.22)。

图3.22　等待处理

### 3.3.3　IFC/CLM格式转换为3D Tiles格式

对于BIM模型中常用的ifc格式和clm格式，Cesiumlab可直接对其进行处理切片。其中，ifc格式的标准也是古老而复杂的，目前各种工具对于ifc的支持都不是尽善尽美的。另外，读取和解析ifc也是一个比较复杂的问题，容易产生构件丢失的问题，一般不要优先考虑ifc的方式，而应该考虑其中间格式clm方式。

处理方式如3.3.1小节中通用模型切片的流程，由于Cesiumlab V3.0.3暂未开放此功能，在此不做具体演示。

### 3.3.4　3ds格式等其他格式转换为3D Tiles格式

3ds格式是以前流行的文件格式，Cesiumlab V3.0.3不支持其直接转换为3D Tiles格式，官方建议直接在3ds Max中导出为fbx格式，再按照3.3.1小节的步骤进行转换；如果模型比较大，转换 fbx 容易导致系统崩溃，则导出 obj 格式再进行转换是退而求其次的选择。

与之相似的 max 格式、skp 格式、c4d 格式等，在 Cesiumlab 中都不支持直接进行 3D Tiles 格式的转换，需要分别在 3ds Max、Sketchup、CINEMA 4D 等软件中导出为 Cesiumlab 支持的 obj/fbx 格式，再使用 Cesiumlab 进行转换。

关于点云数据格式的转换，Cesiumlab 提供了转换 las 格式点云数据的功能接口(图 3.23)。点云数据格式也有多种，如 xyz、las 和 csv 等，但 las 是相对标准的一种格式。

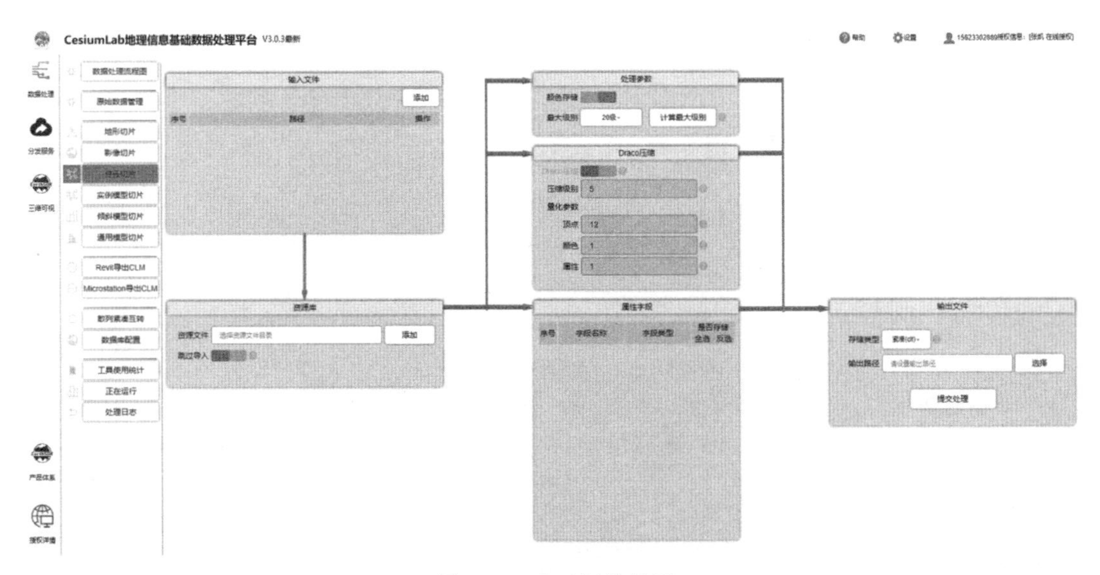


图 3.23 点云切片界面

## 3.4 本章小结

本章主要介绍了三维数据的组织和管理方法，合理的组织和管理是三维数据存储、传输和可视化的基础。

第一节介绍了三维 GIS 数据的组织。首先，介绍分类、分块、分区的组织策略；然后，介绍三维数据组织中一个关键技术——LOD 技术；然后，以栅格、矢量和模型数据三种类型来分别介绍三维数据的组织方法；最后，分别介绍了三维矢量数据和三维栅格数据的典型空间索引方法。

第二节介绍了三维数据的管理方法。首先，介绍面向对象的空间数据库 GeoDatabase。由 GeoDatabase 引出空间数据管理的版本机制，介绍版本的概念、并发控制和工作流模式。最后，介绍 HDFS 文件管理系统的概念和意义。

第三节介绍了多源三维数据格式转换的方法。首先，以开源 CesiumJS 为例介绍了其支持的三维模型格式 3D Tiles；然后，介绍了一种将多源三维数据转换为 3D Tiles 格式的工具 Cesiumlab；最后，介绍了利用 Cesiumlab 对三维数据格式进行转换的流程。

通过本章的学习，读者可以对空间数据的组织、更新、维护和存储有一个大致的认识。本章也说明了 GeoDatabase 中引入的版本机制是如何适应 GIS 空间数据中的长事务处理和多用户并发操作。另外，介绍了 HDFS 文件管理系统如何进行 GIS 空间数据管理。

# 第 4 章　Cesium 开发基础

随着移动端 GIS 思想的不断渗透，在地理信息系统这一专业领域出现了众多的 Web 三维平台。在这些数量繁多的 Web 三维平台中，Cesium 占据了举足轻重的地位，因此本章重点介绍 Cesium 的背景和相关操作方法。

## 4.1　Cesium 概述

目前，由于企业界对地理信息技术的需求在不断增长，GIS 开始从专业应用走向社会和大众。当前，地理信息系统大多基于固定端，由具体的、有特定需求的人员开发。各地理信息系统采用了不同的开发方式和数据格式，对地理数据的组织有着巨大差异，它们之间既不互通，也不具有普遍性。这一现状极大地局限了该领域的发展。

1998 年，Web 三维的国际化组织前身 VRML 组织(针对虚拟现实建模语言标准统一化的国际组织，也是当时制定三维信息标准的国际组织)针对这一现状，制订了一个新的标准——Extensible 3D(X3D)，并将自身更名为 Web3D 组织。2000 年春天，Web3D 组织完成了 VRML 到 X3D 的转换。目前，X3D 整合了正在发展的 XML、Java、流等先进技术，具有更强大、高效的 3D 计算能力、渲染质量和传输速度。

由于庞大的市场需求，加上互联网技术和地理信息技术的支持，Cesium 这个高效的三维展示平台自诞生以来就受到广泛关注。Cesium 是一个快速、简单、高效、端到端的三维展示平台，主要用于各种 3D 地理数据的平铺、可视化和分析。同时，它也能服务于其他行业。丰田公司的无人驾驶汽车、AGI 公司在航天领域的研究均借助了 Cesium 平台的帮助。目前，Cesium 在 Web 三维平台中占据了极大的份额，可谓是 Web 三维中的翘楚。

### 4.1.1　Cesium 简介

Cesium 是一个开源的，使用 JavaScript 编写的基于 WebGL 引擎的三维地球框架。Cesium 在英语中的本义为“铯”。铯原子钟是目前最精确、高效地记录地球自转的钟表，其精确度和稳定性远远超过世界上以前的任何一种表。此命名，Cesium 强调了其产品专注于时空数据的实时可视化应用的特点。图 4.1 是 Cesium 的官网的界面。

Cesium 隶属于 AGI 公司，该公司的英文全称为 Analytical Graphics Incorporation。此公司开发了海、陆、空和太空系统的商业建模和分析软件，提供了 STK(System/ Satellite Toolkit Kit)和 Cesium 两款产品。

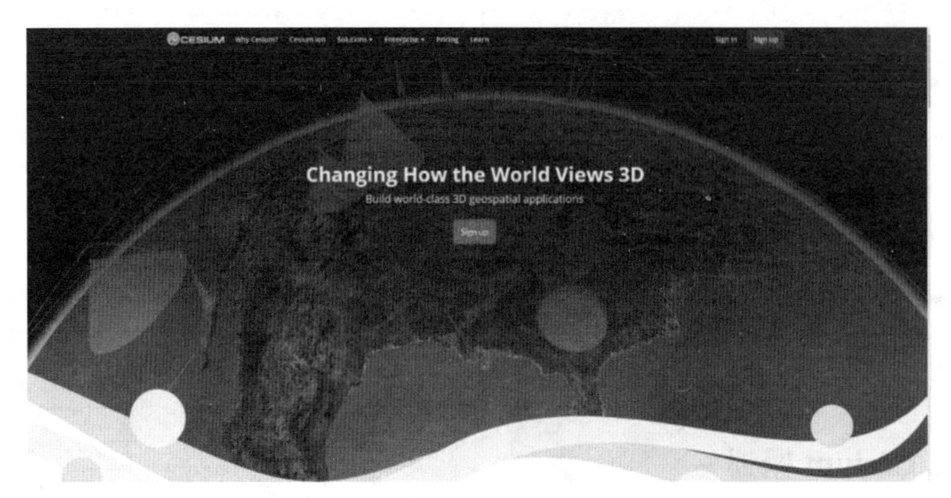


图 4.1　Cesium 官网

AGI 公司自 1989 年成立以来，一直致力于时空数据业务。经过多年来在时空数据领域的积累，AGI 公司逐渐掌握了大量 3D 可视化技术，也感受到各行各业对海量 3D 数据的强烈需求，因此该公司于 2011 年创建了 Cesium. js 开源项目，围绕 Cesium 生态圈打造了一套安全可靠易扩展且平台独立的企业级解决方案。而 Chrome 也是在 2011 年 2 月份推出了支持 WebGL 的第一个版本，在这一领域上，Cesium 算是创始人级别的先例。

Cesium 于每个月月初更新一次版本，各版本可在官网进行下载。2018 年年中，官网进行了一次较大规模的改版，域名从 org 升级到了 com( org 是组织机构，也用于公益网站；com 是全球最流行的通用域名后缀，国际域名，一般用于公司和个人网站)，种种迹象表明，Cesium 后续会通过 Composer 和 3D Tiles 标准，提供数据托管和发布能力。

Cesium 平台能够通过可视化的手段无插件地构建美观的 3D、2. 5D 和 2D 地图，而且还可以利用 WebGL 来实现图形硬件的加速渲染、跨平台和真实动态数据的可视化图形渲染。除此之外，Cesium 还支持海量地理信息数据的异步请求和 OGC 制定的 WMS、WFS 等网络服务规范。此外，Cesium 还兼具查询、测量、滤波器等多种三维数据分析手段，以执行其独特的或自定义的数据分析行为。

当前，众多领先企业与公司都在使用 Cesium 进行相关领域的三维数据的模拟分析。

**1. AGI 公司的动态可视化**

AGI 的商业太空运营中心( ComSpOC) 利用 Cesium 来实时可视化成千上万颗卫星的运行情况，以维护太空安全。通过 Cesium，用户可以轻松地与 AGI 的系统工具包( STK) 软件和 STK 组件库集成，从而进行复杂的航空航天分析和国防分析，并在 Cesium 中可视化展示( 图 4. 2)。分析内容包括但不限于车辆传播，通信链接质量，雷达分析，覆盖范围评估和 GPS 导航等。

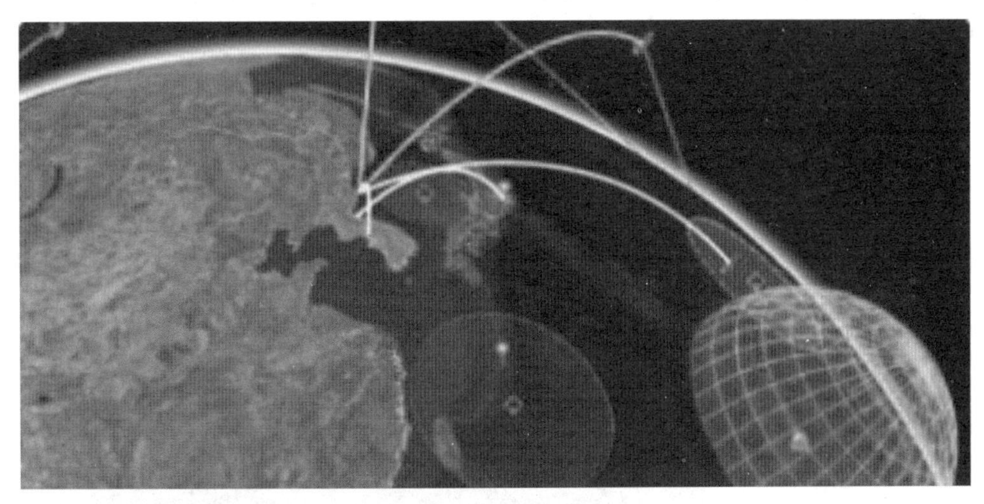

图 4.2 航空航天业务

**2. 丰田研究院的动态驾驶模拟**

丰田研究院每天从其自动驾驶汽车的传感器中收集 TB 级的数据。通过 Cesium 的基于云和基于 Web 的工作流程，汽车 OEM 可以轻松地运用这些数据，将地形、图像和 3D 建筑物与 Toyota 的高分辨率本地地图、LiDAR 点云等时变数据以及通过其特征检测算法构造的矢量数据结合在一起。借助上述功能，丰田研究院进行了模拟驾驶的研究(图 4.3)。

图 4.3 动态模拟驾驶

**3. 无人机点云数据的可视化**

DroneDeploy 托管着全球最大的无人机数据存储库，其数据覆盖了超过 3000 万英亩的土地以及 40 万个工作站点。它们的应用程序基于 Cesium 强大的 API 进行了定制，使用

CesiumJS 和 Cesium. ion 的 3D 切片管道来有效地可视化大量 3D 模型和点云数据集(图 4.4)。

图 4.4　可视化大规模摄影测量模型和点云

### 4.1.2　Cesium 架构

Ceisum 具有金字塔形的层级架构，其层次可以分为核心层 Core、渲染器层 Renderer、场景层 Scene 和动态场景层 DataSourses 四部分，如图 4.5 所示。下层模块向上层模块提供了功能服务，上层模块则以此为基础，进行更高层次的封装。

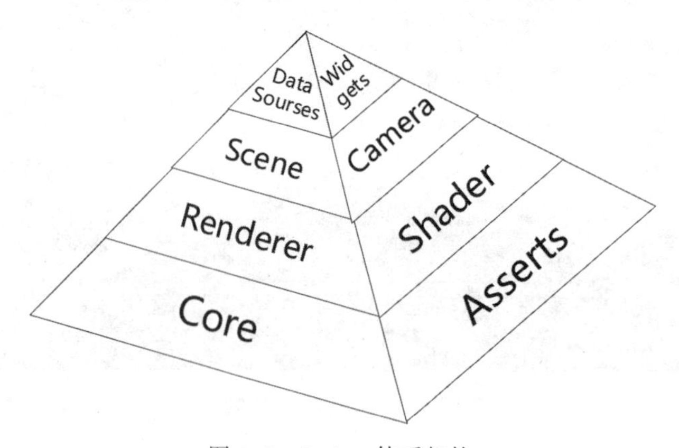


图 4.5　Cesium 体系架构

在 Cesium 的金字塔体系架构中，各层的功能如下：

(1)Asserts：存储着所有可调用的本地文件和列表，主要用于存储平台离线调试时的数据。

(2)Core：整个平台的函数库，包含了所有的数学和逻辑运算代码及相关协议和规范。

(3)Renderer：Cesium 渲染功能函数。开发人员可由自身数据及功能需求对函数进行修改，函数功能主要包括遮挡裁剪、纹理映射等。

(4)Shaders：Cesium 与 WebGL API 原生语言的接口。

(5)Scene：利用底层基础包装了整个场景层，主要包括地球体和各种数据源接口的设置。

(6)DataSources：用于绘制地表以上的实体，它为所有前端渲染对象实体提供了规范类。

(7)Widgets：带有基本功能插件，如全屏显示、数据拖曳功能等。

### 4.1.3 Cesium 特点

Cesium 自带了很多功能强大的函数，可以实现各种各样的三维动态显示或分析。因此，Cesium 具备了很多其他 Web 三维平台所不具备的特点。

**1. 支持精美的 3D 模型**

Cesium 自带十分精确美观的三维时空地球，借助 CesiumJS，用户可以紧贴地面模拟出恰当的模型并进行分析。三维并不是在二维图片上加上一个垂直于图片的矢量，它是现实世界的真实写照，Cesium 可以通过在三维时空地球上进行模拟得到精确的三维实体。同时，Cesium 能够保留所需的上下文，可以为用户提供关键的空间分析功能。

**2. 动态地理数据的可视化**

Cesium 可以将动态的地理数据合理地显示在展示平台上，用户可以直观地感受到地理目标随着时间而发生的变化(图 4.6)。Cesium 用自带的顶尖技术实现了这些功能：

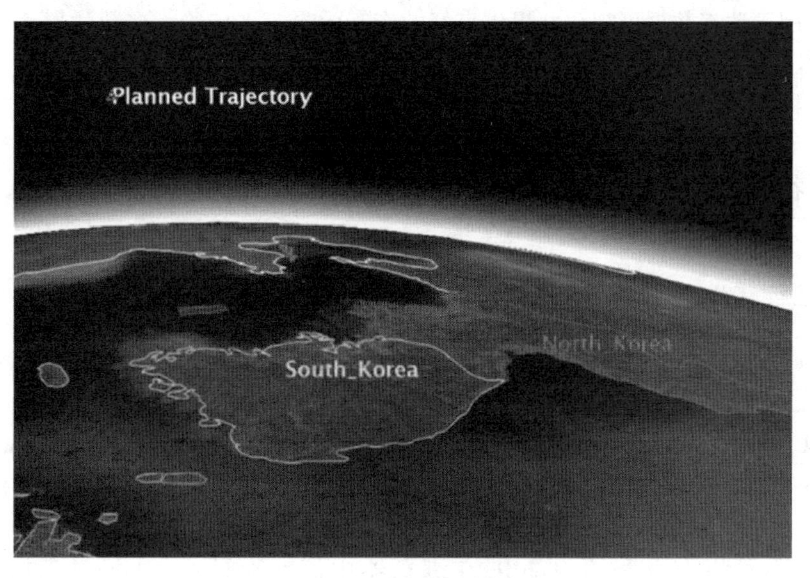


图 4.6 动态地理数据

(1)通过 CZML 创建数据驱动的时间动态场景。

(2)高分辨率的世界地形可视化。

(3)使用 WMS，TMS，OpenStreetMap，Bind 以及 ESRI 的标准绘制影像图层。

(4)使用 KML，GeoJSON 和 TopoJSON 绘制矢量数据。

(5)使用 COLLADA 和 glTF 绘制 3D 模型。

(6)使用插件扩展核心 Cesium。

**3. 精确**

Cesium 模拟的对象具有高度的精确性。以卫星为例，Cesium 中模拟的绕地球轨道运行的卫星与其真实轨道之差仅为毫米量级。Cesium 的每个组件都具有精度，以确保始终准确表示真实数据。

**4. 高性能**

Cesium 在构建所有功能时都对性能进行过极大的优化，优化方法包括使用云计算、并行编程和 GPU 的优化等。

**5. 可定制**

3D 地理空间数据对于具有特定需求的各个行业都很重要。Cesium 内置了广泛的 API 和开放标准，以使开发人员根据自己的使用需求构建独特的体验。

**6. 开源平台**

Cesium 是一个开放平台，同其他开源平台一样，Cesium 为所有用户免费开放其代码，并可以根据需要任意修改。同时 Cesium 制定了一套标准，使得用户可以向官方提供代码。

除了上述的特点外，Cesium 还具有以下数据特性和功能特性：

(1)支持 2D、2.5D 和 3D 形式的地理(地图)数据展示。

(2)可以绘制各种几何图形，显示高亮区域，支持导入图片，加载三维模型，支持多种数据的可视化展示。

(3)可用于动态数据可视化并提供良好的交互效果，支持绝大多数的桌面浏览器和移动端浏览器。

(4)支持基于时间轴的动态流式数据展示。

## 4.2　运行环境及安装

### 4.2.1　运行环境

Cesium 是一个开源的 JavaScript 库，基于 Apache 开源协议，支持商业和非商业的免费使用。该框架不需要任何插件支持，但是浏览器必须支持 WebGL。

WebGL(Web Graphics Library)是一种 3D 绘图协议，该协议允许将 JavaScript 和 OpenGL ES 结合在一起。OpenGL ES 是 OpenGL 3D Image API 的一个子集，支持嵌入式的设备运行环境。利用 WebGL 可以消除开发某些特定网页需要下载渲染插件的不便，故 Web 开发人员可以充分利用 WebGL 在浏览器中流畅地显示 3D 场景和模型。目前，WebGL 广泛地用于 3D 可视化领域。

### 4.2.2 安装

首先，检查一下浏览器是否支持 WebGL。目前，大多数平台和浏览器都支持 WebGL，在这些环境下运行 Cesium 并不会有什么严重的问题，但效果和性能是否能够满足不同的需求，就需要考虑很多细节和额外的因素。

大多数平台和浏览器都支持 WebGL1.0 标准，也即 OpenGL ES2.0 规范。2017 年初，Chrome 新版本已支持了 WebGL2.0，随着各硬件厂商 GPU 性能的提升和 WebGL2.0 规范的成熟，WebGL 技术会有更大的提升潜力。但是，无论是 PC 端还是移动端，Chrome 仍是 WebGL 开发和应用的最佳平台。因此，若无特殊要求，本书建议使用 Chrome 浏览器进行 Cesium 的学习和开发。

简单来讲，如果浏览器能够打开官网的例子，并显示出图 4.7，就说明浏览器可以使用 Cesium。

图 4.7 官网示例

若无法打开上述的官网示例，可以采用尝试以下方法：

(1)更新 Web 浏览器。大多数 Cesium 团队使用谷歌 Chrome、火狐、Internet Explorer 11 和 Opera 等浏览器进行工作。如果使用上述浏览器中的一个，请确保该浏览器已更新到最新版本。

(2)更新显卡驱动，以更好地支持 3D。

(3)如果仍然有问题，可以尝试访问 http://get.webgl.org/ 网站，该网站提供了额外的解决问题的建议。除此之外，也可以在 Cesium forum(Cesium 相关论坛)上寻求帮助。

在可以成功打开上述官网示例之后，便可安装 Cesium，安装步骤如下：

(1)下载文件。

前往 Cesium 官网(https://cesiumjs.org/downloads/)，可以看到如图 4.8 所示的界面。

图 4.8 中当前版本为 1.62，每过一段时间 Cesium 会更新其下载包中的内容，包括添加功能与优化。

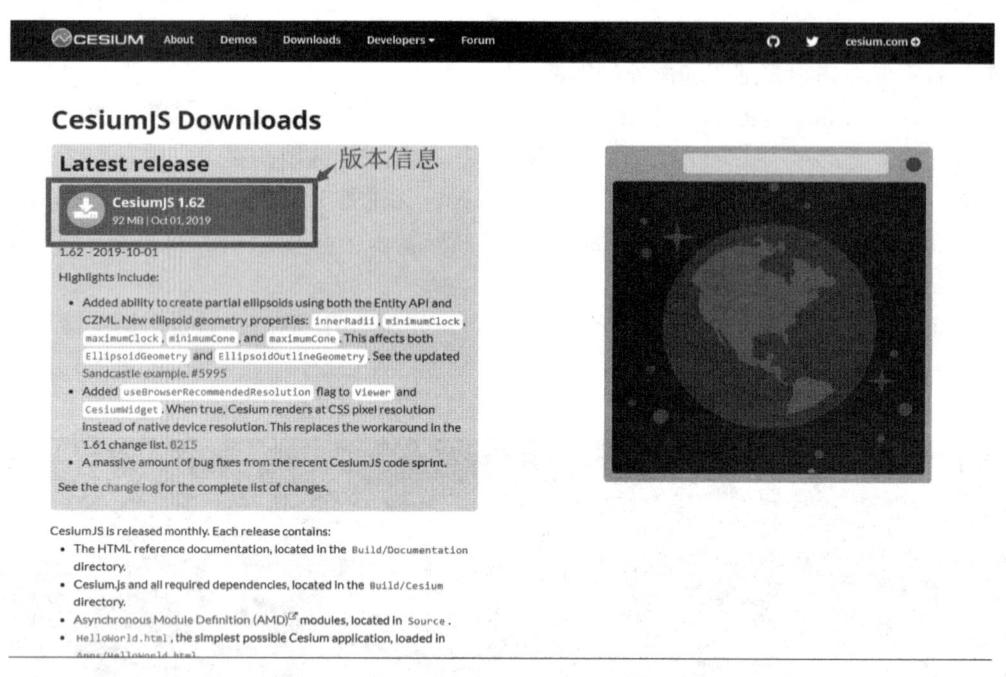


图 4.8　下载页

下载完成后，会得到如图 4.9 所示的一些文件。

| 名称 | 修改日期 | 类型 | 大小 |
|---|---|---|---|
| Apps | 2019/9/20 20:43 | 文件夹 | |
| Build | 2019/10/4 11:39 | 文件夹 | |
| Source | 2019/10/1 8:32 | 文件夹 | |
| Specs | 2019/10/1 8:32 | 文件夹 | |
| ThirdParty | 2019/6/30 20:49 | 文件夹 | |
| CHANGES.md | 2019/10/1 8:29 | MD 文件 | 357 KB |
| favicon | 2019/6/30 20:49 | 图片文件(.ico) | 49 KB |
| gulpfile | 2019/10/1 8:14 | JavaScript 文件 | 51 KB |
| index | 2019/9/27 20:03 | 360 se HTML Do... | 6 KB |
| LICENSE.md | 2019/9/27 20:03 | MD 文件 | 64 KB |
| package | 2019/10/1 8:22 | JSON File | 4 KB |
| README.md | 2019/8/27 9:34 | MD 文件 | 24 KB |
| server | 2019/9/19 13:46 | JavaScript 文件 | 7 KB |
| web | 2019/8/27 9:34 | XML Configurati... | 3 KB |

图 4.9　文件信息

(2)安装 Cesium 的 Node. js(官网推荐)。

为了运行 Cesium 程序，需要一个本地 Web 服务器来承载文件。目前 Cesium 官网推荐使用 Node. js。

设置一个 Node. js 的服务可以分为以下三个步骤：

①初始化 Node. js，即使用其默认的初始化配置。

②在 Cesium 根目录中打开一个命令 shell，通过执行 npm install 来安装所需的模块。安装结束后，根目录中会创建一个“node_modules”目录。也可以通过 npm install cesium 来一步安装。

③最后，通过执行在根目录下的 node server. js 启动 Web 服务器。

(3)用 Visual Studio 软件打开 Cesium。

相比第(2)步中的 Node. js 方法，此方法更加简便。可以直接使用 Visual Studio 来创建服务，同时 Visual Studio 也是一款实用的 Cesium 编辑器。

在 Visual Studio 中以网页形式打开下载好的 Cesium1. 6. 2 文件夹(图 4. 10)。

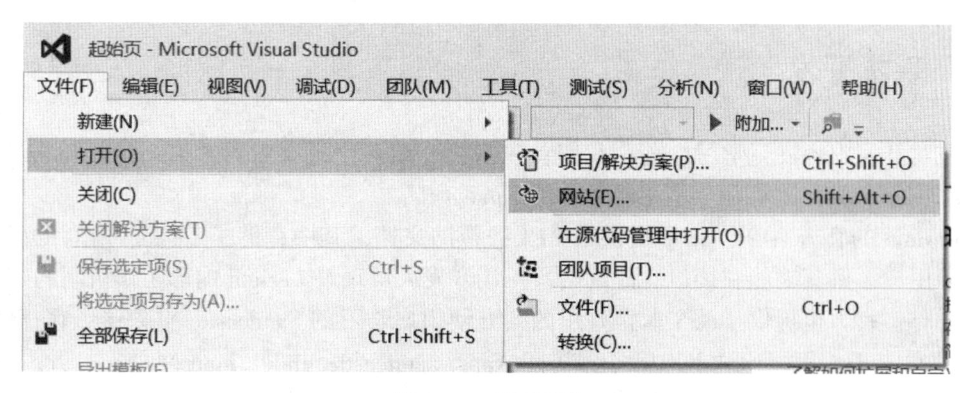


图 4. 10 打开网页

Visual Studio 会自动为该文件夹分配一个端口号链接，在【属性】中的【网站属性】中可以看到分配的具体端口号以及该端口号链接的文件夹地址。之后，以浏览器方式运行对应文件即可打开对应网页。

### 4. 2. 3 测试

创建好服务后，用对应端口号启动 Web 服务并打开安装包里的 HelloWorld. html 文件。

若使用 Node. js 的打开方法，可直接在浏览器里输入“localhost：8080/ Apps/ HelloWorld. html。”

若使用 Visual Studio 的打开方法，则在解决方案里打开 HelloWorld. html 文件；然后，在菜单文件选项中找到，在浏览器(Visual Studio 会使用默认浏览器)里打开。

这时，浏览器将出现一个渲染得十分美丽的蔚蓝色地球(图 4. 11)。

至此，Cesium 的安装配置便全部顺利完成了！

图 4.11　测试画面

## 4.3　基本开发

在对开发内容展开学习之前，我们首先需要介绍两个重要内容：第一是 Cesium 的官方 API 网站；第二是存储于本地服务器的 Sandcastle。

Cesium 的官方 API 网站中提供了 API 的帮助文档，其中存储了 Cesium 所有的函数，以便于用户了解其功能和接口。此网站旨在让开发人员理解 Cesium 内部工作机制的细节。

同时，官方也提供了一个非常好用的、方便用户学习的 Sandcastle 服务器。它存储于 Apps 文件夹下，可以通过本地服务器访问 Apps/Sandcastle/Index.html 网页来打开。利用 Sandcastle，可以十分方便地显示最终效果，同时还可以学习其中的示例。

除此之外，Cesium 的官网教程也是学习 Cesium 开发的重要资源之一。该教程涉及范围广泛，从创建实体的基础内容到 3D 建筑平铺的进阶内容都可以在其中找到。本节内容较为基础，与 Cesium 官网的基础教程重叠度较高，但加入了一些常见问题的解决方法；同时，还对众多内容进行了筛选改编，使之更适合国内的初学者。

本节主要介绍了如何在 Cesium 三维地球的表面创建各种实体，还介绍了如何对特定目标进行选择、描述等操作。这些操作虽是学习 Cesium 的入门，却是后续内容学习前必须掌握的内容，特别是描述说明，将在后续应用中广泛使用。

### 4.3.1　背景

在介绍开发的具体内容之前，需要读者了解 html 文件和 JavaScript 文件，以便顺利掌握后续开发内容。在之前的测试中，HelloWorld.html 文件中有这样一段：

```
<script>
var viewer = new Cesium.Viewer('cesiumContainer');
</script>
```

这里在 HelloWorld. html 文件中直接利用 JavaScript 语言调用了 Cesium. js 文件，从而绘制出之前示例中的地球。在后续编写代码的过程中，如果需要分模块进行，最好新建一个 JavaScript 文件 HelloWorld. js，并把 HelloWorld. html 中的这一段改为 < script src = " HelloWorld. js" ></ script>，之后就可以在 HelloWorld. js 中编写此次学习需要的代码。

在后续章节中，仅展示 JavaScript 代码，故读者应首先初步了解关于 JavaScript 的一些基本知识。

### 4.3.2 实体

本节中将介绍如何使用 CesiumJS 中的 Entity API 绘制空间数据，如点、标记、标签、线、模型、形状和体积等。CesiumJS 具有丰富的开发 API，可以将其分为两类：第一类为 Primitive API，它是供图形开发人员使用的底层接口；第二类是 Entity API，它是针对数据驱动可视化的高级应用接口。在本章中，将不涉及 Primitive API 的内容，只介绍了如何使用 Entity API 创建所需要的空间实体。尽管 Entity API 的实际原理是在后台使用 Primitive API，但这是用户不必关心的实现细节。通过对 Cesium 提供的接口进行合理的运用，Entity API 能够提供灵活、高性能的可视化效果，同时提供一致的、易学易用的界面。

本节介绍如何使用 Entity API 来创建各种各样的实体，包括但不限于创建常规几何体、添加图片与纹理、调节亮度、控制实体的方位等。这些操作是使用 Cesium 的基础，对于 Cesium 学习者来说，必须熟练掌握这些基础内容才能结合具体情况编写出理想的效果。

接下来按照由简到难的顺序，分别介绍二维几何体，三维的形状和体积，点和广告牌的注记。

**1. 多边形**

二维几何体是多边形。按照 Cesium 官网提供的教程，第一个例子是利用经纬度坐标在美国怀俄明州的地表上创建一个多边形。

用浏览器打开的效果如图 4.12 所示。

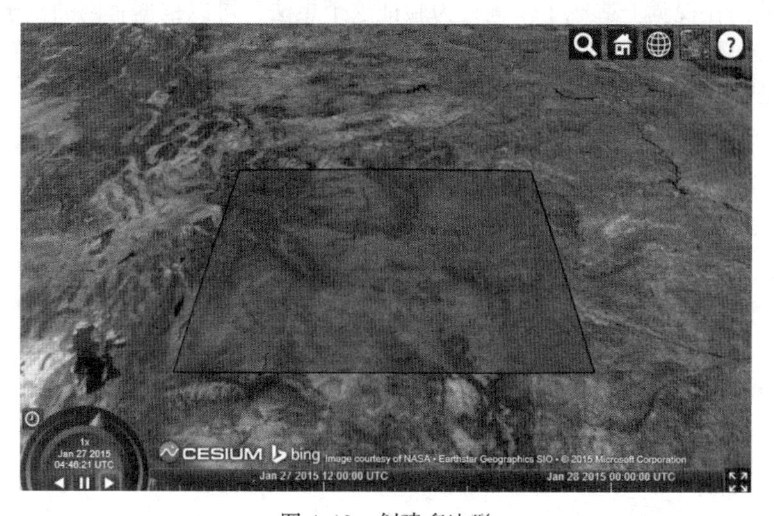


图 4.12 创建多边形

代码如下：

```
var wyoming = viewer.entities.add({
    polygon: {
        hierarchy: Cesium.Cartesian3.fromDegreesArray([
                                -109.080842, 45.002073,
                                -105.91517, 45.002073,
                                -104.058488, 44.996596,
                                -104.053011, 43.002989,
                                -104.053011, 41.003906,
                                -105.728954, 40.998429,
                                -107.919731, 41.003906,
                                -109.04798, 40.998429,
                                -111.047063, 40.998429,
                                -111.047063, 42.000709,
                                -111.047063, 44.476286,
                                -111.05254, 45.002073]),
        height: 0,
        material: Cesium.Color.RED.withAlpha(0.5),
        outline: true,
        outlineColor: Cesium.Color.BLACK
    }
});
viewer.zoomTo(wyoming);
```

从代码中，可以看出其添加了12个点的坐标。理论上该图形应是一个十二边形，然而图4.12上的红色却似乎形成一个正方形，这说明其中的8个坐标应该是在某两顶点连线的附近，从而在视觉上造成了错觉。为验证这个想法，可以根据官网的例子在某地区上方画了一个三角形。经查询，此地区的地理坐标为：北纬29.5°—31.0°，东经110.5°—112.5°。于是有如下代码：

```
var wyoming = viewer.entities.add({
    polygon: {
        hierarchy: Cesium.Cartesian3.fromDegreesArray([
                                111.5, 29.5,
                                112.5, 31.0,
                                110.5, 31.0,
                                ]),
        height: 0,
        material: Cesium.Color.RED.withAlpha(0.5),
        outline: true,
        outlineColor: Cesium.Color.BLACK
```

```
    }
});
```

在浏览器中打开后如图 4.13 所示。

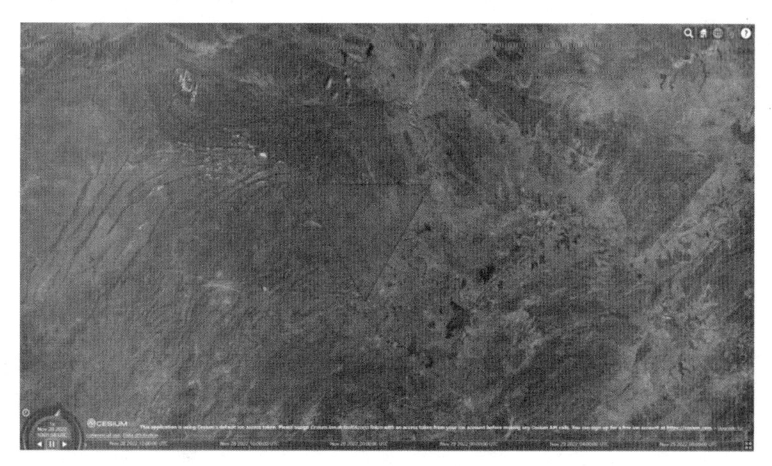

图 4.13 添加三角形

可以看到，添加的实体是一个三角形，这可以证明上述猜想。故在添加多边形时仅需确定各顶点坐标即可。

**2. 形状和体积**

在上一部分的内容中介绍了在北京的位置上绘制一个三角形，可以通过如下代码将这个三角形变成三棱柱：

```
wyoming.polygon.height = 30000;
wyoming.polygon.extrudedHeight = 5000;
```

这两句代码给多边形设置了上底和下底的位置，便形成高度差，使多边形变为多棱柱，效果如图 4.14 所示。

图 4.14 将多边形变为多棱柱

除了多边形之外，Entity 中还能实现众多其他实体的绘制。通过在官网 API 搜索 Entity 可以看到其他实体的使用方法。大致有以下几类：①盒(entity. box)；②圈和椭圆(entity. ellipse)；③走廊(entity. corridor)；④汽缸和锥体(entity. cylinder)；⑤多边形(entity. polygon)；⑥折线(entity. polyline)；⑦折线卷(entity. polylineVolume)；⑧矩形(entity. rectangle)；⑨球体和椭球体(entity. ellipsoid)；⑩墙壁(entity. wall)。

若要创建一个实体，可搜索对应的字段并对需要的字段进行设置。下面在武汉大学的上方画一个蓝色的球体。代码如下：

```
var blueEllipsoid = viewer.entities.add({
    name:'Blue ellipsoid',
    position: Cesium.Cartesian3.fromDegrees(114.36074, 30.541093, 200.0),
    ellipsoid: {
        radii: new Cesium.Cartesian3(200.0, 200.0, 200.0),
        material: Cesium.Color.BLUE
    }
});
```

由图 4. 15 可知，画一个蓝色球体仅需设置 position 和 ellipsoid 两个字段，随后分别确定坐标值和椭球在三个轴上的半径(相等则为球)，最后赋值给其颜色属性，就能绘制出图 4. 15 所示的效果。对于其他的实体类别，具体实现的步骤也是一样。

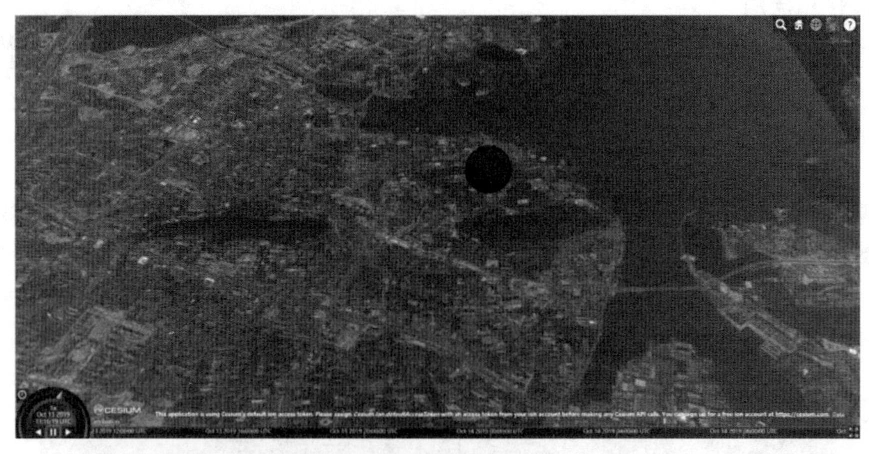

图 4. 15　创建蓝色球体

虽然在实际应用中很少直接使用这些规则的几何体来绘制复杂的现实立体结构，但若要进行辅助标记或显示，这些功能是不可或缺的。

**3. 点和广告牌注记**

通过前面的介绍，读者能够对 Cesium 有基本的体验。在本小节中将继续介绍如何对地图上的事物进行标记并赋予说明和解释。

首先在地图上加入点注记来对重点地物进行标注，并选择珞珈山作为第一个目标进行标注，代码如下：

```
var luojiashan = viewer.entities.add({
    name : 'luojiashan',
    position : Cesium.Cartesian3.fromDegrees(114.366, 30.5375),
    point : {
        pixelSize : 5,
        color : Cesium.Color.RED,
        outlineColor : Cesium.Color.WHITE,
        outlineWidth : 2
    },
    label : {
        text : '珞珈山',
        font : '14pt monospace',
        style: Cesium.LabelStyle.FILL_AND_OUTLINE,
        outlineWidth : 2,
        verticalOrigin : Cesium.VerticalOrigin.BUTTON,
        pixelOffset : new Cesium.Cartesian2(0, 20)
    }
});
viewer.zoomTo(luojiashan);
```

与前面介绍的实体创建方式类似，仅多了 label 字段来添加说明。点的样式可通过 pixelSize、color、outlineColor、outlineWidth 四个属性进行设置。对 label 字段设置字段名、字体大小和摆放位置信息，便可显示出如图 4.16 所示的效果。

图 4.16 添加点注记

有时仅通过一个点来标记，不够明显，因此 Cesium 还给出以图片广告牌的形式进行注记，代码如下：

```
var luojia = viewer.entities.add({
    position: Cesium.Cartesian3.fromDegrees(114.366, 30.5375),
    billboard : {
        image: 'luojia.jpg',
        width : 64,
        height : 64
    },
    label : {
        text :'珞珈山',
        font :'18pt monospace',
        style: Cesium.LabelStyle.FILL_AND_OUTLINE,
        outlineWidth : 2,
        verticalOrigin : Cesium.VerticalOrigin.TOP,
        pixelOffset : new Cesium.Cartesian2(0, 32)
    }
});
viewer.zoomTo(luojia);
```

此处选择了一张本地图片作为该实例的广告牌(图 4.17)，若要使用互联网上的图片，也可将本地图片地址换为网上图片的链接。对于代码中的各个字段的设置也较为简单，与前例差别不大，在此不再赘述。

图 4.17　添加广告牌注记

**4. 选择和描述**

经过点注记和图片注记，目标的简易信息就被标注在地图上，但是尚无法在上面添加较长的内容来描述目标。而选择和描述的方法可以解决这一问题。

如下代码便是一个实例(图 4.18)：

```
luojia.description = '\
<img \
  width = "50% " \
  style = "float:left; margin: 0 1em 1em 0;" \
  src = "luojia.jpg" />\
<p>\
    珞珈山位于中国湖北省武汉市武昌中部，东湖西南岸边，由十几个相连的小山组成，中国著名的高等学府武汉大学就坐落在此。\
</p>\
<p>\
  介绍：\
  <a style = "color: WHITE" \
    target = "_blank" \
    href = "https://baike.baidu.com/item/%E7%8F%9E%E7%8F%88%E5%B1%B1/446864? fr=aladdin">点击查看</a>\
</p>';
```

图 4.18　添加选择和描述

上述代码添加了一个点击事件。当点击广告牌注记时，便出现如图 4.18 所示的描述信息，包含一张图片、一段对珞珈山的文本描述和一个百度百科的网页链接(图 4.19)。至此，对目标的信息描述就显得比较丰富完整。

图 4.19　百度百科网页链接

### 4.3.3　坐标系统

在描述地球表面的实体时，坐标系统是必不可少的。在测量和地图学中，随着选择的拟合方式、投影方式的不同，坐标系统会得到不同的二三维坐标。这些空间坐标确定后，还要确定其在相机中的投影方式以最终确定展示给用户的用户坐标系上的内容。

Cesium 是一个开源系统，可以加载不同服务商提供的采用不同投影方法的二维底图。但在地图由二维平面还原为三维时，会导致地面上的坐标有一个系统变化，因此需要通过一定的公式进行转换。

在这一小节中，将介绍 Cesium 的坐标系统以及部分坐标系统之间的转换。

**1. 常规坐标系**

Cesium 中常用的坐标系主要有两种：WGS-84 坐标系和笛卡儿空间直角坐标系。在 WGS-84 坐标系中，坐标原点位于椭球的质心；而笛卡儿坐标系主要是用来做空间位置的变化，如平移、旋转和缩放等，它的坐标原点在椭球的中心。

除此上述两个最常用坐标系之外，还有一些不常用的坐标系：①平面坐标系(Cartesian2)；②笛卡儿空间直角坐标系(Cartesian3)；③Cartesian4(在应用中几乎用不到)；④Cartographic(地理坐标系下经纬度的弧度表示)。

**2. 非常规坐标系**

若要利用 API 接口加载非 Cesium 自带的地图(如天地图、高德地图、百度地图等)，需要特别注意这些地图采用的坐标系类别。许多地图服务是做了偏移的，为纠正其偏移还要选择特定的改正方法。

例如，高德地图采用的 gcj02 坐标(也称火星坐标)，就是自然资源部为了国家安全在原始坐标的基础上进行偏移得到的坐标。而百度地图采用的 bd09 Ⅱ 坐标(百度经纬度坐标)更加复杂，它在火星坐标一次加密的基础上又叠加了二次加密的算法。当需要加载这些地图时，必须多进行一步加密或解密的步骤，才能在地图上正确显示地物。

下面是一些非常规坐标，以及鼠标点获取坐标的操作和坐标转换的代码：

(1)非常规坐标系。

①笛卡儿平面坐标(Cartesian2)：

```
new Cesium.Cartesian2(x, y);
```

②笛卡儿空间直角坐标(Cartesian3)：

```
new Cesium.Cartesian3(x, y, z);
```

③地理坐标(Cartographic)：

```
new Cesium.Cartographic(longitude, latitude, height);
```

(2)获取光标位置的坐标。

```
//获取画布
var canvas = viewer.scene.canvas;
var mouseHander = new Cesium.ScreenSpaceEventHandler(canvas);
//绑定鼠标左点击事件
mouseHander.setInputAction(function (event){
  //获取鼠标点的 windowPosition
  var windowPosition = event.position;
}, Cesium.ScreenSpaceEventType.LEFT_CLICK);)
```

(3)坐标转换。

①屏幕坐标转换为笛卡儿坐标：

```
var ray = viewer.camera.getPickRay(windowPosition);
var cartesian = viewer.scene.globe.pick(ray, viewer.scene);
```

②笛卡儿坐标转换为经纬度：

```
var ellipsoid=viewer.scene.globe.ellipsoid;
var cartographic=ellipsoid.cartesianToCartographic(cartesian);
var lat=Cesium.Math.toDegrees(cartographic.latitude);
var lng=Cesium.Math.toDegrees(cartographic.longitude);
var alt=cartographic.height;
```

③经纬度转笛卡儿坐标：

```
# Cesium.Cartesian3.fromDegrees ( longitude, latitude, height, ellipsoid, result)
var position = Cesium.Cartesian3.fromDegrees(-115.0, 37.0);
```

### 4.3.4 图层和地形

本小节中将介绍如何使用 Cesium 的图层功能来绘制一个美观、清晰的地球，包括加载别的地图供应商提供的地图，保留或删除界面上默认的控件和添加并控制图层的显示。

**1. 加载地图**

Cesium 中内置了许多 API 接口，方便用户使用各种地图服务，用户可以调用在线地图服务、地图供应商影像服务、指定 url 的 format 模板服务、WMS 服务和 WMTS 服务。

Cesium 支持从几个标准服务中绘制和添加高分辨率图像(地图)图层。图层可以按顺序排列，并混合在一起。每一层的亮度、对比度、伽玛、色调和饱和度可以动态地改变。用户可以通过使用对应的 API 接口去访问相关功能，大致有如下几类：

(1)ArcGisMapServerImageryProvider：支持 ArcGIS Online 和 Server 的相关服务。

(2)IonImageryProvider：Cesium ion 在线服务。

(3)createOpenStreetMapImageryProvider：OSM 影像服务，根据不同的 url 选择不同的风格。

(4)createTileMapServiceImageryProvider：根据 MapTiler 规范，自行下载瓦片，发布服务，类似 ArcGIS 影像服务的过程。

(5)GridImageryProvider：渲染每一个瓦片内部的格网，了解每个瓦片的精细度。

(6)MapboxImageryProvider：Mapbox 影像服务，根据 mapId 指定地图风格。

(7)SingleTileImageryProvider：单张图片的影像服务，适合离线数据或对影像数据要求并不高的场景下。

(8)TileCoordinatesImageryProvider：渲染每一个瓦片的围，方便调试。

(9)UrlTemplateImageryProvider：指定 url 的 format 模版，方便用户实现自己的 Provider，如国内的高德、腾讯等影像服务。url 具有固定的规范，可以通过该 Provider 轻松实现。OSM 也是通过该类实现的。

(10)WebMapServiceImageryProvider：符合 WMS 规范的影像服务都可以通过该类封装，通过指定具体参数来实现。

(11)WebMapTileServiceImageryProvider：满足 WMTS1.0.0 规范的影像服务，都可以通过该类实现，比如国内的天地图。

本书以第一个 ArcGIS 为例，替换一个来自 Esri ArcGIS MapServer 的图层(图 4.20)，

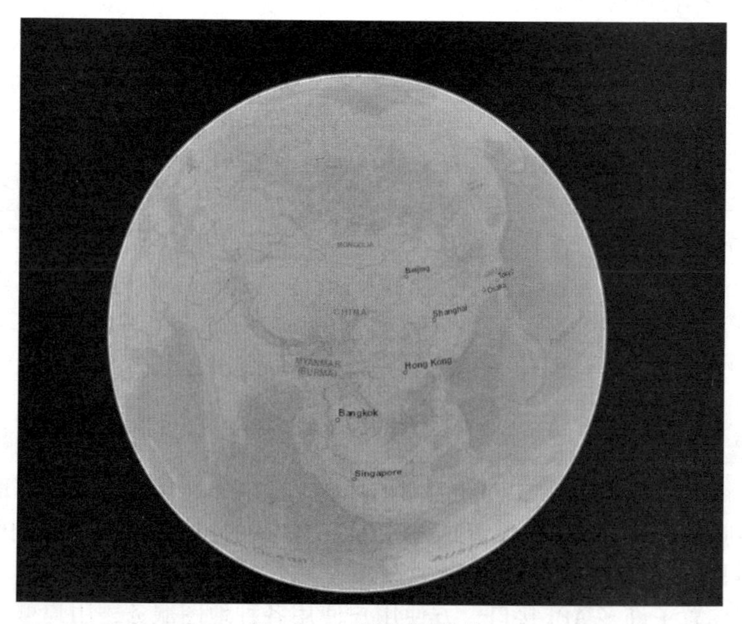


图 4.20　底图图层替换

代码如下：

```
var viewer = new Cesium.Viewer('cesiumContainer', {
    imageryProvider : new Cesium.ArcGisMapServerImageryProvider({
      url : '//services.arcgisonline.com/ArcGIS/rest/services/
World_Street_Map/MapServer'
    }),
    baseLayerPicker : false
});
```

从上面的代码可以看到，通过利用 ArcGisMapServerImageryProvider 接口和其对应的 url 实现了底图图层的替换。与之前遥感影像不同，替换的图层为矢量图层。

下面，继续添加一个来自 NASA 的夜光地图(图 4.21)，显示人类如何重新塑造地球并照亮黑暗。这些地图每 10 年左右制作一次，其用途涉及众多经济、社会科学和环境研究项目。地球观测卫星数据和信息系统(EOSDIS)的研究团队一直努力将夜间数据集成到 NASA 的全球影像浏览服务(GIBS)和 WorldView 绘图工具中，通过 Web、GIBS 和 WorldView 免费提供给科学界和公众。Cesium 与 NASA 合作将这个夜光地图收在了 SandCastle 实例中，用户可以离线调用，过程如下：

```
var layers = viewer.scene.imageryLayers;
var blackMarble = layers.addImageryProvider(new Cesium.IonImagery
Provider({ assetId: 3812 }));
```

图 4.21　添加夜光地图

这一步操作相当于将夜光地图直接覆盖在 WorldStreetMap 之上，所以只能看到夜光地图这一图层。若希望将灯光叠放在 WorldStreetMap 之上，可通过 Cesium 提供的改变图层透明度的功能来进行个性化的操作(图 4.22)。加入下述两行代码即可：

```
blackMarble.alpha = 0.5;
blackMarble.brightness = 3.0;
```

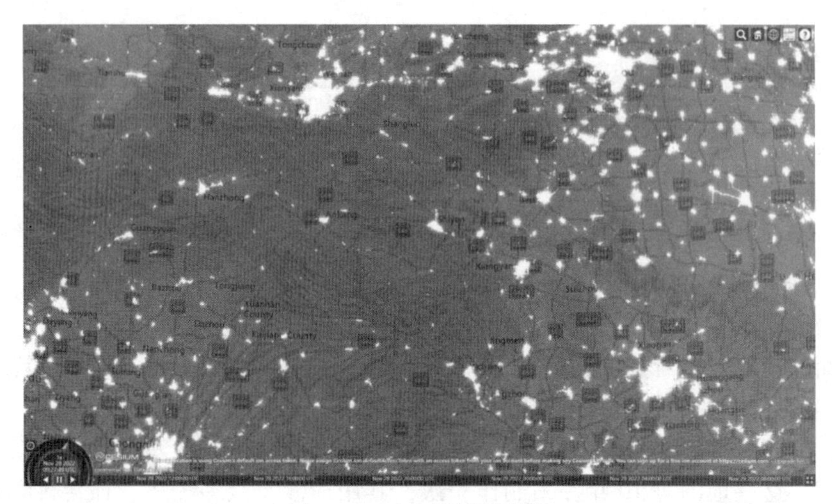

图 4.22　改变图层透明度

所得的效果也更加方便用户理解两个图层之间的关系，两张地图并非处于同一图层，而是不同的图层，有添加的先后顺序之分，每一层的亮度、对比度、伽玛、色调和饱和度可以单独地进行改变。

上面使用的前两层高分辨率图像过大，无法放入内存，甚至无法放入单个磁盘中，因此图像被划分为了较小的图像，称为 tiles(瓦片)，可以根据视图将图像流传输到客户端。Cesium 支持使用 ImageryProvider 请求瓦片图的多种标准。大多数 ImageryProvider 使用 HTTP 上的 REST 接口来请求瓦片图。ImageryProvider 根据请求的格式和组织方式的不同而不同，具体可参考本小节前面介绍的 11 类服务。

除了地图服务外，还可以添加单独的图像作为特定的扩展。与本书之前添加的广告牌例子类似，这里以图层的方式重新添加一遍(图 4.23)：

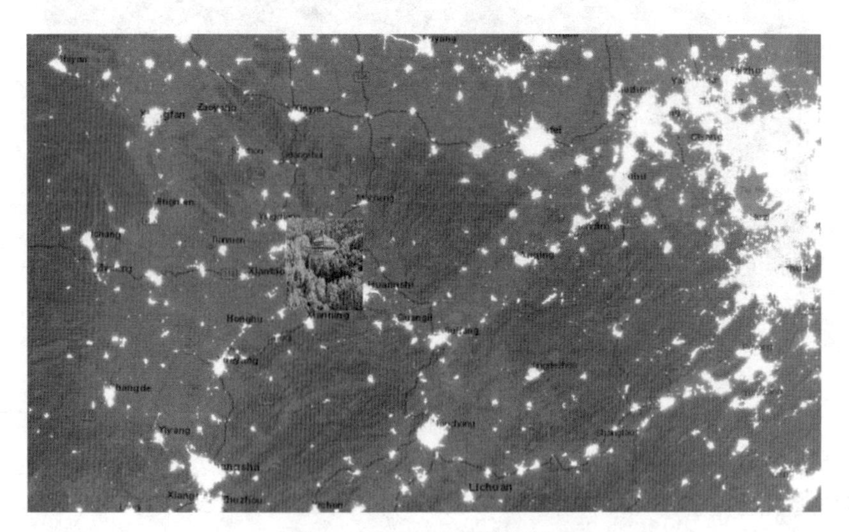

图 4.23　添加广告牌图层

```
layers.addImageryProvider(new Cesium.SingleTileImageryProvider({
        url :'../Apps/luojia.jpg',
        rectangle : Cesium.Rectangle.fromDegrees(114, 30.0, 115, 31)
}));
```

**2. 加载地形和灯光**

Cesium开启地形的方法也非常简单，只用两三行代码就能实现。为了更好地观察效果，可将视角移动到珠穆朗玛峰区域去一睹壮观的高原地形。代码和效果(图4.24)如下：

```
var viewer = new Cesium.Viewer('cesiumContainer', {
      terrainExaggeration: 2.0,
      terrainProvider: Cesium.createWorldTerrain()
    });
    viewer.camera.flyTo({
       destination: Cesium.Cartesian3.fromDegrees(86.9278, 27.9986,
15000.0)
});
```

图4.24 珠穆朗玛峰地形

此外，还可以用一行代码开启光照效果(图4.25)：

```
viewer.scene.globe.enableLighting = true;
```

图 4.25　开启灯光效果

### 4.3.5　视角和相机

在三维 GIS 的设计与开发中，视角和相机的设置是必不可少的，这决定了用户在屏幕上所观察到的三维实体的具体画面。三维场景漫游时，视点(摄像机，照相机)会在场景中移动，场景将随视点空间位置发生变换，在二维感光面投影成二维图像。为了使用户有更好的选择视点，还引入了观察坐标系，从而满足观察时要求场景不动而视角移动的需求。比起移动场景，移动相机耗费的代价更小，难度更低，但需要较复杂的投影计算，将三维场景投影到二维表面。

Cesium 中相机可以控制场景中的视野。操作相机的方法有很多，如旋转、缩放、平移和飞到目的地。Cesium 具有默认的鼠标和触摸事件处理程序与相机进行交互，还有一个 API 接口提供编程方式来操纵相机。在此，先介绍两种设置相机位置以及姿态的方法。

```
//方法一
view.camera.setView({
destination : Cesium.Cartesian3.fromDegrees ( longitude, latitude,
height), //设置位置
        orientation: {
          heading : Cesium.Math.toRadians(angle), //方向
            pitch : Cesium.Math.toRadians(angle),//倾斜角度
```

```
            roll : 0
        }
    });
//方法二
view.camera.setView({
        destination: Cesium.Rectangle.fromDegrees(west, south, east,
north),
        orientation: {
            heading : Cesium.Math.toRadians(angle), //方向
            pitch : Cesium.Math.toRadians(angle),//倾斜角度
            roll : 0
        }
});
```

第一种方法直接通过相机摆放的位置和姿态角来确定屏幕上所观察到的内容；第二种方法相当于直接输入想要看到的范围，再将相机摆放到对应的位置。两种方法所达到的效果类似，途径不同。用户可以针对自己所需要的功能灵活选择更合适的相机设置方案。

除了相机的设置，Cesium 还给出相机跳转的功能，与相机的设置类似，只是可以在跳转过程中设置各种属性。下面先给出代码，再作详细解释：

```
    view.camera.flyTo({
        destination : Cesium.Cartesian3.fromDegrees(longitude,
latitude,height), //设置位置
        orientation: {
            heading : Cesium.Math.toRadians(angle), //方向
            pitch : Cesium.Math.toRadians(angle),//倾斜角度
            roll : 0
        },
        duration:5, //设置飞行持续时间,默认会根据距离来计算
        complete: function () {
            //到达位置后执行的回调函数
            console.log('到达目的地');
        },
        cancle: function () {
            //如果取消飞行则会调用此函数
            console.log('飞行取消')
        },
        pitchAdjustHeight: -90, //如果摄像机飞越高于该值,则调整俯仰角
度,并将地球保持在视口中
        maximumHeight:5000, //相机最大飞行高度
```

```
        flyOverLongitude: 100, //如果到达目的地有 2 种方式,设置具体值后会强制选择方向飞过这个经度
    });
```

由代码可以看到，对相机位置的设置基本相同，不同点在于对其路径上的功能进行了许多设置。最主要的是设置到达目的地时发生的事件，以及操作取消时发生的事件，这里可以通过添加函数使得最终的展示效果更佳。此外，对飞行途中相机的路径及姿态也有设置，控制了视角跳跃时动画的合理性和美观程度。

### 4.3.6　数据加载

在 Cesium 中，除了通过创建实体的方式绘制图形外，还可以导入本地现成的数据。本书第 2 章介绍了各式各样的数据结构，在本节中将详细介绍 Cesium 支持加载何种类型的数据以及具体实现步骤。

**1. 矢量数据的加载**

Cesium 所支持的矢量数据格式为 Load KML、GeoJSON、TopoJSON 和 CZML，但目前最常用的矢量数据文件是 Shapefile 文件。要将矢量数据加载进 Cesium 的图层中(图 4.26)，首先需要进行一步文件格式的转换。其中，所存储实体的坐标最好为经纬度(可以直接定位)。转换之后，用如下代码将其添加：

```
var dataSource = Cesium.GeoJsonDataSource.load(pipe.geojson');//读取矢量数据文件
viewer.dataSources.add(dataSource);//在场景中添加
```

图 4.26　添加管道矢量文件

**2. 栅格影像数据的加载**

Cesium 支持的影像数据种类非常多，包括 png、tiff、jpeg 等多种数据格式；并且可以

实现金字塔的构建，形成多个图层。Cesium 也支持由统一资源定位符指定的路径，可以使用本地影像和网络上提供的影像的服务(图 4.27)，具体实现方法见 4.3.4 小节。代码如下：

```
var url = "iamge.png"; //影像数据
var image = new Cesium.UrlTemplateImageryProvider({url:url})
//Viewer 第一个参数容器就是需要上面的 div 容器承载
var viewer = new Cesium.Viewer('cesiumContainer',{
  //将图层选择的控件关掉,才能添加其他影像数据
  baseLayerPicker:false,
  imageryProvider:image
});
```

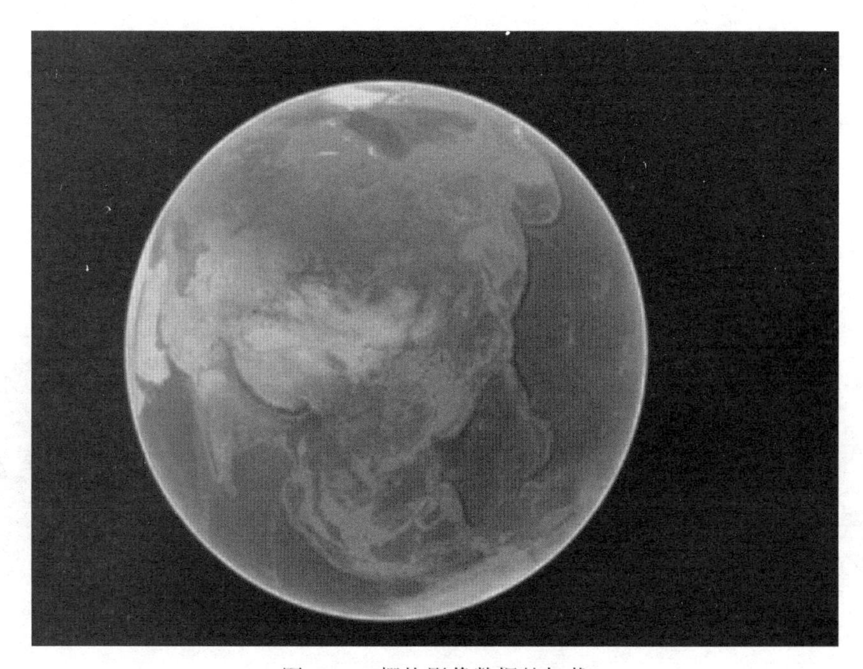

图 4.27　栅格影像数据的加载

**3. 模型数据的加载**

Cesium 作为一个三维 GIS 平台，加载三维模型数据的功能必不可少。在本章开头介绍了 Cesium 要满足 WebGL 设置的标准。这个标准中，三维模型通常是以 glTF 格式进行加载。目前，glTF 格式的数据已经挤进主流，在网页三维显示中独占鳌头。在 Cesium 中，glTF 格式的数据也是最易于加载的。

Cesium 自带的数据模型都是 glTF 格式的文件，有飞机(图 4.28)、装甲车、奶牛车和一个人物模型。在官网的教程也有这些模型的很多示例及代码，以供参照学习。

图 4.28　Cesium 中的飞机模型

下面介绍 glTF 格式数据的加载(效果如图 4.29 所示)，代码如下：

```
var model = scene.primitives.add(Cesium.Model.fromGltf({
        url :'data.gltf', //glTF 文件
        scale : 3.0 //放大倍数
}));
```

图 4.29　教学楼模型

对于较大的模型(图 4.30)来说，这样加载的效率低下，浏览器中的响应时间将非常长。为此，需要进行数据切片的工作，得到已发布的 3D Tiles 文件夹的格式，最后访问其中的 JSON 文件进行数据的加载。代码如下：

```
var  modelMatrix5  =  Cesium.Transforms.eastNorthUpToFixedFrame
(Cesium.Cartesian3.fromDegrees(114.333846, 30.507051, 0.5));//坐标
var modelgltf = viewer.scene.primitives.add(Cesium.Model.fromGltf({
    url:'../resoure/gltfmoudle.gltf',
    modelMatrix: modelMatrix5,
    scale: 1,//缩放比例
}));
```

图 4.30 社区模型

## 4.4 本章小结

本章讲述了 Cesium 开发基础的入门级操作，目的是使未接触过 Cesium 的读者对 Cesium 有初步的认识，为后续的基于 Cesium 的三维 GIS 开发打下基础。

第一节介绍了 Cesium 的基本信息，包括 Cesium 平台的创立背景、架构、发展历史功能特点等。

第二节介绍了 Cesium 的安装步骤，包括环境、安装、测试三个方面。

第三节介绍了 Cesium 中最基本的开发方法，包括创建实体、设置视角和添加数据等功能。

本章的知识内容是构建 Cesium 的基础，在 Cesium 中，任一功能的实现都涉及本章的内容。但若仅掌握这些内容，也难以构筑起一个实用的三维展示系统。因此，下一章将在本章内容的基础上介绍 Cesium 高级应用的开发，除了讲述新的实现方法外，还会灵活运用本章知识。

# 第5章　Cesium高级应用开发

本章在上一章的Cesium基础操作之上实现进一步的应用开发。这些应用开发旨在将现实生活中的众多实体、自然或社会现象，特别是与地理信息相关的内容抽象为计算机语言，并在Cesium中进行呈现。故本章介绍许多实用和效果出众的功能，并将重点放在实际功能的实现上，特别是示例的实现。

## 5.1　粒子系统

### 5.1.1　插值器

在实现粒子系统前，必须先要学习插值器的知识以及在Cesium中的具体应用，这关系到粒子系统动画中非关键帧的实现。一般的插值器源于数学上的函数插值，仅由几个自变量的映射就能插值得到一个连续的函数。而根据不同的插值方式，所得的函数也不相同。

动画的原理是一帧一帧的图片从头至尾地连续播放，通常计算机只需要几个关键的动画帧，剩下的部分则由Cesium给定的插值算法进行绘制。当然，用户也可以通过自己定义插值方式来确定所得动画。

粒子系统正是通过插值来确定一系列动画帧的许多属性值。

### 5.1.2　粒子系统的更新循环

粒子系统是一种通过电脑模拟现实中特定现象的技术。它能够十分逼真地模拟众多现实中的模糊场景，并具象化传播轨迹和尾迹。具体包括以下三类：自然现象，如雨雪尘雾、火、烟及云等；物理现象，如爆炸、烟花等；空间扭曲现象，如空气密度差异导致的光线扭曲、相对论中的引力效应等(此类应用适用于描述专业相关的现象，后续不作具体介绍)。

典型的粒子系统更新循环可以划分为两个不同的阶段：参数更新阶段以及渲染阶段。每个循环执行一帧动画。

**1. 参数更新阶段**

在参数更新阶段，首先根据生成速度以及更新间隔计算新粒子的数目，每个粒子需要根据发射器的位置及给定的生成区域在特定的三维空间位置生成，并且需要根据发射器的参数初始化每个粒子的速度、颜色、生命周期等。然后检查每个粒子是否已经超出生命周期，一旦超出，就将这些粒子剔出模拟过程；否则，就根据物理模拟更改粒子的位置与特性。这些物理模拟可能像将速度加到当前位置或者调整速度抵消摩擦这样简单，也可能像将外力考虑进去计算正确的物理抛射轨迹那样复杂。另外，经常需要检查粒子与特殊三维物体的碰撞以使粒子从障碍物弹回。由于粒子之间的碰撞计算量很大，并且对于大多数模拟来说没有必要，所以很少使用粒子之间的碰撞。

每个粒子系统都有用于其中每个粒子的特定规律，通常这些规律涉及粒子生命周期的插值过程。例如，许多系统会在粒子生命周期中对离子的阿尔法值即透明度进行插值，直到粒子湮灭。

**2. 渲染阶段**

在更新完成之后，通常每个粒子要用经过纹理映射的四边形进行渲染，也就是说四边形总是面向观察者。但是，这个过程不是必需的，在一些低分辨率或者处理能力有限的场合，粒子可能仅仅渲染成一个像素，在离线渲染中甚至渲染成一个元球，从粒子元球计算出的等值面可以得到相当好的液体表面。另外，也可以用三维格网渲染粒子。

Cesium 有多种自带的较为成熟的粒子系统可以供用户直接使用，用户也可以使用本地电脑上的图片和 Cesium 提供的粒子系统接口实现粒子系统。这里基本属于纯前端的功能实现，在后面例子部分会给出具体的实现步骤。

### 5.1.3 实例

在实例阶段，我们将尝试构建粒子系统，以实现在武汉大学信息学部的操场及科技大楼两处模拟火灾。下面将贴上关键部分代码并叙述详细实现途径。

首先，需要准备一张火的图片作为最小单元，如图 5.1 所示。

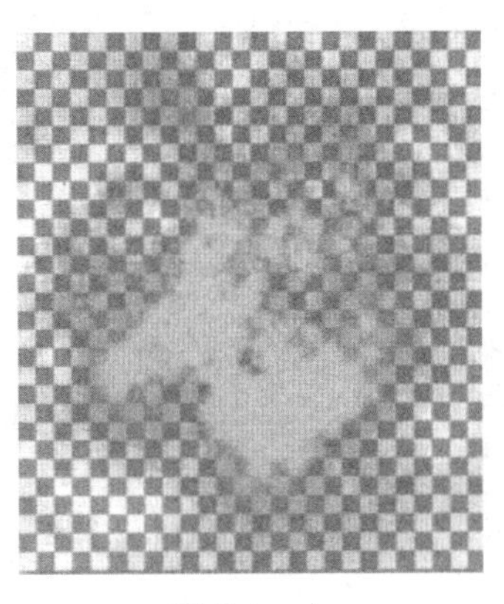

图 5.1 火

图 5.1 是一张背景为透明的格式为 .png 的火焰图片(.png 格式支持透明色，许多其他图片格式不支持透明度的设置与保存，需小心使用)，在后续的模拟中将多次加载该图片以达到火灾的效果。部分关键代码如下：

```
particleSystem = scene.primitives.add(new Cesium.ParticleSystem({
  image:'../img/fire.png',
  heightReference: Cesium.HeightReference.CLAMP_TO_GROUND,
```

```
        startColor: Cesium.Color.RED.withAlpha(0.7),
        //开始喷火的颜色
        endColor: Cesium.Color.YELLOW.withAlpha(0.3),
        //结束喷火的颜色
        startScale: viewModelFire.startScale,
        endScale: viewModelFire.endScale,
        minimumLife: viewModelFire.minimumLife,
        maximumLife: viewModelFire.maximumLife,
        minimumSpeed: viewModelFire.minimumSpeed,
        maximumSpeed: viewModelFire.maximumSpeed,
        minimumWidth: viewModelFire.particleSize,
        minimumHeight: viewModelFire.particleSize,
        maximumWidth: viewModelFire.particleSize,
        maximumHeight: viewModelFire.particleSize,
        //Particles per second.  颗粒每秒
        rate: viewModelFire.rate,
        //周期性地发射粒子脉冲串
        //控制爆炸
        //多长时间的粒子系统将以秒为单位发射粒子
        lifeTime: 16.0,
        emitter: new Cesium.CircleEmitter(0.5),
        emitterModelMatrix: computeEmitterModelMatrix(),
        forces: [applyGravity] //强制回调数组
        }));
    var gravityScratch = new Cesium.Cartesian3();
      function applyGravity(p, dt) {
        // We need to compute a local up vector for each particle in
geocentric space.
        //这里需要为地心空间中的每个粒子计算局部向上矢量
        var position = p.position;
        Cesium.Cartesian3.normalize(position, gravityScratch);//计
算提供的笛卡儿的归一化形式
         Cesium.Cartesian3.multiplyByScalar(gravityScratch, viewModelFire.
gravity * dt, gravityScratch);
        p.velocity = Cesium.Cartesian3.add(p.velocity, gravityScratch,
p.velocity);
        //计算两个笛卡儿的分量
      }
```

另外，还要对粒子系统进行初值的设定，以确定初始放入插值器进行模拟的值。相应代码如下：

```
var viewModelFire1 = {
        rate: 5.0,
        gravity: 0.0,
        minimumLife: 1.0,
        maximumLife: 1.0,
        minimumSpeed: 5.0,
        maximumSpeed: 5.0,
        startScale: 1.0,
        endScale: 4.0,
        particleSize: 20.0,
        Vheading: 0.0,
        Vpitch: 0.0,
        Vroll: 0.0,
        transX: 0,
        transY: 0,
        transZ: 0,
        heading: 0.0,
        pitch: 0.0,
        roll: 0.0,
        fly: false,
        spin: false,
        show: true
    };
```

效果如图 5.2、图 5.3 所示。

图 5.2　模拟操场火灾

图 5.3　模拟教学楼火灾

在上述过程中，使用了相对路径对粒子系统中的粒子图片进行了指定，并给定了 Cesium 中动画参数的值，最终通过 Cesium 中的渲染器进行渲染得到了由粒子系统模拟的火灾。

但上述代码仅仅设置了粒子系统的参数，实现如图 5.2、图 5.3 所示的效果还需要进行其他操作步骤：大致包括场景的加载，设置粒子系统模拟时间的界限，确保粒子系统查看器处于所需的时间，到达时间后重新加载和设置粒子发射器的位置及角度等。代码如下：

```
//设置模拟时间的界限
var start = Cesium.JulianDate.fromDate(new Date(2015, 2, 25, 16));
    var stop = Cesium.JulianDate.addSeconds(start, 360, new Cesium.
Julian Date());
    //确保查看器处于所需的时间
    viewer.clock.startTime = start.clone();
    viewer.clock.stopTime = stop.clone();
    viewer.clock.currentTime = start.clone();
     viewer.clock.clockRange  = Cesium.ClockRange.LOOP _STOP; //
Loop at the end 循环结束
    //LOOP_STOP 到达终止时间后重新循环
    viewer.clock.multiplier = 1;
```

```
//将时间线设置为模拟界限
viewer.timeline.zoomTo(start, stop);
```

如果还想对效果进行动态调整，Cesium 也提供了按钮、工具条等交互控件。可以对其中一些属性进行设置，还能达到动态调整火灾动画的效果(图 5.4)。

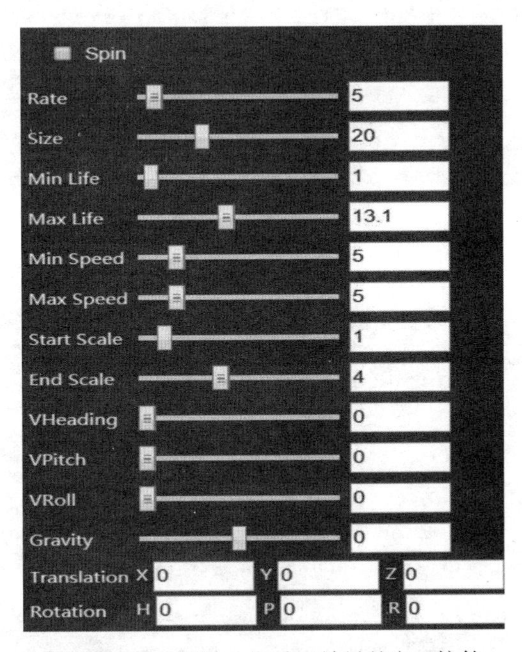


图 5.4　动态调整火灾动画效果的交互控件

将火的图片换成烟雾、雨雪的图片，能实现以下几张图片的效果(图 5.5~图 5.7)。

图 5.5　将火的图片换为烟雾

图 5.6　将火的图片换为雨

图 5.7　将火的图片换为雪

## 5.2　动画系统

一个优秀的三维 GIS 平台一定有一套自己的动画系统，以满足不同的需求。5.1 节中的粒子系统便利用了 Cesium 提供的场景动画渲染，结合插值器和随机生成器共同完成对每一动画帧的绘制。本节将进一步举出数例，展示 Cesium 这一出色的三维可视化平台所提供的基于 WebGL 的动画系统能实现何种功能。

### 5.2.1　视角切换

在本小节中，需要运用第 4 章“视角和相机”一节中介绍的直接设置相机位置和移动相机视角的办法，不停切换相机的视角，来缩放至固定地物的图层。结合事件响应函数，可以通过 Cesium 提供的视角切换动画系统来实现场景的切换(图 5.8)。代码如下：

```
function flyto(){
  var nodes=getSelectedNodes();
```

```
    if(nodes){
        viewer.camera.flyTo({
        destination: Cesium.Cartesian3.fromDegrees(114.33638678,
30.50860971,1000)
    });
    }
  }
```

图 5.8 视角切换

### 5.2.2 添加视频

在 Cesium 中，只有文字图片的描述可能会出现描述不清的情况，本小节将介绍视频的添加方法。严格地说，添加视频的操作不属于 Cesium 提供的功能，而是 html 所支持的。视频加载方法为添加一个确定大小的容器，并为该容器指定视频的 url(图 5.9)。代码如下：

```
  <style>
  #trailer {
          position: absolute;
          /* bottom: 100px; */
          top:150px;
          right: 0;
          width: 320px;
          height: 180px;
      }
  </style>
  <video id = " trailer " style = " display: block; z - index: 9999 "
autoplay="" loop="" crossorigin="" controls="">
      <source src= "../resoure/hongshanqu/video/bdai.mp4"  type="
video/mp4">
  </video>
```

图 5.9　添加视频

## 5.3　路径导航

在 Cesium 中，可以利用动画系统提供的功能，完成一些具有较好效果的展示。本节将描述模型追踪、固定路径导航以及动态路径导航三个功能及其联系。

### 5.3.1　模型追踪

在许多以第三人称视角进行移动的应用中，模型追踪(图 5.10)必不可少。在 Cesium 中，如果对加载的移动模型进行跟踪，需要使用相应的技术。本小节介绍如何将相机视角设置在场景中的移动模型上，并随着模型的姿态对相机姿态进行相对应的调整。

图 5.10　模型追踪

如图5.10所示，已将一架Cesium系统自带的飞机模型加载至场景中。设置一些属性让飞机在场景中移动，并将控制其移动姿态和移动方向的事件与键盘相连(图5.11)。这里给出实现部分事件与键盘链接的代码：

```
document.addEventListener('keydown',function(e){
    switch(e.keyCode){
      case 40:
        //直接按下箭头降低角度
        hpRoll.pitch -= deltaRadians;
        if(hpRoll.pitch < - Cesium.Math.TWO_PI)
        {
          hpRoll.pitch += Cesium.Math.TWO_PI;
        }
        break;
      case 38:
        //直接按上抬高角度
        hpRoll.pitch += deltaRadians;
        if(hpRoll.pitch > Cesium.Math.TWO_PI)
        {
          hpRoll.pitch -= Cesium.Math.TWO_PI;
        }
        break;
      case 39:
        //向右飞行
        hpRoll.heading += deltaRadians;
        if(hpRoll.heading > Cesium.Math.TWO_PI)
        {
          hpRoll.heading -= Cesium.Math.TWO_PI;
        }
        break;
      case 37:
            //向左飞行
                hpRoll.heading -= deltaRadians;
                if (hpRoll.heading < 0.0) {
                    hpRoll.heading += Cesium.Math.TWO_PI;
                }
            break;
      default:
    }
}
```

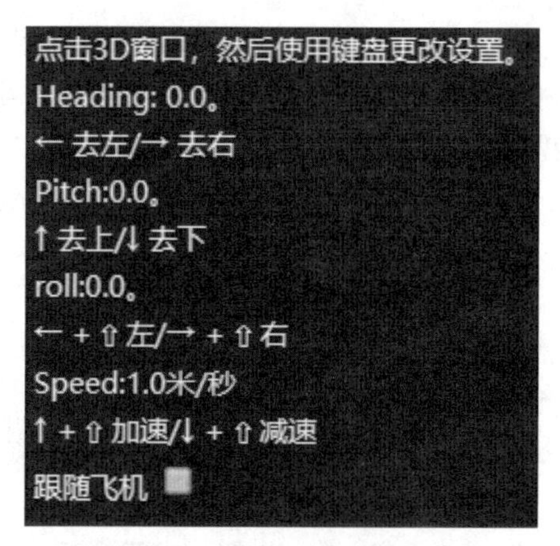


图 5.11　键盘完整操作

类似地，还可以实现其他的事件与键盘的链接效果。在设置完飞机的移动事件后，才能设置飞机模型的跟随事件查看效果，代码如下：

```
//镜头最近距离
  controller.minimumZoomDistance = r * 0.5;
  //计算 center 位置(也为下面的镜头跟随提供了 center 位置)
Cesium.Matrix4.multiplyByPoint(model.modelMatrix, model.boundingSphere.center,center);
  //相机偏移角度
  var heading = Cesium.Math.toRadians(230.0);
```

图 5.12　飞机跟踪

```
  var pitch = Cesium.Math.toRadians(-20.0);
  hpRange.heading = heading;
  hpRange.pitch = pitch;
  hpRange.range = r*50.0;
  //固定相机
camera.lookAt(center,hpRange);
```

由上述代码和图 5.12 可以看到，已经实现模型跟踪的功能，但对于相机的位置与姿态角的设置可以进行进一步调整，以达到更佳的视角。

### 5.3.2 路径漫游

路径漫游是三维 GIS 系统中的一个效果极佳的展示功能。固定路径漫游与动态路径漫游是这一展示功能最常见的两种方式。固定路径漫游可以简便地引导用户进行场景的浏览，展示开发者想要呈现给用户的空间场景及其中的信息。动态路径漫游则更灵活，可以由用户自行定义浏览。定义方法是在偌大的三维空间的二维平面图中先手动绘制出想要进行漫游的路径，再由计算机自动生成该路径中可观察到的场景动画，进而在计算机的屏幕上进行显示。本小节将详细讲述如何利用 Cesium 实现路径漫游。

**1. 固定路径漫游**

在两种常用的路径漫游方法中，固定路径漫游更容易实现。实现方法为在 Cesium 中对路径指定固定的几个节点，再利用 Cesium 自带的插值函数生成路径(图 5.13)。具体实现代码如下：

```
//首先设置漫游路径：
var myplanex1 = new Array(10);
var myplaney1 = new Array(10);
myplanex1[0] = 110.34078606; myplaney1[0] = 20.04692336;
myplanex1[1] = 110.34104202; myplaney1[1] = 20.04695656;
myplanex1[2] = 110.34131364; myplaney1[2] = 20.04699775;
myplanex1[3] = 110.34165392; myplaney1[3] = 20.04706025;
myplanex1[4] = 110.34210651; myplaney1[4] = 20.04713538;
myplanex1[5] = 110.34244120; myplaney1[5] = 20.04722353;
myplanex1[6] = 110.34275946; myplaney1[6] = 20.04728206;
myplanex1[7] = 110.34295969; myplaney1[7] = 20.04716379;
myplanex1[8] = 110.34307350; myplaney1[8] = 20.04691722;
myplanex1[9] = 110.34312867; myplaney1[9] = 20.04652549;
//运用插值器对给定坐标进行插值得到路线
function computeCirclularFlight(lon, lat, radius, myplanex, myplaney) {
    var property = new Cesium.SampledPositionProperty();
    for (var i = 0; i < myplanex.length; i++) {
        var t = 300 /(myplanex.length);
```

```
            var time = Cesium.JulianDate.addSeconds(start1, i * t, new
Cesium.JulianDate());
            var position = Cesium.Cartesian3.fromDegrees(myplanex[i],
myplaney[i], 5);
            property.addSample(time, position);
        }
        property.setInterpolationOptions({
            interpolationDegree: 5, //插值度
            interpolationAlgorithm: Cesium.LagrangePolynomialApproximation
        });
        return property;
    }

    //开始漫游
    if (planePanduan1 == 1) {
            planeBtn2.disabled = true;
            viewer.clock.startTime = start1.clone();
            viewer.clock.stopTime = stop1.clone();
            viewer.clock.currentTime = start1.clone();
            viewer.clock.clockRange = Cesium.ClockRange.LOOP_STOP;
//Loop at the end
            viewer.clock.multiplier = 10;
            viewer.clock.shouldAnimate = true;
            viewer.timeline.zoomTo(start1, stop1);
             var position = computeCirclularFlight(110.34078606,
20.04692336, 0.03, lonarr, latarr);
            entityPlane = viewer.entities.add({
             availability: new Cesium.TimeIntervalCollection([new
Cesium.TimeInterval({
                    start: start1,
                    stop: stop1
                })]),
                position: position,
                orientation: new Cesium.VelocityOrientationProperty
(position),
                show: false,
                model: {
                        uri: '../../../Apps/SampleData/models/
```

```
CesiumAir/Cesium_Air.glb',
                    minimumPixelSize: 1,
                    show: false,
                }
            });
            planePanduan1 = 0;
            viewer.scene.preRender.addEventListener(function () {
                getModelMatrix(entityPlane, viewer.clock.current
Time, scratch);
                camera.lookAtTransform(scratch, new Cesium.Car
tesian3(-10, 0, 0)); //MODIFY
            });
    }
```

图 5.13　固定路径漫游效果图

虽然三维场景漫游能使我们获得更多的场景信息，但对于不熟悉路径的人来说，并不知道所经过路径的具体信息。为此，还需要添加一个小地图视角，将固定行进的路线在二维平面上指示出来。

上述的示例展示了消防车从一个消防站点到火情点的路线。在如图 5.14 所示的小地图视角中，可以看到路线已用一条红色发光的线进行了标记。这与之前固定的路径是一致的，在小地图中的标记可以更加清晰地反映路径的整体性。

具体的添加步骤：先在页面中找一个位置添加一个容器，在容器中加载一个比例略小的 Cesium 场景，该场景可设置成二维；在场景中以多段线的方式添加消防站点、火情点以及发光线的实体，便可作出如图 5.14 所示的效果。

图 5. 14　小地图视角

**2. 动态路径漫游**

相比于固定路径漫游，动态路径漫游多了一步自定义路线的操作。这一步所需的交互技术较多，在设计时需要充分考虑各处的逻辑链条，同时还需要相应的机制来防止错误操作导致发生意外，以增加功能的免疫性。同时，在编写函数时，也要重视存储交互操作获取的信息，这关系到调用漫游功能时路径的生成。

在消防安全系统中，动态的路径导航将为路径的规划添加更多的可能，有利于意外情况的处理。这将在智慧城市建设中起到一定作用，而相信在别的领域也有更多的应用。下面将展示如何在之前的消防安全系统中实现动态路径漫游及导航功能。代码如下：

```
//交互中画线功能的实现
huaxianBtn1.addEventListener('click',
    function () {
        viewer.entities.remove(tementity);
        positions.splice(0, positions.length);
        lonarr.splice(0, lonarr.length);
        latarr.splice(0, latarr.length);
        handler = new
    Cesium.ScreenSpaceEventHandler(viewer.scene.canvas);
        //3.鼠标监听事件
        handler.setInputAction(function (movement) {
            var cartesian = scene.camera.pickEllipsoid(movement.
    position, scene.globe.ellipsoid);
            if (positions.length == 0) {
                positions.push(cartesian.clone());
            }
```

```
            positions.push(cartesian);
            var cartographic1 =
        Cesium.Cartographic.fromCartesian(cartesian);
            var lon1 =
        Cesium.Math.toDegrees(cartographic1.longitude).toFixed(8);//
经度值
            var lat1 =
        Cesium.Math.toDegrees(cartographic1.latitude).toFixed(8);//
纬度值
            lonarr.push(lon1);
            latarr.push(lat1);
            console.log(lon1, lat1);
        }, Cesium.ScreenSpaceEventType.LEFT_CLICK);
        handler.setInputAction(function (movement) {
            var cartesian =
          scene.camera.pickEllipsoid (movement.endPosition, scene.
globe.ellipsoid);
            if (positions.length >= 2) {
                if (! Cesium.defined(poly)) {
                    poly = new PolyLinePrimitive(positions);
                    tementity = poly.options;
                    viewer.entities.add(tementity);
                } else {
                    positions.pop();
                    cartesian.y += (1 + Math.random());
                    positions.push(cartesian);
                }
            }
        }, Cesium.ScreenSpaceEventType.MOUSE_MOVE);
        handler.setInputAction(function (movement) {
            handler.destroy();
        }, Cesium.ScreenSpaceEventType.RIGHT_CLICK);
    }
);
```

上述代码是在网页中实现交互功能的关键代码之一。在添加完路线之后，后续的路径导航实现方法将与固定路径导航使用的方法相同。下面列出该功能的具体使用步骤，使用示例如下：

(1)先点击按钮打开开关；

(2)进行路线绘制(图 5.15)；

(3)进行导航浏览(图 5.16)。

图 5.15　自行绘制路线

图 5.16　按既定路线导航

## 5.4　空间查询

空间查询是 GIS 最基本和常用的功能，也是 GIS 与其他数字制图软件相区别的主要特征，GIS 用户提出的大部分问题可通过查询的方式解决，查询的方法和查询的范围在很大程度上决定了 GIS 的应用程度和应用水平。空间查询是一种由地理数据库与空间数据库支持的特殊查询。其查询语句与非空间 SQL 查询之间有着很多关键性差异，其中最主要两条差异在于：空间查询允许几何类型数据的运用，如点、线、多边形；空间查询涉及几何类型间的空间关系。空间查询以二维或三维的空间数据为查询基础，将查询结果以图形的形式表示出来；空间查询语句利用了一个或多个空间操作运算符，包括表达空间关系的谓词等(图 5.17)。

图 5.17 示例中包含的查询功能

### 5.4.1 坐标查询

坐标查询是最基础的空间查询功能，Cesium 中经纬度坐标不会直接显示出来，但经纬度的获取相当简单，通过鼠标事件可组成坐标查询功能(图 5.18)。代码如下：

```
    coordinate.addEventListener('click',function () {
        if(zb){
            document.querySelector("#cesiumContainer").style.cursor
='crosshair';
            handler.setInputAction(function (evt) {
                var cartesian = viewer.scene.pickPosition(evt.position);
//模型高度的获取
                var cartographic = Cesium.Cartographic.fromCartesian(carte-
sian);
                lng =
    Cesium.Math.toDegrees(cartographic.longitude).toFixed(4);//经度值
                lat = Cesium.Math.toDegrees(cartographic.latitude).toFixed
(4);//纬度值
                //height 结果与 cartographic.height 相差无几,注意:cartog-
raphic.height 可以为 0,也就是说,可以根据经纬度计算出高程
                height = cartographic.height;
                var x, y;
                 x = evt.position.x + document.body.scrollLeft + docu-
ment.documentElement.scrollLeft ;
                 y =evt.position.y + document.body.scrollTop + document.
documentElement.scrollTop-80;
                coordinatebox.style.display="block";
                coordinatebox.style.position="absolute";
```

```
                coordinatebox.style.top = y + "px";
                coordinatebox.style.left = x + "px";
                document.getElementById("long").innerHTML="经度:"+lng;
                document.getElementById("lati").innerHTML="纬度:"+lat;
            },Cesium.ScreenSpaceEventType.LEFT_CLICK);
            zb=false;
        }
        else{
            zb=true;
            handler.removeInputAction(Cesium.ScreenSpaceEventType.LEFT_
CLICK);
            document.querySelector("#cesiumContainer").style.cursor
='default';
            coordinatebox.style.display="none";
        }
    })
```

图 5.18　获取鼠标点击位置的经纬度

### 5.4.2　按关键字查询 POI

POI 是“Point of Interest”的缩写，中文可以翻译为“兴趣点”。在地理信息系统中，POI 可以是一栋房子、一个商铺、一个地标雕像、一个公交站等。传统的地理信息采集方法需要地图测绘人员采用精密的测绘仪器去获取一个兴趣点的经纬度，然后进行标记，可见 POI 的采集是一个非常费时费事的工作。因此对一个地理信息系统来说，POI 的数量在一定程度上代表了整个系统的价值。

每个 POI 包含四个方面的信息：名称、类别、坐标和分类。全面的 POI 信息是丰富导航地图的必备资讯，及时的 POI 能提醒用户路况的分支及周边建筑的详尽信息，也能方便在导航地图中查到所需的各个位置，并选择最为便捷和通畅的道路来进行路径规划，因此，导航地图中 POI 数量直接影响导航的功效。

成熟的导航地图都具有庞大的 POI 数据库，如百度地图、高德地图等。在下述案例中，仿造高德地图的兴趣点搜索功能，实现了一个关键字查询功能(图 5.19)。

图 5.19　关键字查询功能

## 5.4.3　属性查询

属性查询对于智慧城市的建设具有十分重要的作用。在数字城市中，各个实体的信息与其互相之间的关系都是以表格的形式存储的，不具有空间上的直观度。而在智慧城市中，这些信息的可视化具有十分重要的意义，首要的便是属性信息的可视化。在下述案例中，我们先将建筑信息存入存储文件中，当选中对应的建筑时，其信息便会显示在预先设定的容器内。这样的功能便于相关企事业单位及管理部门进行某种程度的宏观规划，具有一定的现实意义。

**1. 单个查询**

直接点击物体(图 5.20、图 5.21)即可，方法在第 4 章中已介绍。

图 5.20　未查询时的画面

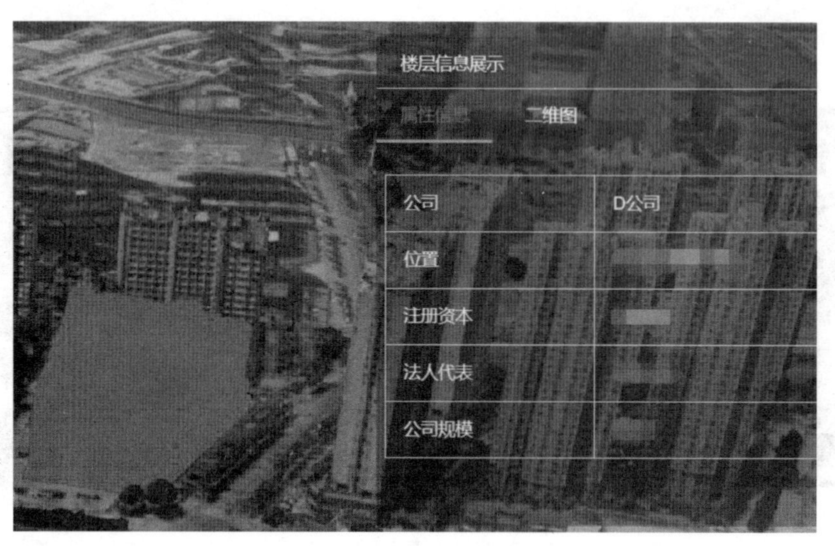


图 5.21　显示选中建筑的信息

**2. 多层查询**

多层查询时，用户可自行选定一定区域，Cesium 将对其中所有的实体进行属性的显示(图 5.22)。代码如下：

```
function pickARangeOfModels () {
viewer.screenSpaceEventHandler.setInputAction(function (click-
Event) {
    startPick = clickEvent.position;
    pickPosition.push(startPick.clone());
    if (pickPosition.length == 2) {
        var xInterval = (pickPosition[1].x - pickPosition[0].x) /0.8;
        var yInterval = (pickPosition[1].y - pickPosition[0].y) /100;
        for (var i = pickPosition[0].x; i < pickPosition[1].x;) {
            for (var j = pickPosition[0].y; j < pickPosition[1].y;) {
                windowPosition.x = i;
                windowPosition.y = j;
                console.log(i,j);
                pickedObject = viewer.scene.pick(windowPosition);
//这里不要把 ij 括起来
                 if (viewer.scene.pickPositionSupported && Cesium.
defined(pickedObject)) {
                    ifAdd =1;
                    pickedObject.color = Cesium.Color.RED;
                    for (object in objects) { //object 的值不是 objects
```

```
里面的每一项的值而仅仅是标号
                    if (objects[object]==pickedObject) {
                        ifAdd = 0;
                        break;
                    }
                }
                if (ifAdd ==1){objects.push(pickedObject);}
            }
            j +=yInterval;
        }
        i +=xInterval;
    }
    console.log(objects.length);
    result = statisticAnalysis();
    console.log(result[0],result[1]);
    layui.use('layer', function () {
        var layer = layui.layer;
        layer.open({
          skin:'skin2',
            type: 2,
            title:'统计结果',
            shade: 0,
            offset: ['104.5px','1176px'],
            area: ['360px','151px'],
            content:'showstatistics.html',
            success: function (layero, inx) {
                iframeWin1 = window[layero.find('iframe')[0]['
name']]; //得到 iframe 页的窗口对象
                iframeWin1.tablenum(result[0],result[1]);
            },
            cancel: function (inx, layero) {
viewer.screenSpaceEventHandler.removeInputAction ( Cesium. ScreenSpa-
ceEventType.LEFT_CLICK);
                iframeWin1=null;
            }
        })
    })
viewer.screenSpaceEventHandler.removeInputAction ( Cesium. ScreenSpa-
```

```
ceEventType.LEFT_CLICK);
            }
        }, Cesium.ScreenSpaceEventType.LEFT_CLICK);
    }
```

图 5.22 多层查询示例

## 5.5 空间计算及分析

空间分析是 GIS 的核心和灵魂，是 GIS 区别于一般的信息系统、CAD 或电子地图系统的主要标志之一。

空间分析主要通过空间数据和空间模型的联合分析来挖掘空间目标的潜在信息，而这些空间目标的基本信息，如空间位置、分布、形态、距离、方位和拓扑关系等，可以作为数据分析和推理的基础。将空间目标的空间数据和属性数据结合起来，还可以进行许多特定任务的空间计算与分析。

常规的空间分析功能主要分为距离量算、面积量算、空间查询、统计分析、缓冲区分析、透视分析等。在 Cesium 中，这些空间分析功能缺少可以利用的、现成的函数工具，但用户可以利用 Cesium 中提供的各类地理数学工具自行编写这些空间分析的功能。下面将介绍空间分析的每一种分析功能的详细实现步骤。

### 5.5.1 空间距离

空间信息量算是空间分析功能的基础，而距离量算又是空间信息量算中最基础的功能。距离主要有欧氏距离、曼哈顿距离与马氏距离三种。前两种在空间量测中具有重要意义，而马氏距离只在统计分析中具有意义，同时由于曼哈顿距离的使用条件较欧氏距离严苛，故仅介绍如何在 Cesium 中实现欧氏距离的量测。

在第 4 章已说明，Cesium 使用的是一个真三维场景，而非二维加一维。在这种情况下，计算大尺度下两点之间的距离不能仅仅用水平距离加高的形式，还需要计算地球曲率的因素。但在小范围的距离量算之中，运用水平距离加高的形式也无可厚非。

距离量测的具体步骤为：

(1)点击按钮开启交互开关；

(2)选择起点，再选择测量终点。

代码主要分为两个部分：第一部分实现了与使用者的交互；第二部分为距离量测结果的显示。在此之前，还需要构建两个函数以满足画点、画线的功能。距离量测的效果如图 5.23 所示。具体代码如下：

图 5.23　效果示意图

```
    viewer.screenSpaceEventHandler.setInputAction(function (click-
Event) {
      var cartesian = viewer.scene.pickPosition(clickEvent.position);
//坐标
        //存储第一个点
        if (positions.length == 0) {
          positions.push(cartesian.clone());
          addPoint(cartesian);
        //注册鼠标移动事件
    viewer.screenSpaceEventHandler.setInputAction(function (moveEvent) {
       var movePosition = viewer.scene.pickPosition(moveEvent.end
Position); //鼠标移动的点
```

```
        if (positions.length >= 2) {
          positions.pop();
          positions.pop();
          positions.pop();
      var cartographic = Cesium.Cartographic.fromCartesian(movePosition);
      var height = Cesium.Cartographic.fromCartesian(positions[0]).height;
      //以度为单位的经度纬度值返回 Cesium.Cartesian3.fromDegrees(经度,纬
度,高度,椭圆体,结果)
      var verticalPoint =
    Cesium.Cartesian3.fromDegrees ( Cesium.Math.toDegrees ( cartog-
raphic.longitude ), Cesium.Math.toDegrees ( cartographic.latitude ),
height);
        positions.push(verticalPoint);
        positions.push(movePosition);
        positions.push(positions[0]);
        //绘制 label
        if (labelEntity_1) {
            viewer.entities.remove(labelEntity_1);
              entityCollection.splice ( entityCollection.indexOf ( la-
belEntity_1), 1);
            viewer.entities.remove(labelEntity_2);
              entityCollection.splice ( entityCollection.indexOf ( la-
belEntity_2), 1);
            viewer.entities.remove(labelEntity_3);
              entityCollection.splice ( entityCollection.indexOf ( la-
belEntity_3), 1);
        }
        //计算中点(左,右,结果)
        var centerPoint_1 = Cesium.Cartesian3.midpoint(positions[0],
positions[1], new Cesium.Cartesian3());
        //计算距离
        var lengthText_1 = "水平距离:" + getLengthText(positions[0],
positions[1]);
        labelEntity_1 = addLabel(centerPoint_1, lengthText_1);
        entityCollection.push(labelEntity_1);
        //计算中点
        var centerPoint_2 = Cesium.Cartesian3.midpoint(positions[1],
positions[2], new Cesium.Cartesian3());
```

```
        //计算距离
        var lengthText_2 = "垂直距离:" + getLengthText(positions[1],
positions[2]);
        labelEntity_2 = addLabel(centerPoint_2, lengthText_2);
        entityCollection.push(labelEntity_2);
        //计算中点
        var centerPoint_3 = Cesium.Cartesian3.midpoint(positions[2],
positions[3], new Cesium.Cartesian3());
        //计算距离
        var lengthText_3 = "空间距离:" + getLengthText(positions[2],
positions[3]);
        labelEntity_3 = addLabel(centerPoint_3, lengthText_3);
        entityCollection.push(labelEntity_3);
        } else {
         var verticalPoint = new Cesium.Cartesian3(movePosition.x,
movePosition.y, positions[0].z);
        positions.push(verticalPoint);
        positions.push(movePosition);
        positions.push(positions[0]);
        //绘制线
        addLine(positions);
            }
      }, Cesium.ScreenSpaceEventType.MOUSE_MOVE);
    } else {
      //存储第二个点
      positions.pop();
      positions.pop();
      positions.pop();
       var cartographic = Cesium.Cartographic.fromCartesian(carte-
sian);
       var height = Cesium.Cartographic.fromCartesian(positions
[0]).height;
      var verticalPoint =
    Cesium.Cartesian3.fromDegrees(Cesium.Math.toDegrees(cartog-
raphic.longitude),
    Cesium.Math.toDegrees(cartographic.latitude), height);
      positions.push(verticalPoint);
      positions.push(cartesian);
```

```
      positions.push(positions[0]);
      addPoint(cartesian);
                    viewer.screenSpaceEventHandler.removeInputAction
(Cesium.ScreenSpaceEventType.LEFT_CLICK);
                    viewer.screenSpaceEventHandler.removeInputAction
(Cesium.ScreenSpaceEventType.MOUSE_MOVE);
      }
    }, Cesium.ScreenSpaceEventType.LEFT_CLICK);
  };
```

### 5.5.2　空间面积

在 Cesium 的三维空间中，由于存在地形起伏的影响，对于面积的量算不能仅由点在地面上所构成的平面计算得到，还需要考虑地形起伏所造成的地表面积增加的情况。故在实际测量中，面积量算包括水平面积量算和地表面积量算两类，分别适用于不同的情况。其中，水平面积在生活中更常见，各式工程的交付所需要的也是这一类面积。故通常情况下只考虑水平面积的测量。测量方法可采取多边形面积计算的方式。面积测量效果如图 5.24 所示。具体代码如下：

```
  this.planeArea = function () {
          var positions = [];
          var clickStatus = false;//点击状态
          var labelEntity = null;
          viewer.screenSpaceEventHandler.setInputAction(function
(clickEvent) {
               clickStatus = true;
          //这一段实现了鼠标在模型上获取模型上点的坐标,鼠标不在模型上则获取
在地面的坐标
               var handler = new
Cesium.ScreenSpaceEventHandler(viewer.scene.canvas);
               handler.setInputAction(function(evt) {
                   var scene = viewer.scene;
                   if (scene.mode ! == Cesium.SceneMode.MORPHING) {
                       var pickedObject = scene.pick(evt.position);
                       if (scene.pickPositionSupported &&
Cesium.defined(pickedObject)) {
                            var cartesian =
   viewer.scene.pickPosition(evt.position);//修改 pickPosition
                            if (Cesium.defined(cartesian)) {
                                var cartographic =
```

```
Cesium.Cartographic.fromCartesian(cartesian);
                            var lng =
Cesium.Math.toDegrees(cartographic.longitude);
                            var lat =
Cesium.Math.toDegrees(cartographic.latitude);
                            var height = cartographic.height;//模型
高度
                            mapPosition={x:lng,y:lat,z:height};
                            console.log(mapPosition);
                        }
                    }
                    else {
                        var
cartesian=viewer.camera.pickEllipsoid(evt.position,viewer.scene.
globe.ellipsoid);
                        if (Cesium.defined(cartesian)) {
                            var cartographic =
Cesium.Cartographic.fromCartesian(cartesian);
                            var lng =
Cesium.Math.toDegrees(cartographic.longitude);
                            var lat =
Cesium.Math.toDegrees(cartographic.latitude);
                            var height = cartographic.height;//模型
高度
                            mapPosition={x:lng,y:lat,z:height};
                            console.log(mapPosition);
                        }
                    }
                }
            }, Cesium.ScreenSpaceEventType.LEFT_CLICK);
            var cartesian =
viewer.scene.globe.pick(viewer.camera.getPickRay(clickEvent.position),
viewer.scene);//获取场景、相机位置
            if (positions.length == 0) {
                positions.push(cartesian.clone()); //鼠标左击,添
加第1个点
                addPoint(cartesian);
                viewer.screenSpaceEventHandler.setInputAction(function
```

```
(moveEvent) {
                        var movePosition =
viewer.scene.globe.pick(viewer.camera.getPickRay(moveEvent.endPosition),
viewer.scene);
                        if (positions.length == 1) {
                            positions.push(movePosition);
                            addLine(positions);
                        } else {
                            if (clickStatus) {
                                positions.push(movePosition);
                            } else {
                                positions.pop();
                                positions.push(movePosition);
                            }
                        }
                        if (positions.length >= 3) {
                            //绘制 label
                            if (labelEntity) {
                                viewer.entities.remove(labelEntity);
    entityCollection.splice(entityCollection.indexOf(labelEntity), 1);
                            }
                            var text = "面积:" + getArea(positions);
                            var centerPoint =
getCenterOfGravityPoint(positions);
                            labelEntity = addLabel(centerPoint, text);
                            entityCollection.push(labelEntity);
                        }
                        clickStatus = false;
                    }, Cesium.ScreenSpaceEventType.MOUSE_MOVE);
                } else if (positions.length == 2) {
                    positions.pop();
                    positions.push(cartesian.clone()); //鼠标左击,添
加第 2 个点
                    addPoint(cartesian);
                    addPolyGon(positions);
                    //右击结束
                    viewer.screenSpaceEventHandler.setInputAction(function
(clickEvent) {
```

```
                        var clickPosition =
viewer.scene.globe.pick(viewer.camera.getPickRay(clickEvent.position),
viewer.scene);
                        positions.pop();
                        positions.push(clickPosition);
                        positions.push(positions[0]); //闭合
                        addPoint(clickPosition);
    viewer.screenSpaceEventHandler.removeInputAction
    (Cesium.ScreenSpaceEventType.LEFT_CLICK);
    viewer.screenSpaceEventHandler.removeInputAction
    (Cesium.ScreenSpaceEventType.MOUSE_MOVE);
    viewer.screenSpaceEventHandler.removeInputAction
    (Cesium.ScreenSpaceEventType.RIGHT_CLICK);
                    }, Cesium.ScreenSpaceEventType.RIGHT_CLICK);
                }
        };
```

图 5.24　面积测量效果图

### 5.5.3　地形分析

在专业的 GIS 软件中，地形的分析功能必不可少。例如，ArcGIS 提供了众多的地形分析功能。基于栅格数据，对高程属性进行插值可得到 DEM，再由 DEM 绘制等高线，从而可实现很多基于等高线的地形分析功能。

Cesium 的空间分析功能虽然不足以与 ArcGIS 媲美，但也包含了许多实用的地形分析功能，下面将介绍 Cesium 中的剖面分析和坡度坡向分析两个地形分析的功能。为了较好地体现地形分析功能，这里以地形起伏较大的高原地区作为分析的对象，即选择珠穆朗玛峰地区作为地形分析的样区。

**1. 剖面分析**

剖面分析是指对某一段地面线进行高程测量，得到这一段地面线的高度侧视图。这种侧视图对于一些自然现象或社会行为的分析具有重要意义。在 Cesium 中，剖面分析的实现思路是将一条线段等分成若干个点，使用后续给出的代码获取每个点的高程信息，再将每个点的高程连成一条直线，就能够获得剖面分析示意图。为了绘制效果美观，还可以使用 Echarts 提供的默认表格绘制文件进行绘制。具体代码如下：

```
var pointSum = 30;  //取样点个数
var addXTT = Cesium.Math.lerp(slongitude, elongitude, 1.0/point-
Sum) - slongitude;
  var addYTT = Cesium.Math.lerp(slatitude, elatitude, 1.0/point-
Sum) - slatitude;
  var addX = Cesium.Math.lerp(leftX, rightX, 1.0/pointSum) - leftX;
  var addY = Cesium.Math.lerp(leftY, rightY, 1.0/pointSum) - leftY;
  var heightArr = [];
  var dp1,dp2;
  for(var i =0; i < pointSum; i++){
  var longitude = slongitude + (i+1) * addXTT;
  var latitude = slatitude + (i+1) * addYTT;
  if (i == 0){
    dp1 = new Cesium.Cartesian3(longitude, latitude, 0);
  } else if (i == 1){
    dp2 = new Cesium.Cartesian3(longitude, latitude, 0);
  }
  var x = leftX + (i+1) * addX;
  var y = leftY + (i+1) * addY;
  var eventPosition = {x:x,y:y};
  var ray = viewer.camera.getPickRay(eventPosition);
  var position = viewer.scene.globe.pick(ray, viewer.scene);
  if (Cesium.defined(position)) {
    var cartographic = Cesium.Ellipsoid.WGS84.cartesianToCartographic
(position);
    heightArr[i] = cartographic.height.toFixed(2);  //保留两位小数
  }
```

为了更好地展现剖面分析功能，在此选择珠穆朗玛峰(可简称珠峰)地区作为实验对象，对其中一处山脊进行了剖面分析(图 5.25)，效果如图 5.26 所示。

图 5.25 选取剖面线

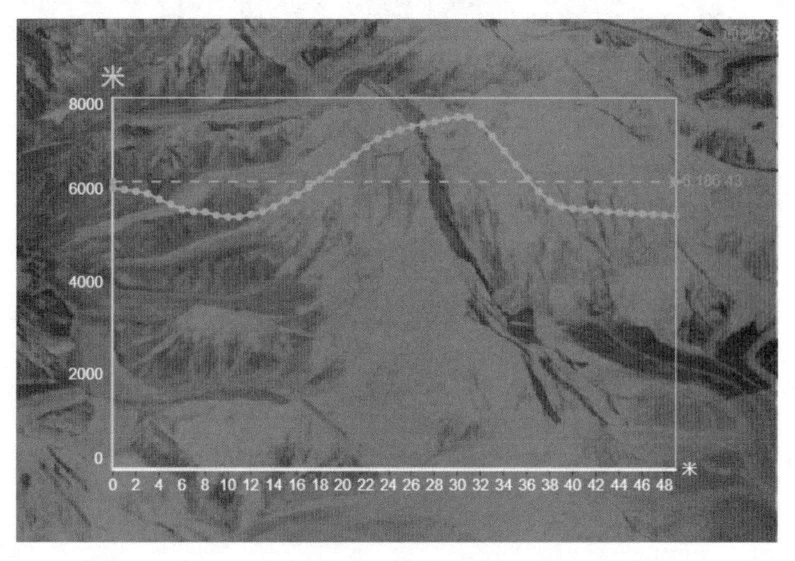


图 5.26 得到剖面图

**2. 坡度坡向分析**

首先展示一张开启了地形和光照的珠峰地区的展示图(图 5.27)，由于 Cesium 极佳的渲染和遮挡效果，这一地区的地貌特点较为直观和易懂。但为进行坡度坡向分析，依然需要绘制等高线。Cesium 中自带等高线绘制的函数，代码如下：

```
function getElevationContourMaterial() {
    //Creates a composite material with both elevation shading and
contour lines
    return new Cesium.Material({
        fabric: {
```

图5.27 珠峰地区原图

```
            type:'ElevationColorContour',
            materials:{
                contourMaterial:{
                    type:'ElevationContour'
                },
                elevationRampMaterial:{
                    type:'ElevationRamp'
                }
            },
            components:{
                diffuse:'contourMaterial.alpha == 0.0 ?
    elevationRampMaterial.diffuse : contourMaterial.diffuse',
                alpha:'max(contourMaterial.alpha,
    elevationRampMaterial.alpha)'
            }
        },
        translucent:false
    });
}
```

由上述代码可以看到，由于Cesium本身对三维地形的渲染效果较好，所绘制的等高线基本是等距分布的(图5.28)。绘制了等高线后，便可以进行坡度分析和坡向分析。

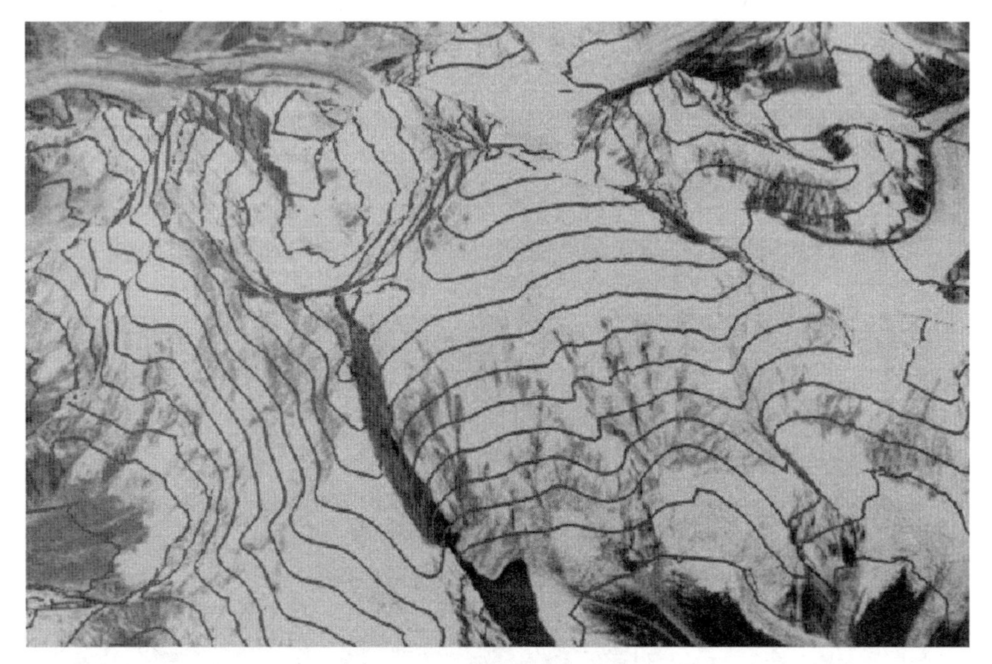

图 5.28 等高线绘制效果图

坡度分析的代码如下:

```
function getSlopeContourMaterial() {
    //Creates a composite material with both slope shading and con-
tour lines
    return new Cesium.Material({
        fabric: {
            type: 'SlopeColorContour',
            materials: {
                contourMaterial: {
                    type: 'ElevationContour'
                },
                slopeRampMaterial: {
                    type: 'SlopeRamp'
                }
            },
            components: {
                diffuse: 'contourMaterial.alpha == 0.0 ?
    slopeRampMaterial.diffuse : contourMaterial.diffuse',
                alpha: 'max(contourMaterial.alpha,
```

```
    slopeRampMaterial.alpha)'
            }
        },
        translucent: false
    });
}
```

坡度分析的效果如图 5.29 所示。

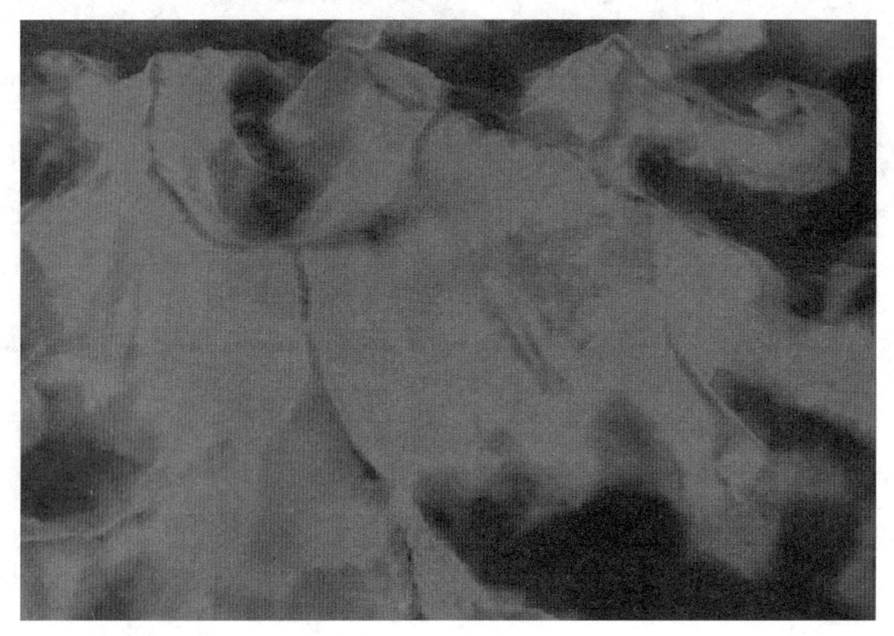

图 5.29　坡度分析

坡向分析的代码如下：

```
function getAspectContourMaterial() {
    // Creates a composite material with both aspect shading and
contour lines
    return new Cesium.Material({
        fabric: {
            type: 'AspectColorContour',
            materials: {
                contourMaterial: {
                    type: 'ElevationContour'
                },
                aspectRampMaterial: {
                    type: 'AspectRamp'
```

```
                }
            },
            components: {
                diffuse: 'contourMaterial.alpha == 0.0 ?
    aspectRampMaterial.diffuse : contourMaterial.diffuse',
                alpha: 'max(contourMaterial.alpha,
    aspectRampMaterial.alpha)'
            }
        },
        translucent: false
    });
}
```

坡向分析的效果如图 5.30 所示。

图 5.30 坡向分析

### 5.5.4 通视分析

通视分析是指以某一点为观察点，研究某一区域通视情况的地形分析。通视分析是利用 DEM 判断地形上任意两点之间是否可以互相可见的技术方法，分为视线通视分析和可视域分析，前者判断任意两点之间或者多点之间能否通视，后者对于给定的观察点，分析观察所覆盖的区域。

其中，可视域是从一个或者多个观察点可以看见的地表范围。可视域分析是在栅格数据集上，对给定的一个观察点，基于一定的相对高度，查找给定的范围内观察点所能通视覆盖的区域，也就是给定点的通视区域范围。可视域分析的结果是得到一个栅格数据集。在确定发射塔的位置、雷达扫描的区域以及建立森林防火瞭望塔时，都会用到可视域分析；可视域分析在航海、航空以及军事方面也有较为广泛的应用。

本节讲述这两种分析中的较为简单的通视分析，即给定的任意两点之间是否可见。代码如下：

```
/**
* visibility_analysis
* 通视分析
*/
class VisibilityAnalysisClass{
    /**
    * 初始化
    * @ param {Cesium.viewer} viewer
    * @ param {Cesium.Cesium3DTileset} tileset_EXPERIMENTAL
    */
    constructor(viewer,tileset_EXPERIMENTAL){
        this.viewer=viewer
        this.positions=[]
        this.resultPolylines=[]
        this.tileset=tileset_EXPERIMENTAL
    }
    /**
    * 设置通视分析的视点和目标点
    * @ param {Cesium.Cartesian3} viewPosition
    * @ param {Cesium.Cartesian3} targetPosition
    */
    setPositions(viewPosition,targetPosition){
        this.positions=[viewPosition,targetPosition]
    }
    /**
    * 设置 position 的向上偏移高度,避免嵌入模型中
    * @ param {number} offsetHei
    */
    useOffsetHeight(offsetHei){
        this.positions = this.positions.map((pos=>{
            let cartographic = Cesium.Cartographic.fromCartesian(pos);
```

```
            let lon = Cesium.Math.toDegrees(cartographic.longitude);
            let lat = Cesium.Math.toDegrees(cartographic.latitude);
            let hei = cartographic.height
            return Cesium.Cartesian3.fromDegrees(lon, lat, hei+offsetHei)
        }))
    }

    /**
    * 通视分析
    */
    startAnalysis(){
        //计算射线的方向,目标点 left 视域点 right
        var direction = Cesium.Cartesian3.normalize(Cesium.Cartesian3.subtract(this.positions[1], this.positions[0], new Cesium.Cartesian3()), new Cesium.Cartesian3());
        //建立射线
        var ray = new Cesium.Ray(this.positions[0], direction);

        //获取射线确定的矩形内所有的 features
        //如果初始化传入了 tileset,就采用实验性的方法
         var objectsToExclude = Cesium.defined(this.tileset) ? this.getObjectsToExclude_EXPERIMENTAL(this.tileset) : this.getObjectsToExclude(this.positions)

         var result = this.viewer.scene.pickFromRay(ray, objectsToExclude); //计算射线与 objectsToExclude 交互点,返回第一个交点
        this.resultPolylines = this.showIntersection(result, this.positions[1], this.positions[0]);
    }

    /**
    * 获取两点构成的矩形内所有的要素
    * @param {Cesium.Cartesian3[]} positions
    * @returns {}  两点构成的矩形内所有的要素数组
    */
    getObjectsToExclude(positions){
        return []
    }
```

```
/**
* 实验性接口
* @param {Cesium.Cartesian3[]} positions
* @returns {} [tileset._selectedTiles[i].content.getFeature(x)]
*/
getObjectsToExclude_EXPERIMENTAL(tileset){
    var features = []
    tileset._selectedTiles.forEach((tile)=>{
        const {content,content:{featuresLength}} = tile
        for(let i=0;i<featuresLength;i++){
            features.push(content.getFeature(i))
        }
    })
    return features
}

/**
* 处理交互点
* @param {*} result
* @param {Cesium.Cartesian3} targetPosition
* @param {Cesium.Cartesian3} viewPosition
* @returns
*/
showIntersection(result, targetPosition, viewPosition) {
    let resultPolylines = [];
    let resultLine;
    //Cesium.defined ....... souce/core/defined.js
    if (Cesium.defined(result) && Cesium.defined(result.object)) {
        resultLine = this.drawResultLine(viewPosition, result.
position, Cesium.Color.CHARTREUSE); //可视区域
        resultPolylines.push(resultLine);
        resultLine = this.drawResultLine(result.position, tar-
getPosition, Cesium.Color.RED); //不可视区域
        resultPolylines.push(resultLine);
    } else {
        resultLine = this.drawResultLine(viewPosition, targetPosi-
tion, Cesium.Color.CHARTREUSE);
```

```
            resultPolylines.push(resultLine);
        }
        return resultPolylines;
    }

    /**
    * 绘制不同颜色的直线
    * @param {Cesium.Cartesian3} startPosition
    * @param {Cesium.Cartesian3} destPosition
    * @param {Cesium.Color} color
    * @returns {viewer.entities.add(...)}
    */
    drawResultLine(startPosition, destPosition, color){
        return this.viewer.entities.add({
            polyline:{
                positions:[startPosition,destPosition],
                width:5,
                material:color
            }
        })
    }
}
```

以上为封装的通视分析的类，使用方法如下：

```
/**
* v_a_test.js
* 测试通视分析
*/
Cesium.Ion.defaultAccessToken = 'Your Token';
var viewer = new Cesium.Viewer("cesiumContainer", {
    terrainProvider: Cesium.createWorldTerrain(),
  });
viewer.scene.globe.depthTestAgainstTerrain = true;
//Set the initial camera view to look at Manhattan
var initialPosition = Cesium.Cartesian3.fromDegrees(
    -74.01881302800248,
    40.69114333714821,
    753
);
```

```
    var initialOrientation = new Cesium.HeadingPitchRoll.fromDegrees(
        21.27879878293835,
        -21.34390550872461,
        0.0716951918898415
    );
    viewer.scene.camera.setView({
        destination: initialPosition,
        orientation: initialOrientation,
        endTransform: Cesium.Matrix4.IDENTITY,
    });

    //Load the NYC buildings tileset ---remote
    //var tileset = new Cesium.Cesium3DTileset({
    //    url: Cesium.IonResource.fromAssetId(75343),
    //});

    //加载 local url
    var tileset = new Cesium.Cesium3DTileset({
        url:'./75343/tileset.json'
    })
    viewer.scene.primitives.add(tileset);

    var VA = null
    var VA_handler = null
    var VA_positions = []
    function run_v_a_test(viewer){
        if(VA && VA.resultPolylines){
            VA.resultPolylines.forEach((e)=>{
                viewer.entities.remove(e)
            })
            VA_positions=[]
        }

        vaTestBtn.value='选取视点'
        VA_handler = new Cesium.ScreenSpaceEventHandler(viewer.scene.
canvas);
        VA_handler.setInputAction(function (e) {
            var position = viewer.scene.pickPosition(e.position);
```

```
        VA_positions.push(position);
        console.log(position)
        alert('取点成功')
        if(VA_positions.length==1){
            vaTestBtn.value='选取目标点'
        }else if(VA_positions.length==2){
            vaTestBtn.value='开始分析'
            vaTestBtn.onclick=function(){
                va_analysis(viewer)
            }
        }
    }, Cesium.ScreenSpaceEventType.LEFT_CLICK);
}

function va_analysis(viewer){
    VA_handler.destroy()

    VA = new VisibilityAnalysisClass(viewer,tileset)
    VA.setPositions(...VA_positions)
    VA.useOffsetHeight(0.5)
    VA.startAnalysis()

    vaTestBtn.value='通视分析'
    vaTestBtn.onclick = ()=>{run_v_a_test(viewer)}
}

var vaTestBtn = document.createElement('input')
viewer.container.appendChild(vaTestBtn)
vaTestBtn.type='button'
vaTestBtn.value='通视分析'
vaTestBtn.style.position='absolute'
vaTestBtn.style.bottom = '100px'
vaTestBtn.style.right = '100px'
vaTestBtn.onclick = ()=>{run_v_a_test(viewer)}
```

通视分析效果见图 5.32。具体操作步骤如下:

(1)首先加载纽约 3D Tiles 测试数据(图 5.31)。

图 5.31　加载纽约 3D Tiles 测试数据

(2)点击图 5.31 右下角【通视分析】按钮，选取视点，再选取目标点，最后点击【开始】，得到分析结果，如图 5.32 所示，浅色直线为可视部分，深色直线为不可视部分。

图 5.32　通视分析结果

### 5.5.5　日照分析

Cesium 提供了开启日照功能的非常方便的接口，代码如下：

```
/* 日照分析 */
```

```
//... 加载 3dTiles
viewer.scene.primitives.add(tileset);

var ssTestBtn = document.createElement('input')
viewer.container.appendChild(ssTestBtn)
ssTestBtn.type='button'
ssTestBtn.value='开启日照'
ssTestBtn.style.position='absolute'
ssTestBtn.style.bottom = '130px'
ssTestBtn.style.right = '100px'
ssTestBtn.onclick = function(){
    if(viewer && viewer instanceof Cesium.Viewer)
        switchSunshine(viewer)
}

var isSunShineOn = false
function switchSunshine(_viewer){
    isSunShineOn=! isSunShineOn
    ssTestBtn.value=isSunShineOn?'关闭日照':'开启日照'
    _viewer.scene.globe.enableLighting = isSunShineOn
    _viewer.shadows = isSunShineOn
}
```

点击【开启日照】按钮后，拖动下方时间轴，可以观察建筑上的日照变化过程，如图 5.33 所示。

图 5.33　日照效果

### 5.5.6 填挖方分析

道路规划中，填挖土方量计算是研判道路竖向规划合理性的关键，并且选用合适的填挖土方量计算方法，能提高土方量计算的效率和精度，在山地城市道路竖向规划中具有重要作用。一般情况下，填挖土方量计算常用的方法有三角网法、方格网法、断面法、等高线法四种。方格网法是根据实地测定的地面点坐标和设计高程，通过生成方格网来计算每一个方格内的填挖方量，最后累计得到指定范围内填方和挖方的土方量。方格网法适用于地形起伏较小、坡度变化平缓的工程。

本节实现方格网法计算填挖方，并利用 Cesium Primitive 将原始地形和填挖方三维可视化。代码如下：

```
/* 填挖方计算 */
class CutFillClass{
    /**
    * 填挖法计算
    * @ param {Cesium.viewer} viewer
    * @ param {obj:{topLeft,rightBottom:{lng,lat}} unit:degree} rec-
tangle
    * @ param {unit:meter} height
    * @ param {unit:meter} subdivisionAccuracy
    */
    constructor(viewer,rectangle,height,subdivisionAccuracy){
        if(! viewer.terrainProvider){
            let errMsg = '创建失败,viewer 需要有 terrainProvider 属性! '
            alert(errMsg)
            console.error(errMsg)
            return null
        }
        this.viewer=viewer
        this.rectangle=rectangle
        this.height=height
        this.subdivisionAccuracy=subdivisionAccuracy
        this.subAccuDeg = subdivisionAccuracy /1000 /111 //米转换
为度
    }

    /**
    * @ returns {promise{cur,fill}}
    */
```

```
        calculate(){
            let {viewer,
                rectangle,
                height,
                subdivisionAccuracy,
                subAccuDeg} = this
            let cellArea = Math.pow(subdivisionAccuracy,2),
                cut=0,
                fill=0

            return new Promise((resolve,reject)=>{
this.getSamples(viewer.terrainProvider,rectangle,subAccuDeg).then
(samples=>{
                    samples.forEach(pos=>{
                        let vol = (pos.height-height) * cellArea
                        if(vol>0){
                            cut += vol
                        }else{
                            fill -= vol
                        }
                    })
                    let curFillPrimitive =
this.drawCutFillPrimitive(viewer,height,samples,subAccuDeg)
                    console.log(curFillPrimitive)
                    resolve({cut,fill})
                })
            })
        }

        getSamples(terrainProvider,rectangle,subAccuDeg){
            let samples = []
            samples.degreesArray=[]
            let {topLeft:{lng:lngTL,lat:latTL},bottomRight:{lng:lngBR,
lat:latBR}} = rectangle
            let halfSubAccuDeg = 0.5 * subAccuDeg
            for(let lng = lngTL;lng<lngBR;lng+=subAccuDeg){
                let lngCenter = lng+halfSubAccuDeg
                for(let lat = latTL;lat>latBR;lat-=subAccuDeg){
```

```
                let latCenter = lat-halfSubAccuDeg

samples.push(Cesium.Cartographic.fromDegrees(lngCenter,latCenter))
                samples.degreesArray.push([lngCenter,latCenter])
            }
        }

        return new Promise((resolve,reject)=>{
            //请求高度
            //sampleTerrain(terrainProvider, level, positions) →
Promise.<Array.<Cartographic>>
            let promise = Cesium.sampleTerrain(terrainProvider,11,
samples)
            Cesium.when(promise,()=>{
                console.log('高度取样完成')
                resolve(samples)
            })
        })
    }

    /**
    * 绘制填挖方的primitive
    */
    drawCutFillPrimitive(viewer,height,samples,subAccuDeg){
        var terrainGeometryInstances = []
        var fillGeometryInstances = []
        var cutGeometryInstances = []

        var degreesArray = samples.degreesArray
        var count = degreesArray.length
        var cellSize = subAccuDeg*111*1000

        //地形
        for(let i=0;i<count;i++){
            let [lngCenter,latCenter] = degreesArray[i]
            let extrudedHeight = samples[i].height
            if(extrudedHeight>height){
                //如果高于基准面,只显示到基准面,因为高出的部分要设置红色的
```

```
                    extrudedHeight = height
                }
                terrainGeometryInstances.push(new Cesium.GeometryInstance(
                    {
                        geometry: new Cesium.PolygonGeometry({
                            polygonHierarchy: new Cesium.PolygonHierarchy(
                                Cesium.Cartesian3.fromDegreesArray([

lngCenter-subAccuDeg,latCenter-subAccuDeg,

lngCenter+subAccuDeg,latCenter-subAccuDeg,

lngCenter+subAccuDeg,latCenter+subAccuDeg,

lngCenter-subAccuDeg,latCenter+subAccuDeg,
                                ])
                            ),
                            extrudedHeight
                        })
                    }
                ))
            }
            //填方
            for(let i = 0;i<count;i++){
                let [lngCenter,latCenter] = degreesArray[i]
                if(samples[i].height>height){
                    continue
                }
                let extrudedHeight = height-samples[i].height
                //填方的部分需要配合平移及旋转矩阵
                //旋转中心 center 的高度应为-1/2 height
                let center = Cesium.Cartesian3.fromDegrees(lngCenter,
latCenter, height);
                let dimensions = new Cesium.Cartesian3(cellSize, cell-
Size, extrudedHeight);
                let modelMatrix = Cesium.Transforms.eastNorthUpToFixed-
Frame(center);
                let hprRotation = Cesium.Matrix3.fromHeadingPitchRoll(
```

```
                new Cesium.HeadingPitchRoll(0.0, 0.0, 0.0) //矩形以
自身为中心进行旋转
            );
            let hpr = Cesium.Matrix4.fromRotationTranslation(
                hprRotation,
                new Cesium.Cartesian3(0.0, 0.0, -extrudedHeight/2)
            );
             modelMatrix = Cesium.Matrix4.multiply(modelMatrix,
hpr, modelMatrix)
            fillGeometryInstances.push(new Cesium.GeometryInstance({
                geometry: Cesium.BoxGeometry.fromDimensions({
                    vertexFormat:
Cesium.PerInstanceColorAppearance.VERTEX_FORMAT,
                    dimensions: dimensions,
                }),
                modelMatrix: modelMatrix,//提供位置与姿态参数
            }))
        }
        //挖方
        for(let i=0;i<count;i++){
            let [lngCenter,latCenter] = degreesArray[i]
            if(samples[i].height<height){
                continue
            }
            let extrudedHeight = samples[i].height-height
            //挖方的部分需要配合平移及旋转矩阵(平移到 height)
            let center = Cesium.Cartesian3.fromDegrees(lngCenter,
latCenter, height);
            let dimensions = new Cesium.Cartesian3(cellSize, cell-
Size, extrudedHeight);
             let modelMatrix = Cesium.Transforms.eastNorthUpToFixed-
Frame(center);
            let hprRotation = Cesium.Matrix3.fromHeadingPitchRoll(
                new Cesium.HeadingPitchRoll(0.0, 0.0, 0.0) //矩形以
自身为中心进行旋转
            );
            let hpr = Cesium.Matrix4.fromRotationTranslation(
                hprRotation,
```

```
            new Cesium.Cartesian3(0.0, 0.0, 0.0)
        );
         modelMatrix = Cesium.Matrix4.multiply(modelMatrix,
hpr, modelMatrix)
        cutGeometryInstances.push(new Cesium.GeometryInstance({
            geometry: Cesium.BoxGeometry.fromDimensions({
                vertexFormat:
Cesium.PerInstanceColorAppearance.VERTEX_FORMAT,
                dimensions: dimensions,
            }),
            modelMatrix: modelMatrix,//提供位置与姿态参数
        }))
    }

    //地形材料
    var terrainMaterial = new Cesium.Material.fromType("Color")
    terrainMaterial.uniforms.color = Cesium.Color.GRAY
    var terrainAppearance = new Cesium.MaterialAppearance({
        material : terrainMaterial,
        translucent : false,
        closed : true
    })
    //填方材料
    var fillMaterial = new Cesium.Material.fromType("Color")
    fillMaterial.uniforms.color = Cesium.Color.LIGHTGREEN
    var fillAppearance = new Cesium.MaterialAppearance({
        material : fillMaterial,
        translucent : false,
        closed : true
    })
    //挖方材料
    var cutMaterial = new Cesium.Material.fromType("Color")
    cutMaterial.uniforms.color = Cesium.Color.LIGHTPINK
    var cutAppearance = new Cesium.MaterialAppearance({
        material : cutMaterial,
        translucent : false,
        closed : true
    })
```

```
        //关闭地形
         viewer.terrainProvider = new Cesium.EllipsoidTerrainPro-
vider({});

        //地形 Primitive
        var terrainPrimitive = viewer.scene.primitives.add(
            new Cesium.Primitive({
                geometryInstances: terrainGeometryInstances,
                appearance: terrainAppearance,
                releaseGeometryInstances : true,
                compressVertices : true
            })
        )
        //填方 Primitive
        var fillPrimitive = viewer.scene.primitives.add(
            new Cesium.Primitive({
                geometryInstances: fillGeometryInstances,
                appearance: fillAppearance,
                releaseGeometryInstances : true,
                compressVertices : true
            })
        )
        //挖方 Primitive
        var cutPrimitive = viewer.scene.primitives.add(
            new Cesium.Primitive({
                geometryInstances: cutGeometryInstances,
                appearance: cutAppearance,
                releaseGeometryInstances : true,
                compressVertices : true
            })
        )

        return [terrainPrimitive,fillPrimitive,cutPrimitive]
    }
}
```

以下为使用填挖方类的示例，代码如下：

```
/* *
```

```
 * 填挖方测试
 */
//Set the initial camera view to look at Manhattan
viewer.scene.camera.setView({
    destination: Cesium.Cartesian3.fromDegrees(111.99712955249585,
25.951531024369263, 1475)
})

var CF = null
var CF_handler = null
var CF_eventTag = 0
var CF_ENTITY_TEMP_ID = 'rect-temp'

function run_c_f_test(viewer){
    let rectangle = {
        topLeft:null,
        bottomRight:null,
        makeValid(){
            if(this.topLeft.lng>this.bottomRight.lng){
                let temp = this.bottomRight
                this.bottomRight = this.topLeft
                this.topLeft = temp
            }
        }
    }

    let height = window.prompt('请输入基准面高度(单位 米):',600)
    let subdivisionAccuracy = window.prompt('请输入高程取样点间隔(单
位 米):',10)

    if(CF_handler){
        CF_handler.destroy()
    }
    cfTestBtn.value='拉框选取范围'
    CF_handler = new Cesium.ScreenSpaceEventHandler(viewer.scene.
canvas)
    CF_handler.setInputAction((movement)=>{
        if(CF_eventTag==0){
```

```
                    rectangle.topLeft = {...getLngLatObj_degree(viewer,
movement)}
                    CF_eventTag++
            }else{
                     rectangle.bottomRight = {...getLngLatObj_degree
(viewer,movement)}
                    CF_eventTag=0
                    rectangle.makeValid()
                    alert('开始计算')
                     c_f_calculate(viewer,rectangle,height,subdivision-
Accuracy)
            }
        },Cesium.ScreenSpaceEventType.LEFT_CLICK)
        //CF_handler.setInputAction((movement)=>{
        //    if(CF_eventTag==0){
        //        return
        //    }
        //    let bottomRightTemp = {...getLngLatObj_Rad(viewer,move-
ment)}
        //    console.log(bottomRightTemp)
        //    showRectangle(rectangle.topLeft,bottomRightTemp,height)
        //},Cesium.ScreenSpaceEventType.MOSUE_MOVE)
    }

    function c_f_calculate(viewer,rectangle,height,subdivisionAccu-
racy){
        CF = new CutFillClass(viewer,rectangle,height,subdivisionAc-
curacy)
        CF.calculate()
        .then(({cut,fill})=>{
            console.log(cut,fill)
            CF_handler.destroy()
            viewer.entities.removeById(CF_ENTITY_TEMP_ID)
            alert('Fill=${fill}m³,Cut=${cut}m³')
        })
    }

    function getLngLatObj_degree(viewer,movement){
```

```
        var position = viewer.scene.pickPosition(movement.position)
        var carto = Cesium.Cartographic.fromCartesian(position)
        return
{lng:Cesium.Math.toDegrees(carto.longitude),lat:Cesium.Math.toDe-
grees(carto.latitude)}
    }

    /**
    * 弹窗让用户设置高度
    */
    function userSetHeight(){
        var heightInfobox = document.createElement('div')
        heightInfobox.className = 'user-set-height-wrapper'
        heightInfobox.innerHTML = '<input type='number' placeholder='
设置基准面高度(单位:米)'/><input type='button' value='OK'>'
        heightInfobox.style.position = 'absolute'
        heightInfobox.style.top = '48%'
        heightInfobox.style.right = '48%'
        heightInfobox.onclick = (e)=>{
            if(e.target.type=='button'){
                return [heightInfobox,e.currentTarget.firstElement
Child.value]
            }
        }
        viewer.container.appendChild(heightInfobox)
    }

    function showRectangle(pt1,pt2,height){
        if(pt1.lng>pt2.lng){
            let temp = pt2
            pt2 = pt1
            pt1 = temp
        }
        viewer.entities.removeById(CF_ENTITY_TEMP_ID)
        viewer.entities.add({
            id:CF_ENTITY_TEMP_ID,
            polygon:{
                hierarchy:
```

```
Cesium.Cartesian3.fromRadianArray  ([ pt1.lng,  pt1.lat,  pt2.lng,
pt1.lat,pt2.lng,pt2.lat,pt1.lng,pt2.lat]),
                height,
                material:Cesium.Color.BLUE
            }
        })
    }

    var cfTestBtn = document.createElement('input')
    viewer.container.appendChild(cfTestBtn)
    cfTestBtn.type='button'
    cfTestBtn.value='填挖方计算'
    cfTestBtn.style.position='absolute'
    cfTestBtn.style.bottom = '100px'
    cfTestBtn.style.right ='100px'
    cfTestBtn.onclick = ()=>{run_c_f_test(viewer)}
```

填挖方操作过程及结果如下所示。

(1)定位到工程区域，如图 5.34 所示。

图 5.34　工程区域

(2)点击【填挖方计算】按钮，输入基准面高度和高程取样点精度(图 5.35)。

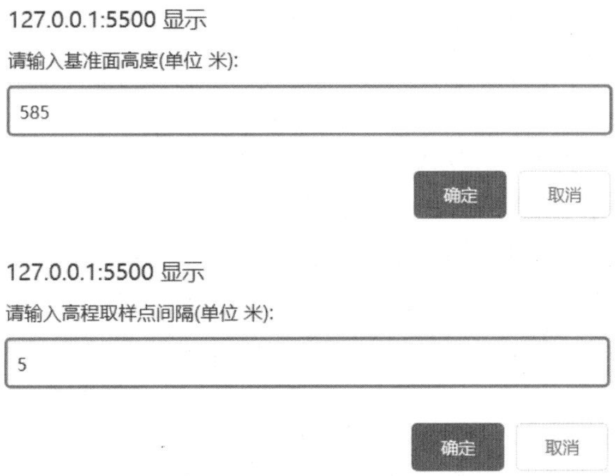

127.0.0.1:5500 显示
请输入基准面高度(单位 米):
585
确定
取消
127.0.0.1:5500 显示
请输入高程取样点间隔(单位 米):
5
确定
取消

图 5.35　输入参数

(3)在地图上点击两次，分别选取施工区域的左上角和右下角，然后自动计算，并提示填挖方计算结果(图 5.36)，以及展示三维效果(图 5.37 中，灰色部分为原始地形，绿色为填方部分，红色为挖方部分)。

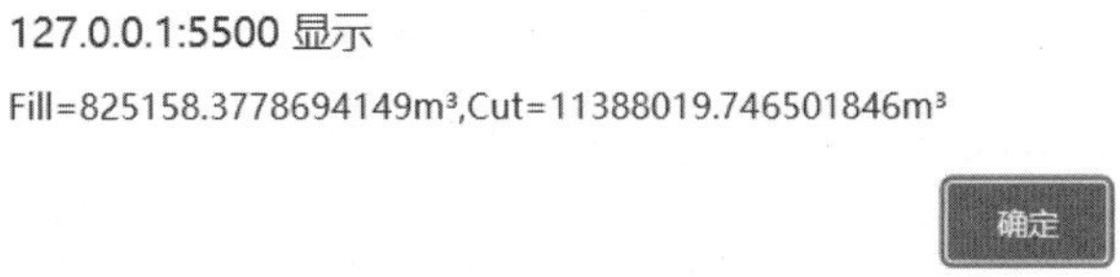

127.0.0.1:5500 显示
Fill=825158.3778694149m³,Cut=11388019.746501846m³
确定

图 5.36　填挖方计算结果

127.0.0.1:5500/Apps/MyCesium/index.html
红色
绿色
灰色
灰色
CESIUM

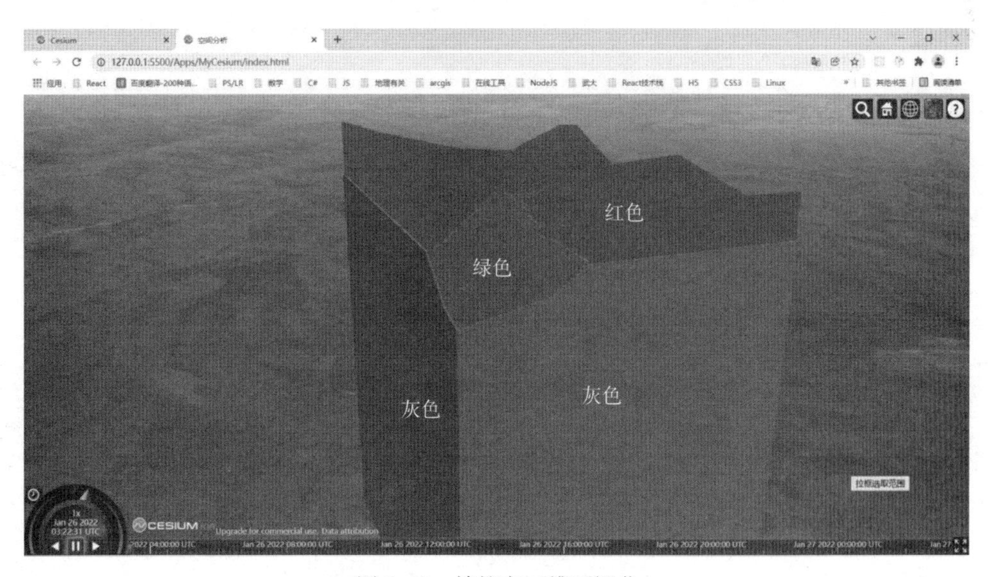

图 5.37　填挖方三维可视化

## 5.6　本章小结

本章介绍了 Cesium 的高级开发应用，是第 4 章的 Cesium 开发基础的更深入应用，并辅以具体案例，结合代码讲解各种应用，还附加许多关键代码及效果展示图。

第一节为粒子系统。分别介绍插值器，粒子系统的循环更新，以及火灾模拟粒子系统的程序设计与代码示例。

第二节为动画系统。结合实例分别介绍了视角切换和添加视频的程序设计与代码示例。

第三节为路径导航系统，并介绍具体实例及相应代码。

第四节为空间计算及分析功能。主要实现了空间距离量算、空间面积量算、地形分析、通视分析、日照分析和填挖方分析等多种功能，并利用 Cesium 中提供的地理数学工具设计开发和实现了这些空间分析功能。

上述功能是 Cesium 的高级应用功能，这些示例充分显示了 Cesium 平台的强大功能。

# 第 6 章　基于 Cesium 的三维 GIS 开发实例

本章主要介绍一个基于 Cesium 的三维智慧园区管理平台。园区是指一般由政府(民营企业与政府合作)规划建设的，供水、供电、供气、通信、道路、仓储及其他配套设施齐全，布局合理，且能够满足从事某种特定行业生产和科学实验需要的标准性建筑物或建筑群。三维智慧园区管理平台的建立可以帮助打造一个基础设施集成、运营管理高效、公共服务便捷、可成长、可扩充、面向未来持续发展的智慧园区。

本章可分为需求分析、总体设计、数据库设计、功能详细设计和开发五个部分。

## 6.1　需求分析

### 6.1.1　背景

智慧园区管理平台是借助三维 GIS、遥感等信息技术，将城市赖以生存和发展的各种基础设施以数字化、网络化的形式进行综合集成管理，从而实现城市规划过程中的三维可视化管理等功能的信息系统。利用三维智慧园区管理平台，可提升服务能力，降低能源损耗，最大程度地解决管理粗放、园区之间协调不畅等问题，从而提升综合服务水平，达到提高园区形象、满足园区招商、服务运营等目的。三维智慧园区管理平台充分发挥了三维 GIS 平台的数据叠加能力、可视化展示能力和三维空间分析能力，将业务管理数据、物联网感知数据、大数据分析结果、视频监控数据、工程项目数据、公共安全数据、招商成果数据和区域资源配套数据融合到一个三维可视化平台中，并对数据进行了深入的挖掘分析，同时构建了与智慧管理相关的应用，为城市规划、建设、管理、决策提供了可视化支撑。

### 6.1.2　名词解释

基于 Cesium 的三维智慧园区管理平台的相关名词如表 6.1 所示。

表 6.1　相关名词解释

| 缩写/术语 | 解　释 |
|---|---|
| 项目 | 基于 Cesium 的智慧园区平台系统设计与实现项目 |
| GIS | 地理信息系统 |

续表

| 缩写/术语 | 解　释 |
| --- | --- |
| Cesium | Cesium 是一个使用 WebGL 进行硬件加速图形，不需要任何插件支持，快速、简单、高效、端到端的三维展示平台 |
| 部件 | 程序中一个能逻辑地分开的部分，是离散的程序单位。一个部件一般由多个功能部件来支撑完成所需的功能 |
| 设计 | 为使该软件系统满足规定的需求而确定软件体系结构、部件、模块、接口、测试途径和数据的过程 |
| 功能设计 | 制定数据处理系统各部分的功能及相互之间接口的规格说明 |
| 功能需求 | 规定系统或系统组成部分必须能够执行的功能的需求 |
| 接口 | 本项目调用 Cesium 接口 |
| 安全性，保密性 | 对计算机硬件、软件进行保护，以防止受到意外的或蓄意的存取、使用、修改、毁坏或泄密，安全性也涉及对原始数据、通信以及计算机安装的物理保护 |
| 可维护性 | 按照规定的使用条件，在给定时间间隔内使一个项保持在某一指定状态或恢复到某一指定状态的能力 |
| DEM | 数字高程模型(Digital Elevation Model)的简称，是数字化测绘的重要产品形式之一 |
| DOM | 数字正射影像图(Digital Orthophoto Map)的简称，是数字化测绘的重要产品形式之一 |
| glTF | 图形语言传输格式(Graphics Language Transmission Format)。这种跨平台格式已成为 Web 的 3D 对象标准。它由 OpenGL 和 Vulkan 背后的 3D 图形标准组织 Khronos 所定义 |
| 3D Tiles | 3D Tiles 是在 glTF 的基础上，加入了分层 LOD 的结构后得到的产品，是专门为大量地理 3D 数据流式传输和海量渲染而设计的一种格式，是目前热门的开源 WebGL 框架 Cesium 的御用格式 |
| . shp 文件 | Shape 文件是矢量数据，由 ESRI 开发，一个 ESRI 的 Shape 文件包括一个主文件，一个索引文件和一个 dBASE 表。其中主文件的后缀就是 . shp |
| JPEG | 全称是 Joint Photographic Experts Group，是常见的一种图像格式，扩展名有 . jpg 或 . jpeg，是一种有损压缩方式 |

### 6. 1. 3　总体需求

基于 Cesium 的智慧园区平台系统根据提供的矢量数据、遥感影像数据、地形数据、三维模型数据、控制规划数据和倾斜摄影测量数据，构建三维规划数据库，搭建三维地理信息可视化平台。它实现了对各种城市空间信息进行有效的管理与集成，并以动态的、形象的、多视角的、多层次的方式模拟城市的现实状况，提供多种空间分析功能，从而为城市空间形态研究、城市设计和城市管理提供具有真实感和空间参考的决策支持信息。

系统建设总体需求如下：

(1)系统采用数据驱动的思想把握总体设计，高效地实现各种数据的存储、管理和显示。

(2)在数据传输上要确保数据的实时性，在数据管理上要保证数据的准确性，在数据显示上要满足准确性和高效性。

(3)数据标准化、开放性、适用性，采用统一的技术标准。

(4)系统应支持TB级海量数据、多用户并发，且初始加载速度快捷、场景浏览运行速度流畅稳定。

(5)系统应具备海量数据存储管理功能，能快速、有效地处理海量数据，能采用海量航片影像和数字高程模型快速创建一个现实的、带有坐标的三维场景。

(6)系统应支持便捷的数据备份、数据恢复与日志记录机制。

(7)系统应支持多源数据的集成，包括DEM数据、DOM数据、影像数据、模型数据、倾斜摄影测量数据和3ds Max等类型数据。

(8)系统能够在32位及64位操作系统上正常运行。

(9)基于软件配置的环境和操作人员的特殊性，要求系统尽可能地轻量化，同时要求操作简便。

(10)考虑到系统部署的环境，系统需要遵循健壮性、安全性、可维护性和经济时效性等原则。

(11)系统应支持包括.gltf、.glb、.dae、.obj等的三维模型文件格式。

### 6.1.4 软硬件需求

系统对于运行环境的需求分为软件环境需求和硬件环境需求。

**1. 软件环境需求**

开发环境为Visual Studio 2015，开发语言为HTML+JavaScript+CSS，运行环境为WIN 7或WIN 10。

**2. 硬件环境需求**

(1)主处理器采用INTEL公司i3/i5/i7处理器。

(2)系统内存：8GB或者16GB。

(3)显卡要求：GTX独立显卡。

(4)机械硬盘容量：1TB。

(5)固态硬盘容量：256GB。

(6)通信接口：RJ45以太网口、3个USB接口、HDMI输出接口、VGA输出接口。

### 6.1.5 数据需求

**1. 三维地理信息数据**

基于Cesium的三维地球平台可以由用户自定义来实时生成三维场景，为了美化三维地球的初始化效果，需要预先加载一些底图以显示全球概貌。底图主要包括：一定精度的全球遥感影像(DOM)、指定区域的高精度数字高程模型(DEM)，以及一些行政区划、海岸线等相关矢量数据。这些地理信息数据应满足如下要求：

(1)提供全球区域遥感影像，主要用作三维地球表面底图展示。

(2)指定区域的DEM，例如全球公开的SRTM数据，分辨率达30m，以及国产资源三号卫星数据生成的DEM数据，无控制点的条件下DEM精度可优于10m。DEM是展示地形的重要数据，DEM精度越高，地形的变化越精细，系统的精度也越高。

(3)矢量数据，主要包括一定尺度下的行政区划图、道路网图等。

**2. 模型数据/倾斜摄影测量模型数据**

由高精度的影像数据和DEM叠加生成的三维场景已经具备相当的真实感，若再将精细的模型添加到真实的位置，不仅能更进一步增强场景的真实感，还能具备不错的沉浸感。

模型数据主要指建筑模型、树模型等，以及其他可能需要的模型。这些模型应有属性文件，文件内容为其具体属性，如位置、姿态、类型等。

**3. 物业管理部门获得的管理资料**

物业管理部门获得的管理资料包括园区的容积率、绿化率、建筑密度等规划数据，以及园区的商业区或住宅区的基本情况等管理数据。

### 6.1.6　功能需求

**1. 漫游功能**

(1)方向功能与俯仰角功能。用户可以实现对三维场景任意角度的漫游。可模仿人眼进行上、下、左、右的浏览，实现场景上、下、左、右、前、后的移动、放大、缩小、旋转等操作。

(2)多视点浏览。可根据用户的需求进行场景的多视点浏览，在多个视点之间切换。

(3)VR浏览。

(4)标注功能。

(5)二维地图和三维场景的双屏联动浏览。

(6)支持场屏幕截图。

**2. 导航功能**

(1)模型追踪。跟随飞机飞行视角，通过键盘“↑↓←→”控制方向、视点高度(即飞行高度)和飞行速度。

(2)固定路径飞行。根据系统预先设定的飞行路径、视点高度、俯仰角等，实现第一人称沿该路径的自动漫游。

(3)用户自定义路径飞行。用户自己画出飞行路径，预先设定视点高度、俯仰角等，实现第一人称沿该路径的自动漫游。

(4)环绕预览。绕着一个固定的地方进行整个园区的环绕式预览。

**3. 查询功能**

(1)鼠标移动和点击查询。任意点击一点，可以显示其经纬度。

(2)坐标定位。可以通过输入某一点的经纬度来找到该点，同时相机也移动到该点位置。

(3)属性查询。

(4)关键字查询。

(5)框选查询。

(6)添加文字信息。

(7)添加图片、网页链接信息。

(8)添加视频信息。

**4. 量算功能**

(1)距离量算。包括地表距离量算和空间距离量算。

(2)水平面积量算。

**5. 天气模拟功能**

可模拟雨、雪、雾天气情况。

**6. 辅助决策功能**

当园区发生火灾时，可对着火点火情进行模拟，包括火势大小、风向、浓烟等，并展示起火时间、地点等信息。

**7. 空间分析功能**

(1)支持淹没分析。

(2)支持剖面分析。

(3)支持地形分析。

### 6.1.7 性能需求

系统性能与现实情况息息相关，因此应该保证系统具备卓越的反应能力与处理效率。而这具体体现在两个方面：系统对接收到的指令的反馈速度和对场景绘制的流畅度。对系统的性能需求如下：

(1)园区三维展示场景显示逼真。

(2)三维场景绘制能力强、浏览流畅。

(3)园区信息数据更新及时，用户操作响应快，无明显卡顿。

(4)适应性强，要求能在主流配置上流畅运行本系统。

(5)功能按钮应该符合常规软件风格且有清晰的提示，便于用户操作。

(6)可面向不同类型的用户，包括企事业单位应用、机关单位应用和社会公众应用，如城建局、园区企业招商、园区管理人员、访客等。

## 6.2 总体设计

本项目采用现代计算机技术、GIS技术、三维可视化技术、RS技术、数据库技术和COM技术进行系统的开发，将高精度的地理信息数据、三维模型数据和规划数据进行了有机的组合，实现了三维场景的显示与管理、二三维地理信息的联动和规划方案的显示与分析等功能。系统建设的总体框架如图6.1所示。

按照项目建设的总体框架和建设内容，本项目的技术架构分为应用层、用户层、功能层、数据层、基础层。

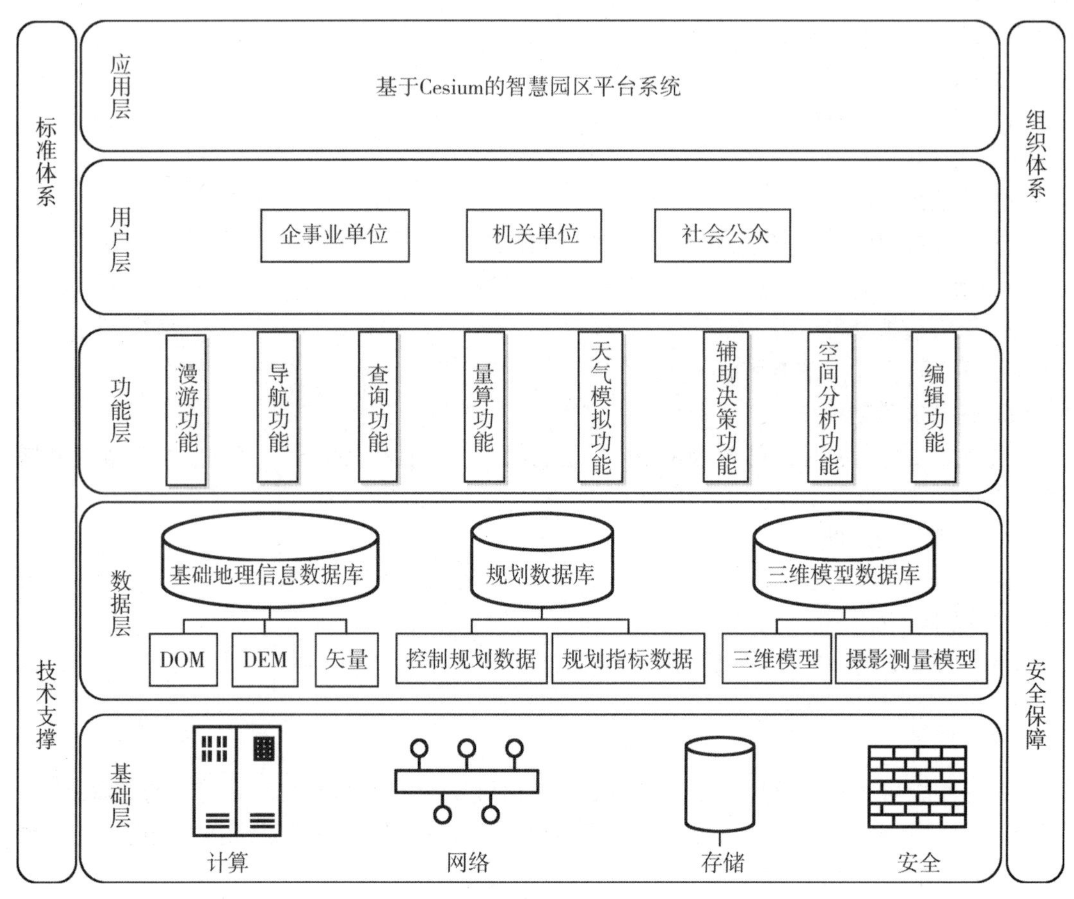


图 6.1　系统建设总体框架图

**1. 应用层**

应用层为整个基于 Cesium 的智慧园区平台系统。

**2. 用户层**

用户层主要分为企事业单位应用、机关单位应用和社会公众应用。本软件主要供上述用户进行城市规划三维辅助决策。

**3. 功能层**

功能层主要分为八大模块，包括漫游功能、导航功能、查询功能、量算功能、天气模拟功能、辅助决策功能、空间分析功能和编辑功能。具体功能设计详见 1.4 小节。

**4. 数据层**

数据层主要由影像(DOM)数据、DEM 数据、矢量数据、三维模型数据、规划数据和倾斜摄影测量数据组成。

**5. 基础层**

基础层包括计算、网络、存储和安全。整个系统的支撑技术包括计算机技术、GIS 技术、三维可视化技术、RS 技术、数据库技术和 COM 技术等。

网络环境、存储技术及系统安全保障体系则贯穿于整个层次框架。标准体系与技术支持等是顺利完成和实现本项系统的重要软环境保障和支撑。建立一个坚强有效的领导和协调体系机制是建立严密的系统组织管理体系、质量保证体系的前提。建立和完善技术标准体系、研发和采用先进实用技术是保证系统标准化、技术接轨以及系统可持续发展的技术基础。

## 6.3 数据库设计

### 6.3.1 数据库体系概述

基于 Cesium 的智慧园区平台系统使用了对象关系型数据库管理系统 PostgreSQL 以及 PostGIS 模块来管理空间数据和属性数据。根据该系统管理的数据的特点和功能应用的需求，数据库系统设计为 3 个数据库组成的适合实际数据生产、数据管理维护和数据产品开发的数据库体系。

### 6.3.2 数据库体系接口

本数据库体系分为数据库体系外部接口和内部接口。外部接口是指与数据库体系支撑有关的各种数据库管理系统；内部接口是数据库体系内部数据库之间的接口。

根据系统解决方案设计，数据库体系是其他管理系统的数据基础。数据库体系中的所有数据库支持构建在这些数据库之上的所有系统使用 ADO. NET 和 PostGIS 两种方式访问数据库中数据。其中，ADO. NET 接口方式用于非空间数据的访问，PostGIS 扩展插件用于空间数据的访问。

数据库体系的内部接口定义了体系内不同数据库之间数据访问和交换的方法。数据库中的数据字典描述和定义了整个数据库体系中每个数据库中的实体信息。利用数据字典，可进行数据库间的相互访问和关联。基础地理数据库体系中的基础空间数据对象使用了要素类名称和要素 ID 标识这一个值对的方式来表述，数据库间的要素的访问和关联统一就使用这种值对的模式。

### 6.3.3 数据库组成

作为一个大型的数据库系统，基于 Cesium 的智慧园区平台系统数据库必须面对不同的用户或者应用群体，这些应用需求主要表现在园区基础数据的快速查询与检索、系统数据的更新与维护、数据的快速交接，适合不同应用领域的产品数据的存储和管理等多个方面。因此，基于 Cesium 的智慧园区平台系统数据库根据不同的数据特点和功能应用需求进行了数据库的划分，形成了一个适合实际数据生产、数据管理维护和数据产品开发的数据库体系。

经过对用户的需求进行深入的分析后，本系统计划建立以下 3 个数据库，具体如表 6.2 所示。

表 6.2　计划建立的数据库

| 序号 | 数据库名称 | 数据库标识 | 数据库主要内容 |
|---|---|---|---|
| 1 | 基础地理信息数据库 | VEC | DOM、DEM 和矢量数据 |
| 2 | 三维模型数据库 | MOD | 建筑物模型和摄影测量模型 |
| 3 | 规划数据库 | PLAN | 控制规划数据和规划指标等 |

### 1. 基础地理信息数据库

基础地理信息数据库主要用于存储使用矢量数据结构描述的地形要素、DEM 数据和 DOM 数据等要素，通过图层属性表记录其属性信息。

1)数据内容

(1)全球影像数据，来源于卫星获取的遥感数据。Cesium 可以加载多种地表图层作为底图，如 ArcGIS 在线影像底图、ArcGIS 在线街道底图、哨兵 2 号全球影像图等，可根据自己的需要选择加载哪种地表图层，能够辅助快速定位。

(2)矢量数据。包括道路网、水系等矢量数据。

(3)地形要素数据。包括山脉起伏，水波纹等地形要素。

2)数据表结构设计

矢量数据是以图层的形式来管理对象的，图层映射到表上，图层中包含的对象映射到表中的每一行。为了实现对各类矢量数据的有效组织和管理，如表 6.3 所示定义了矢量数据的图层存储结构的命名规则。

表 6.3　矢量数据图层表

| 数据类型 | 图层命名 | 几何特征 | 备注 |
|---|---|---|---|
| 行政区划 | XZQH | 面 | 包括(国/省/市/县级)各级数据 |
| 规划区域 | ZZQY | 面 | 展示规划范围 |

(1)行政区划，利用表的形式存储对象属性，如表 6.4 所示。

表 6.4　行政区划数据属性表

| 序号 | 属性项名称 | 描述 | 数据类型(长度、小数位) | 是否为空 | 备注 |
|---|---|---|---|---|---|
| 1 | ID | 对象标识 ID | NUMBER(10，0) | 否 | |
| 2 | SHAPE | 几何特征 | GEOMETRY | 否 | |
| 3 | SHAPE_Leng | 几何长度 | DOUBLE | 否 | |
| 4 | SHAPE_Area | 几何面积 | DOUBLE | 否 | |
| 5 | LEVEL | 行政级别 | NVARCHAR(6) | | |

续表

| 序号 | 属性项名称 | 描述 | 数据类型（长度、小数位） | 是否为空 | 备注 |
|---|---|---|---|---|---|
| 6 | NAME | 名称 | NVARCHAR(6) | | |
| 7 | TIME | 制作时间 | DATE | | |

（2）规划区域，对应属性表如表 6.5 所示。

**表 6.5　规划区域数据属性表**

| 序号 | 属性项名称 | 描述 | 数据类型（长度、小数位） | 是否为空 | 备注 |
|---|---|---|---|---|---|
| 1 | ID | 对象标识 ID | NUMBER(10，0) | 否 | |
| 2 | SHAPE | 几何特征 | GEOMETRY | 否 | |
| 3 | SHAPE_Leng | 几何长度 | DOUBLE | 否 | |
| 4 | SHAPE_Area | 几何面积 | DOUBLE | 否 | |
| 5 | TYPE | 区域类型 | BOOL | | 红/蓝 |
| 6 | NAME | 名称 | NVARCHAR(6) | | |
| 7 | TIME | 制作时间 | DATE | | |

3）物理结构设计

采用 Shape 文件格式实现矢量数据在计算机内部具体的存储和操作机制。Shape 文件包括一个主文件、一个索引文件和一个 dBASE 表。主文件配合索引文件在 dBASE 表中找到要素对应的属性特征。基于 dBASE 表，构建几何和属性间的一一对应关系。在 dBASE 文件中的属性记录的顺序和主文件中的记录顺序相同。这样实现了上文所述的存储结构模型，如表 6.6 所示。

**表 6.6　矢量数据库物理模型设计表**

| 矢量数据存储目录 | 格式 | 文件名称 | 说明 |
|---|---|---|---|
| 盘符：\\VEC\\… | shp | XZQH. shp | 行政区划图 |
| 盘符：\\VEC\\… | shp | ZZQY. shp | 规划区域 |

**2. 模型数据库**

1）数据内容

本系统所使用的模型数据主要包括房屋建筑模型数据、树木数据、车辆数据、草地数据等其他一些园区所拥有的实物的模型数据，由 3ds Max 导出转化为三维平台所支持的格式(. gltf 格式)。这些数据用于生成三维场景，从而直观地展示某区域的地物特征。本系统所用的模型数据格式为 . gltf 格式，相应的纹理贴图格式为 . jpg 或 . png 格式。

2)数据表结构设计

模型数据库包括模型数据与纹理数据的存储。基于模型数据与其属性表之间的关联，设计了模型数据的表结构。其基本思路是通过 PostgreSQL 来存储建筑信息，包括空间信息和属性信息，以及对应模型及其纹理所在的路径，通过文件存储的方式来存储模型数据，包括几何数据(. gltf)和纹理数据(. jpg)。通过关键字标识 BID 关联建筑模型的建筑信息和模型数据。设计表可以方便提供字段查询和统计分析的功能。如表 6. 7、表 6. 8 所示为模型数据库的表存储结构。

**表 6.7　建筑属性设计表**

| 序号 | 属性项名称 | 描述 | 数据类型<br>(长度、小数位) | 备注 |
|---|---|---|---|---|
| 1 | BID | 序号 | Integer | |
| 2 | BD_NAME | 建筑名称 | Character varying | |
| 3 | BD_Area | 建筑面积 | Double | |
| 4 | BD_Height | 建筑高度 | Double | |
| 5 | BD_Floor | 楼层高度 | Integer | 与纹理数据存在一个路径 |
| 6 | BD_Room | 户型 | Character varying | |
| 7 | geom | 位置信息 | Geometry | |

**表 6.8　模型数据设计表**

| 序号 | 属性项名称 | 描述 | 数据类型<br>(长度、小数位) | 备注 |
|---|---|---|---|---|
| 1 | BID | 序号 | Integer | |
| 2 | TEXTURE_ID | 模型纹理 ID | Integer | |
| 3 | MODEL_ID | 模型 ID | Integer | 纹理归属的模型 ID |
| 4 | NAME | 纹理名称 | VARCHAR | 模型的名字+编号 |
| 5 | TexPATH | 纹理存储路径 | TXT | 与模型数据存在一个路径 |
| 6 | ModelPath | 模型存储路径 | TXT | |

3)物理结构设计

将本系统中需要用于显示的模型按照指定路径存储至相应文件夹。存储路径规则如表 6.9 所示。

表 6.9 模型数据库物理结构设计表

| 模型存储目录 | 格式 | 命名 | 说明 |
|---|---|---|---|
| 盘符：\ \ MOD\ \ ... | . sql | BUILDING | 模型库的模型表名 |
| 盘符：\ \ MOD\ \ ... | . sql | TEXTURE | 模型库的纹理表名 |
| 盘符：\ \ MOD\ \ ... | . gltf | name_house. gltf | Xxx 建筑模型 |
| 盘符：\ \ MOD\ \ ... | . jpg/. png | name_ house _xxx. png | Xxx 建筑纹理 |

**3. 规划数据库**

1)数据内容

规划数据库中主要存储各类规划数据，主要包括区域规划、园区的总体规划，中心城区的控制规划、各类专项规划等。由于规划成果数据信息含量丰富，数据以专题图表现的方式居多，不但包含了大量的效果图以及说明文档，而且数据种类繁多，格式标准不一。可以根据规划数据的特点，以合适的方式组织并存储。以控制性详细规划的规划红线数据为例，可以用矢量形式进行存储。而一般的专题信息，如修建性规划中小区的容积率、绿化率、建筑密度等规划指标则用常规的 Excel 文档存储。

2)数据表结构设计

以规划红线数据为例，数据表结构设计如表 6.10 所示。

表 6.10 规划红线数据设计表

| 序号 | 属性项名称 | 描述 | 数据类型（长度、小数位） | 备注 |
|---|---|---|---|---|
| 1 | ID | 序号 | Integer | |
| 2 | Geom | 空间信息 | Geometry | |
| 3 | Length | 线路长度 | Double | |
| 4 | NAME | 红线名称 | VARCHAR | |
| 5 | PATH | 数据存储路径 | TXT | |
| 6 | Date | 规划时间 | Date | |

3)物理结构设计

由于规划数据库也是矢量数据，所以其物理结构设计和基础地理数据库的物理结构设计相同。

## 6.4 功能详细设计

智慧园区三维平台系统的功能详细设计如图 6.2 所示。

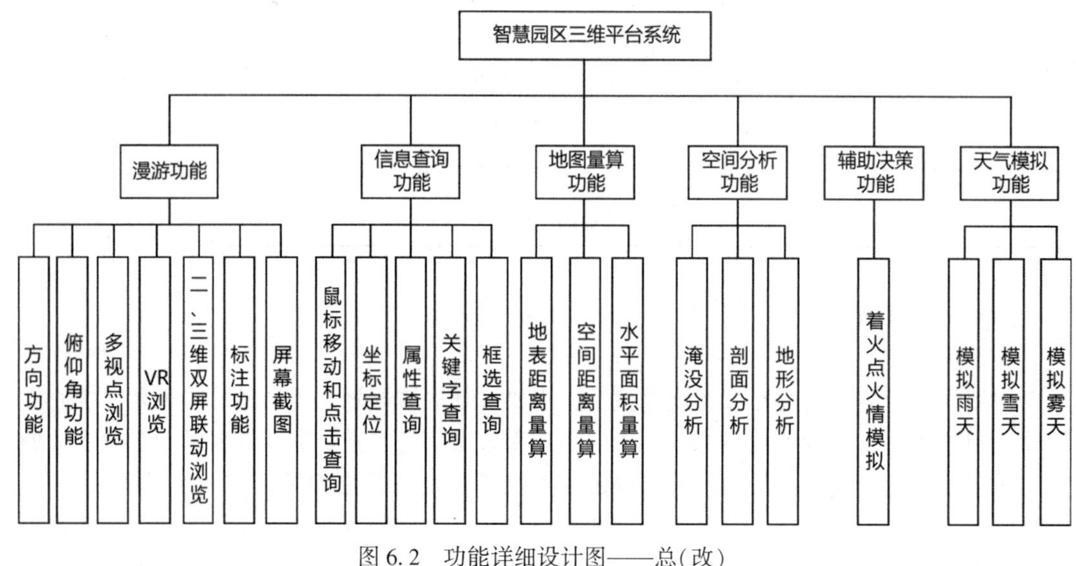


图 6.2　功能详细设计图——总(改)

**1. 漫游功能**

漫游功能包括基础的场景浏览功能：包括方向功能和俯仰角功能，还包括多视点切换浏览功能、VR 浏览、标注功能、双屏联动浏览、屏幕截屏(图 6.2)。

(1)方向功能：实现场景上、下、左、右、前、后移动，放大、缩小的操作。模仿人直视前方时，在场景中上、下、左、右、前、后移动所看到的画面(视角固定，改变视点位置)，可以通过点击页面上的按钮调整浏览视点位置。

(2)俯仰角功能：实现上、下、左、右旋转的操作。模仿人站在一个地方不动，然后上、下、左、右看到的画面(视点位置固定，改变视角)。可以通过点击页面上的按钮或者鼠标点击加拖动的组合调整浏览视角。

(3)多视点浏览：场景内设置了多个视点，可根据用户的需求在场景的多个视点之间进行切换和浏览。只需要点击按钮，就可切换到对应的视点场景。

(4)VR 浏览。

(5)标注功能：可进行点标注功能，在场景内点击即可进行标注。标注完成后以红色圆点显示，点击可显示标注信息以及经纬度。

(6)系统提供二维地图和三维场景的双屏联动浏览：当前浏览主屏幕显示的是整个地球的三维场景时，同时会显示一个目标区域(这里就是目标园区)的二维全景缩略图，用户可以从中看到当前浏览部分在整个园区的位置，即二维地图和三维场景的双屏联动浏览。

(7)支持场屏幕截图。

**2. 导航功能**

导航功能包括模型追踪、固定路径飞行、用户自定义路径飞行、环绕预览(图 6.3)。

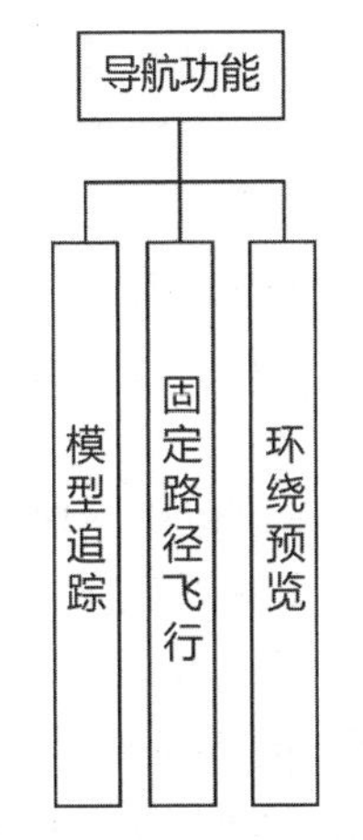

图 6.3 导航功能详细设计图

(1)模型追踪：跟随飞机飞行视角，通过键盘"↑↓←→"控制方向、视点高度(即飞行高度)、飞行速度，实现浏览。

(2)固定路径飞行：系统预先设定飞行路径、视点高度、俯仰角等，实现第一人称沿该路径自动漫游。

(3)用户自定义路径飞行：用户自己画出飞行路径，预先设定视点高度、俯仰角等，实现第一人称沿该路径自动漫游。

(4)环绕预览：绕着一个固定的地方进行整个园区的环绕式预览。

**3. 查询功能**

查询功能包括坐标查询、坐标定位、属性查询、关键字查询，添加文字、图片、网页链接和视频等信息，以及框选查询(图 6.4)。

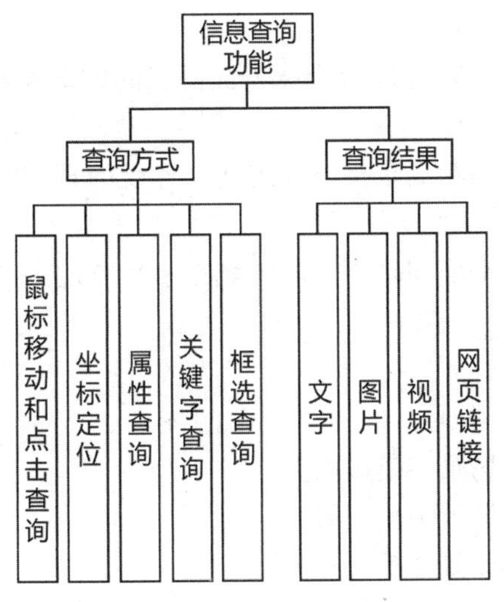

图 6.4 信息查询功能详细设计图

(1)坐标查询：鼠标点击场景内任意一点，可以显示其经纬度信息。

(2)坐标定位：可以通过输入某一点的经纬度来找到该点，相机跟随移动到该点位置。

(3)属性查询：通过属性筛选及多项查询的方法对建筑物进行属性查询。

(4)关键字查询：输入某个关键字，如公司的名称，查询园区内该公司的位置以及基本信息。

(5)框选查询：框选一个范围，显示该范围内地物的属性信息。

(6)添加文字、图片、网页链接以及视频信息。

**4. 量算功能**

地图量算功能包括距离量算功能和面积量算功能。距离量算功能又包括地表距离量算、空间距离量算；面积量算功能指水平面积量算(图 6.5)。

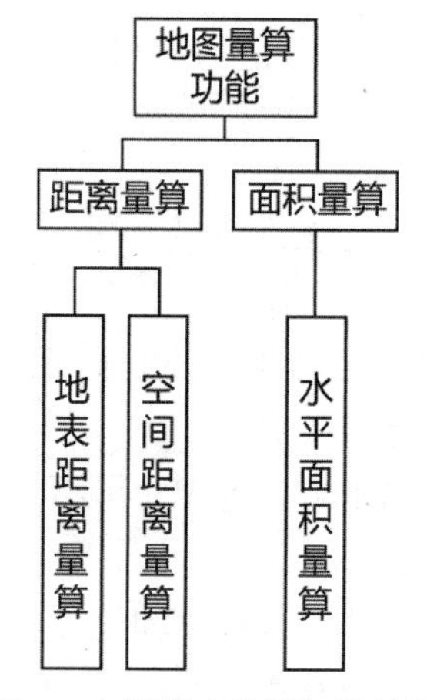


图 6.5　量算功能详细设计图

(1)地表距离量算：地表距离是指地球表面两点间的球面距离(两点连线投影到椭球面之后的曲线的长度)。

(2)空间距离量算：空间距离是指空间内两点连线的直线距离，包含了水平距离和垂直距离。

(3)水平面积量算：水平面积是指一块区域在水平方向上的面积，即将该区域投影到一水平面上的图形的面积。

**5. 天气模拟功能**

天气模拟功能包括模拟雨天、雪天、雾天(见图 6.2)。

(1)模拟雨天：可以在场景中模拟雨天。

(2)模拟雪天：可以在场景中模拟雪天。

(3)模拟雾天：可以在场景中模拟雾天。

**6. 辅助决策功能**

辅助决策功能主要包括着火点火情模拟(见图 6.2)。

着火点火情模拟：当园区发生火灾时，可对着火点火情进行模拟，包括火势大小、风向、浓烟等，并展示起火时间、地点等信息。

**7. 空间分析功能**

空间分析功能包括淹没分析、剖面分析、地形分析(见图6.2)。

(1)淹没分析：选中一块区域，设置水位最大、最小高度以及淹没速度，模拟淹没过程。

(2)剖面分析：以线代面，构造横截剖面，进而研究其所在区域的地貌形态、地势变化、地物轮廓等。画一条线，该线贴合地面，可以反映地物的高程，得到该线上每个点的高程并通过曲线反映出来。

(3)地形分析：可以进行坡度、坡向分析，生成坡度图、坡向图，还可以生成等高线。

## 6.5 开发

### 6.5.1 漫游功能

**1. 方向功能**

方向功能实现场景上下左右移动，向前、向后方向操作。模仿人直视前方时，在场景中上、下、左、右、前、后移动所看到的画面(视角固定，改变视点位置)。可以通过点击页面上的按钮调整浏览视点位置。

首先创建6个按钮，如图6.6所示。然后在CesiumJS中编写以下代码：

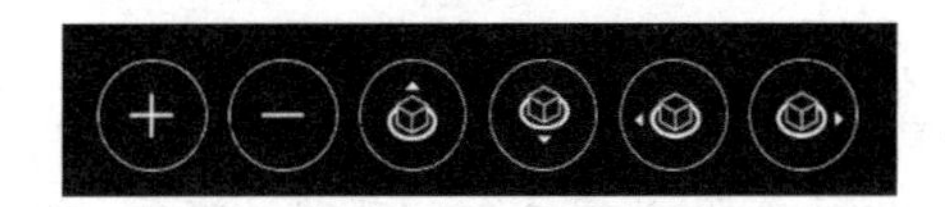

图6.6 漫游功能按钮

```
var spotmenu = document.getElementById("spotMenuBtns");
//获得按钮容器
var spotmenubtn = spotmenu.getElementsByTagName('button');
//获得按钮数组
var w = document.documentElement.clientWidth || document.body.
clientWidth;
var h = document.documentElement.clientHeight || document.body.
clientHeight;
//获得界面的宽度和高度
var func0 = function(){
  return camera.moveUp(moveSpeedVar);  //相机上移
}
```

```
var func1 = function(){
  return camera.moveDown(moveSpeedVar);//相机下移
}
var func2 = function(){
  return camera.moveForward(moveSpeedVar);//相机前移
}
var func3 = function(){
  return camera.moveBackward(moveSpeedVar);//相机后移
}
var func4 = function(){
  return camera.moveLeft(moveSpeedVar);  //相机左移
}
var func5 = function(){
  return camera.moveRight(moveSpeedVar);  //相机右移
}
var arr0 = func0;
var arr1 = func1;
var arr2 = func2;
var arr3 = func3;
var arr4 = func4;
var arr5 = func5;
  var brr = [arr0,arr1,arr2,arr3,arr4,arr5];
  //将控制上下左右前后的六个函数放在 brr 函数数组中,以便统一操作。
  var tid;  //一个临时变量,用于存储后面移动事件,控制移动事件的发生和取消
  for(i = 0;i < (spotmenubtn.length);i++){
    spotmenubtn[i].index = i;
    //每个按钮添加一个 index 属性,用于唯一标识,以便统一操作
    spotmenubtn[i].addEventListener("mouseover",function(){
    //添加按钮监听事件,监听是否有鼠标在此按钮上面
      this.style.backgroundColor = "rgba(68,139,183,1)";
      //当有鼠标在按钮之上时,颜色发生变化
    },false);
    spotmenubtn[i].addEventListener("mouseout",function(){
    //监听鼠标是否离开
      this.style.backgroundColor = "rgba(50,50,50,0.8)";
      //鼠标离开时,按钮的颜色发生变化
    },false);
    spotmenubtn[i].onclick = function(e){
```

```
    //按钮点击事件,当某个按钮发生点击时,调用相关操作
      var j = this.index;  //记录是哪个按钮发生了点击
      brr[j](); //调用相关的函数
    }
    spotmenubtn[i].onmousedown = function(e){
    //监听鼠标是否对某个按钮发生了按压,实例中长按某个按钮会一直朝着某个方向移动
      var j = this.index;  //记录是哪个按钮发生了按压
      tid = setInterval(function(){  //tid 临时变量记录该移动事件
            brr[j]();  //调用相关的函数
      },20);  //长按时,每 20ms 调用一次
    }
    spotmenubtn[i].onmouseup = function(e){
      clearInterval(tid);  //当鼠标松开时,终止该移动事件
    }
    spotmenubtn[i].onmouseout = function(e){
      clearInterval(tid);  //鼠标离开时,终止该移动事件
    }
  }
```

小结：首先用标签画出六个按钮，将六个按钮放在一个按钮数组中，另外用一个数组函数存放六个方向移动的函数，并与按钮一一对应，以便统一调用和统一管理。通过相应的鼠标事件来调用相应的函数，如移进来、离开、长按等操作，长按之后，当鼠标离开时要释放该移动事件。

**2. 俯仰角功能**

模仿人眼上、下、左、右的浏览(视点朝向发生了变化，但是视点的位置不发生变化，区别于上面六个方向的移动)，具体实现代码如下：

```
var spotCameraMenu = document.getElementById("spotCameraMenu");
var spotCameraMenuDivs = spotCameraMenu.getElementsByTagName('div');
  //得到按钮数组
  var fund0 = function(){
    return camera.lookUp(moveRotateVar/1000);
    //控制相机朝向不同方向,下同
  }
  var fund1 = function(){
    return camera.lookLeft(moveRotateVar/1000);
  }
  var fund2 = function(){
    return camera.lookRight(moveRotateVar/1000);
```

```
    }
    var fund3 = function(){
      return camera.lookDown(moveRotateVar/1000);
    }

    var crr0 = fund0;
    var crr1 = fund1;
    var crr2 = fund2;
    var crr3 = fund3;
    var drr = [crr0,crr1,crr2,crr3];
    //用一个函数数组存储相机朝向函数
    var tid;  //一个临时变量,记录相机朝向事件
    for(i = 0;i < (spotCameraMenuDivs.length);i++){
      //这里面流程类比六个方向移动
      spotCameraMenuDivs[i].index=i;
      spotCameraMenuDivs[i].addEventListener("mouseover",function(){
        this.style.backgroundColor = "rgba(68,139,183,0.4)";
      },false);
      spotCameraMenuDivs[i].addEventListener("mouseout",function(){
        this.style.backgroundColor = "rgba(50,50,50,0)";
      },false);
      spotCameraMenuDivs[i].onclick = function(e){
        var j=this.index;
        drr[j]();
      }
      spotCameraMenuDivs[i].onmousedown = function(e){
      var j=this.index;
        tid = setInterval(function(){
              drr[j]();
        },20);
      }
      spotCameraMenuDivs[i].onmouseup = function(e){
        clearInterval(tid);
      }
      spotCameraMenuDivs[i].onmouseout = function(e){
        clearInterval(tid);
      }
    }
```

小结：总体思路类比相机朝六个方向移动，主要是调用的相机函数不同：前者是调用 camera. moveUp，后者是调用 camera. lookUp；前者视点进行了移动，而后者视点不移动，只是朝向发生了变化。

**3. 多视点浏览**

当点击一个 div 时，视点进行跳转，实现多视点的调转和切换，具体实现代码如下：

```
var viewbutton1 = document.querySelector("#button1");
//用 viewbutton1 这个变量存相应的按钮
viewbutton1.addEventListener('click',  //当按钮发生敲击时,响应下面函数
  function(){
  viewer.camera.flyTo({
    //相机发生移动,视角直接切换到响应的位置
    destination:Cesium.Cartesian3.fromDegrees(114.3597,30.5390,2000.0),
  });
});
viewbutton1.addEventListener('mouseover',function(){
//当鼠标移动到该按钮上面,按钮的颜色发生改变
  this.style.color="blue";
},false);
viewbutton1.addEventListener('mouseout',function(){
//鼠标移走时,按钮的颜色也发生改变
  this.style.color="#fff";
},false);
```

小结：首先获取该按钮，当按钮发生点击事件时，直接调用 viewer. camera. flyTo 函数，视点切换到相应的位置。

**4. VR 浏览**

VR 浏览的具体实现代码如下：

```
new Cesium.Viewer('cesiumContainer', {
    //分页视图,vr
    vrButton:true,
    //直接将 vrButtton 设置为 true 即可,点击右下角
```

**5. 大小地图联动**

大小地图联动，分为两个浏览框，主浏览框和副浏览框，分别对应大地图和小地图，当其中一个地图发生移动时，另一个地图跟着移动（图 6.7）。具体实现代码如下：

```
//图 6.7 中,外框对应的 div 是 spotmenuxiaoditu,内框对应的 div 是 xiaoditu-wrap,内框对应的是主浏览框当前的范围
var spotmenuxiaoditu = document.querySelector("#spotmenuxiaoditu");
var xiaodituwrap = document.querySelector("#xiaodituwrap");
```

图6.7 大小地图联动

```
//获得当前主浏览框的三维范围
//获取当前三维范围
function getCurrentExtent() {
    //范围对象
    var extent = {};
    //得到当前三维场景
    var scene = viewer.scene;
    //得到当前三维场景的椭球体
    var ellipsoid = scene.globe.ellipsoid;
    var canvas = scene.canvas;
    //canvas 左上角
    var car3_lt = viewer.camera.pickEllipsoid(new Cesium.Cartesian2
(0,0), ellipsoid);
    //canvas 右下角
    var car3_rb = viewer.camera.pickEllipsoid(new Cesium.Cartesian2
(canvas.width,canvas.height), ellipsoid);
    //当 canvas 左上角和右下角全部在椭球体上
    if (car3_lt && car3_rb) {
        var carto_lt = ellipsoid.cartesianToCartographic(car3_lt);
        var carto_rb = ellipsoid.cartesianToCartographic(car3_rb);
        extent.xmin = Cesium.Math.toDegrees(carto_lt.longitude);
        extent.ymax = Cesium.Math.toDegrees(carto_lt.latitude);
        extent.xmax = Cesium.Math.toDegrees(carto_rb.longitude);
        extent.ymin = Cesium.Math.toDegrees(carto_rb.latitude);
    }
    //当 canvas 左上角不在,但右下角在椭球体上
    else if (! car3_lt && car3_rb) {
        var car3_lt2 = null;
```

```
            var yIndex = 0;
            do {
                //这里每次 10 像素递加,一是 10 像素相差不大,二是为了提高程序运
行效率
                yIndex <= canvas.height ? yIndex += 10 : canvas.height;
                car3_lt2 = viewer.camera.pickEllipsoid(new
Cesium.Cartesian2(0,yIndex), ellipsoid);
            }while (! car3_lt2);
            var carto_lt2 = ellipsoid.cartesianToCartographic(car3_lt2);
            var carto_rb2 = ellipsoid.cartesianToCartographic(car3_rb);
            extent.xmin = Cesium.Math.toDegrees(carto_lt2.longitude);
            extent.ymax = Cesium.Math.toDegrees(carto_lt2.latitude);
            extent.xmax = Cesium.Math.toDegrees(carto_rb2.longitude);
            extent.ymin = Cesium.Math.toDegrees(carto_rb2.latitude);
        //视角范围包括上、下、左、右四个边界,分别记录
        }
        //获取高度
        extent.height = Math.ceil(viewer.camera.positionCartographic.height);
    return extent;
    //extent 包括 xmin,xmax,ymin,ymax,height 五个成员
    }
    var handler = new Cesium.ScreenSpaceEventHandler(canvas);
    //申请一个事件监听,来监听屏幕和画布情况
    //当主浏览框移动时,副浏览框跟着移动
    handler.setInputAction(function(movement){
      //捕获椭球体,将笛卡儿二维平面坐标转为椭球体的笛卡儿三维坐标,返回球体表
面的点
      var cartesian = viewer.camera.pickEllipsoid(movement.endPosition,
ellipsoid);
      if(cartesian){
        //将笛卡儿三维坐标转为地图坐标(弧度)
        var cartographic =
viewer.scene.globe.ellipsoid.cartesianToCartographic(cartesian);
        //将地图坐标(弧度)转为十进制的度数
        var lat_String =
Cesium.Math.toDegrees(cartographic.latitude).toFixed(6);
        var log_String =
Cesium.Math.toDegrees(cartographic.longitude).toFixed(6);
```

```
        var alti_String =
(viewer.camera.positionCartographic.height /1000).toFixed(2);
        var CurrentExtent = getCurrentExtent();
        //调用 getCurrentExtent 函数,获得当前主浏览框的范围和高度
        //获得画布中心点的坐标
        var loglong= ((CurrentExtent.xmax+CurrentExtent.xmin) /2);
        var latlong = ((CurrentExtent.ymax+CurrentExtent.ymin) /2);
        var altilong = (viewer.camera.positionCartographic);
        //下面 114,48,238 等具体数,需要结合实际经纬度和副浏览框大小而设定
        //当主浏览框,控制副浏览框内框的边界
        xiaodituwrap.style.left = (loglong - 114.3721) * (48 - 238) /
(114.3482 - 114.3721) + 238 + "px";
        xiaodituwrap.style.top = (latlong - 30.5368) * (166 - 104) /
(30.5293 - 30.5368) + 104 + "px";
        if (((loglong - 114.3721) * (48 - 238) /(114.3482 - 114.3721) +
238) < 0) {
            xiaodituwrap.style.left = 5 + "px";
        }
        if (((latlong - 30.5368) * (166 - 104) /(30.5293 - 30.5368) +
104) < 0) {
            xiaodituwrap.style.top = 5 + "px";
        }
        if (((loglong - 114.3721) * (48 - 238) /(114.3482 - 114.3721) +
238) > 170) {
            xiaodituwrap.style.left = 172 + "px";
        }
        if (((latlong - 30.5368) * (166 - 104) /(30.5293 - 30.5368) +
104) > 140) {
            xiaodituwrap.style.top = 133 + "px";
        }
      }
    },Cesium.ScreenSpaceEventType.MOUSE_MOVE); //当浏览框移动时调用该
函数
    //当副浏览框的内框发生了移动时,主浏览框跟着移动
    spotmenuxiaoditu.addEventListener("mouseover",function(){
      this.style.color="blue";
      //鼠标进入副浏览框时,外框和内框的颜色都发生了变化
      xiaodituwrap.style.color="green";
```

```
    window.onclick = function(e){
      //当在副浏览框发生了点击事件时
      var ev = e ||window.event;
      var x = ev.offsetX;
      var y = ev.offsetY;
      var cx = ev.clientX;
      var cy = ev.clientY;
      //记录鼠标所点击的相对位置和绝对位置
      if (cx > 1330 && cx < 1585 && cy < 720 && cy > 535) {
        //点击副浏览框的某一位置,副浏览框的内框则发生了移动
        xiaodituwrap.style.left = x - xiaodituwrap.offsetWidth /2 +
"px";
        xiaodituwrap.style.top = y - xiaodituwrap.offsetHeight /2 +
"px";
        if ((x - xiaodituwrap.offsetWidth /2) < 0) {
            xiaodituwrap.style.left = 5 + "px";
        }
        if ((y - xiaodituwrap.offsetHeight /2) < 0) {
            xiaodituwrap.style.top = 5 + "px";
        }
        if ((x - xiaodituwrap.offsetWidth /2) > 170) {
            xiaodituwrap.style.left = 172 + "px";
        }
        if ((y - xiaodituwrap.offsetHeight /2) > 140) {
            xiaodituwrap.style.top = 133 + "px";
        }
        //副浏览框的内框发生了移动时,主浏览框也发生了移动
        viewer.camera.flyTo({
            destination: Cesium.Cartesian3.fromDegrees(
                (x - 238) * (114.3482 - 114.3721) /(48 - 238) + 114.3721,
                (y - 104) * (30.5293 - 30.5368) /(166 - 104) + 30.5368, 800.0),
        });
      }
    }
  },false);
  spotmenuxiaoditu.addEventListener("mouseout",function(){
  //鼠标移开时,副浏览框的外框和内框的颜色恢复到原来的颜色
    this.style.color="#fff";
```

```
  xiaodituwrap.style.color="#fff";
},false);
```

小结：先将整个浏览界面分为两个浏览框：主浏览框和副浏览框。副浏览框有外框和内框，内框对应的是主浏览框视点的可视范围。主浏览框和副浏览框之间要实现联动：当主浏览框移动时，副浏览框的内框移动到响应的位置，具体方法为先获得主浏览框的可视范围，即上、下、左、右边界和当前视点的高度，然后添加一个事件监听，当主浏览框的视点发生变化时，副浏览框的内框跟着移动。同时还要实现一个相反的过程，即当副浏览框的内框发生移动时，主浏览框也跟着移动。在此移动过程中，找到同名点的对应关系，并进行换算。

**6. 标注功能**

标注功能是在之前“添加实体”功能的基础上改进的编辑功能，主要是将 Cesium 所提供的实体创建功能和鼠标交互功能相结合来完成。通过鼠标获取 Cesium 地图上的坐标位置来作为所添加的实体的坐标定位，在鼠标选取位置添加标注信息。

下面以添加点状标注为例，叙述添加标注的具体步骤。

首先，添加提示框与用户进行交互，如图 6.8 所示。

图 6.8　标注功能提示框

其 css 代码及 html 代码分别为：

```
<style>
#qbox{
        width: 200px;
        height: 300px;
        position: absolute;
        left: 100px;
        top: 50px;
```

```
        background-color: white;
    }
    #qbox>.div01{
        position: absolute;
        width: 100px;
        height: 18px;
        text-align: center;
        font-size: 18px;
        left: 50px;
    }
    #qbox>.div02{
        position: absolute;
        width: 190px;
        height: 30px;
        font-size: 18px;
        left: 20px;
        top:100px;

    }
    #qbox>.div02>input{
        width: 100px;
    }
    #qbox>button{
        position: absolute;
        bottom: 10px;
        left: 50px;
        width: 100px;
    }
  </style>

<div id="qbox">
    <div class="div01">标注功能</div>
    <div class="div02">点名:
        <input id="feaname" type="text" width="50px">
    </div>
    <button onclick=AddPoint()>添加点</button>
</div>
```

小结：此步骤的目的是让用户填写标注所需的地名，同时设置一个按钮使功能开始工作。主要设置的属性是各个控件在页面中的位置以及相互之间的关系等。同时在加入按钮控件时，设置一个点击触发的函数作为操作入口。代码如下：

```
//触发函数
//点击"添加点"按钮,将临时变量 key 由 0 改为 1,js 代码如下:
let key=0;
    function AddPoint(){
        feaname = document.getElementById("feaname").value;
        key = 1;
    }
```

其次，事件监听。监听鼠标响应事件，由鼠标获取点击位置的经纬度坐标信息，作为添加标记所需的坐标。同时读取文本框中的信息作为 label 显示在标注下方。具体 js 函数代码如下：

```
let feaname;
    var handler = new Cesium.ScreenSpaceEventHandler(viewer.canvas);

    handler.setInputAction(function(click) {
              var earthPosition = viewer.camera.pickEllipsoid
(click.position,viewer.scene.globe.ellipsoid);
        if (Cesium.defined(earthPosition)) {
            if(key == 1)
            {
                var click_position = viewer.camera.pickEllipsoid
(click.position,viewer.scene.globe.ellipsoid);
               var carto_position = Cesium.Cartographic.fromCart-
esian(click_position);
                let lon = Cesium.Math.toDegrees(carto_position.
longitude).toFixed(3);
                let lat = Cesium.Math.toDegrees(carto_position.
latitude).toFixed(3)
               loactionEntity = new Cesium.Entity({
                 id: feaname,

                 position: Cesium.Cartesian3.fromDegrees(lon,lat),
                 point: {
                    pixelSize: 10,
                    color: Cesium.Color.RED.withAlpha(0.9),
                    outlineColor: Cesium.Color.WHITE.withAlpha(0.9),
                    outlineWidth: 1
```

```
                    },
                    label:{
                            text : feaname+"("+lon+","+lat+")",
                            font : '14pt monospace',
                            style:
Cesium.LabelStyle.FILL_AND_OUTLINE,
                            outlineWidth : 2,
                            //垂直位置
                            verticalOrigin :
Cesium.VerticalOrigin.BUTTON,
                            //中心位置
                             pixelOffset : new Cesium.Cartesian2
(0, 20)
                        }
                });
                viewer.entities.add(loactionEntity);
                key = 0;
            }


        }
    }, Cesium.ScreenSpaceEventType.LEFT_CLICK);
```

效果如图 6.9 所示。

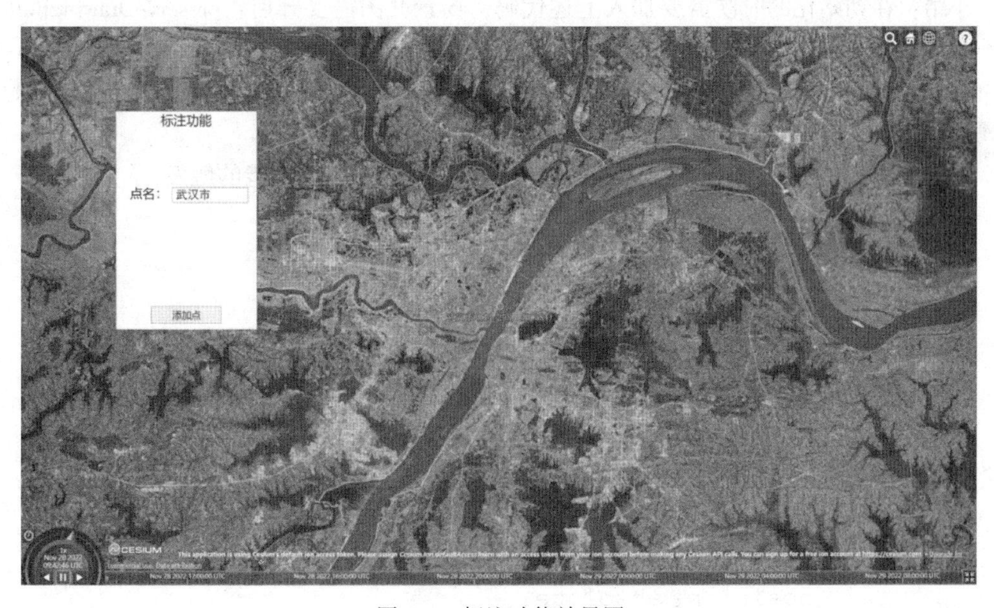


图 6.9　标注功能效果图

小结：上述函数中采用 Cesium 的事件函数，主要用于修改默认的左键点击函数。当点击【添加点】按钮后，将 key 设置为 1，以在后续事件监听中进行对应操作。此时若触发左键单击事件，则与默认事件不同。后续利用添加实体功能添加一个点状实体，此实体的坐标位置设置为鼠标在屏幕上的点击位置，通过将 click.position 中存储的坐标变换为经纬度后，得到该点实体的经纬度进行添加。最后在添加完点后，需将 key 设置为 0，以免影响后续左键点击事件。

**7. 屏幕截图**

(1)初始化 Cesium。

```
var viewer = new Cesium.Viewer("cesiumContainer", {
            contextOptions: {
          webgl: {
            alpha: true,
            depth: false,
            stencil: true,
            antialias: true,
            premultipliedAlpha: true,
            preserveDrawingBuffer: true,
            failIfMajorPerformanceCaveat: true
          },
          allowTextureFilterAnisotropic: true
        }
        });
```

小结：在初始化的时候需要加入上述代码，场景截图需要开启：preserveDrawingBuffer。若不开启场景截图，最终得到的图片为纯黑。开启后便可将屏幕截图保存为一个 image 标签。在初始化地球时将场景截图由 false 设置为 true(默认为 false)，同时设置 webgl 中的其他属性可以调整截取图片时的部分属性和内容。

(2)创建一个按钮。用 CSS 和 html 创建一个按钮用于截图功能的触发。

```
//CSS 代码:
.picture {
            border-radius: 10px;
            border: none;
            width: 60px;
            padding: 0;
            height: 25px;
            background: #9cd8b1;
            outline: none;
            position: absolute;
            top: 20px;
```

```
            left: 20px;
        }
    //Html 代码:
    <button type="button" class="picture">生成图片</button>
```

(3)函数实现。点击按钮后，首先获取 Cesium 场景的画布内容，利用 Canvas2Image 函数实现类型的转换，之后设置下载参数，将图片下载至本地。

```
     $('.picture').click(function (e) {
            var canvas = viewer.scene.canvas;
            var imageWidth = 800;
            var img = Canvas2Image.convertToImage(canvas, canvas.
width, canvas.height ,'png');

            var loadImg = document.createElement('a')
            loadImg.href = img.src
            loadImg.download = 'earth'
            loadImg.click()
        });
```

效果如图 6.10 所示。

图 6.10 屏幕截图

小结：屏幕截图功能的实现需要用到额外的一个 js 库：Canvas2Image. js。其实现的功能是将 html 中容器所放置的画布内容转变为图片格式，得到 html 中的 image 格式的数据。此外，还须用到 jquery. js 实现部分内容。

## 6.5.2　导航功能

### 1. 模型追踪

为方便实时显示飞机的俯仰角、航偏角、侧滚角以及飞行速度，在系统中添加通知栏，相关设置在 html 文件中实现，使用<style></ style>标签设置通知栏格式，具体实现代码如下：

```
<style>
     @ import url(../../../Build/Cesium/Widgets/widgets.css);
#planeToolbar {
          margin: 2px;
          padding: 2px 5px;
          position: absolute;
          display: block;
          top: 200px;
     }
</style>
```

所有工具栏、按钮的格式设置都类似，在此不再赘述。

使用<tbody><tr><td>... </ td> </ tr></ tbody>标签，以表格的形式添加文字说明；使用<span></ span>标签设置一个 ID，以方便后续实时更新俯仰角、航偏角、侧滚角和速度；勾选框使用<input>标签，具体实现代码如下：

```
<div id="planeToolbar" style="z-index: 9999">
      <table class="planeInfoPanel">
          <tbody>
              <tr>
                  <td>点击 3D 窗口,然后使用键盘更改设置。</td>
              </tr>
              <tr>
                  <td>Heading: <span id="heading"></span>。</td>
              </tr>
              <tr>
                  <td>← 去左/→ 去右</td>
              </tr>
              <tr>
                  <td>Pitch:<span id="pitch"></span>。</td>
              </tr>
              <tr>
                  <td>↑ 去上/↓ 去下</td>
              </tr>
```

```
                <tr>
                    <td>roll:<span id="roll"></span>。</td>
                </tr>
                <tr>
                    <td>← + shift 左/→ + shift 右</td>
                </tr>
                <tr>
                    <td>Speed:<span id="speed"></span>米/秒</td>
                </tr>
                <tr>
                    <td>↑ + shift 加速/↓ + shift 减速</td>
                </tr>
                <tr>
                    <td>
                        跟随飞机
                        <input id="fromBehind" type="checkbox">
                    </td>
                </tr>
            </tbody>
        </table>
</div>
```

最终通知栏实现效果如图 6.11 所示。

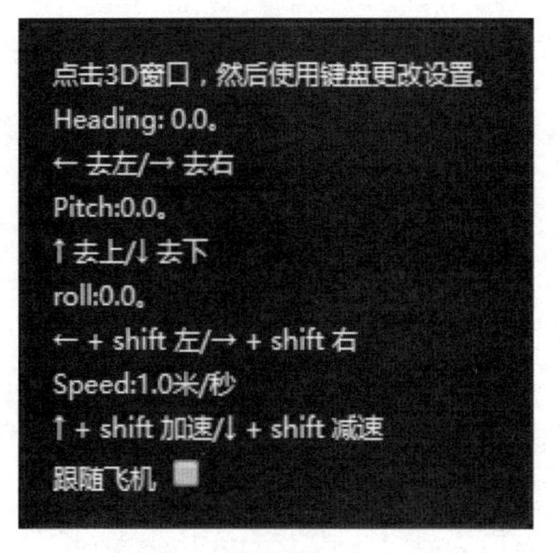


图 6.11　通知栏实现效果

可以通过键盘"↑↓←→"控制飞机飞行方向，其中"↑↓"键控制俯仰角，"←→"键控制航偏角，通过"shift+↑/↓"的组合来实现加速和减速，通过"shift+←/→"的组合来改变翻滚角，键盘事件使用 document. addEventListener( ) 函数。具体实现代码如下：

```
document.addEventListener('keydown', function (e) {
    switch (e.keyCode) {
        //下箭头↓相关设置
        case 40:
            if (e.shiftKey) {
                //按住 shift 加下箭头减速
                speed = Math.max(--speed, 1);
            } else {
                //直接按下箭头降低角度
                hpRoll.pitch -= deltaRadians;
                if (hpRoll.pitch < -Cesium.Math.TWO_PI) {
                    hpRoll.pitch += Cesium.Math.TWO_PI;
                }
            }
            break;
        //上箭头↑相关设置
        case 38:
            if (e.shiftKey) {
                //按住 shift 加上箭头加速
                speed = Math.min(++speed, 100);
            } else {
                //直接按上箭头抬高角度
                hpRoll.pitch += deltaRadians;
                if (hpRoll.pitch > Cesium.Math.TWO_PI) {
                    hpRoll.pitch -= Cesium.Math.TWO_PI;
                }
            }
            break;
        //右箭头→相关设置
        case 39:
            if (e.shiftKey) {
                //飞机本身向右旋转
                hpRoll.roll += deltaRadians;
                if (hpRoll.roll > Cesium.Math.TWO_PI) {
                    hpRoll.roll -= Cesium.Math.TWO_PI;
                }
            } else {
```

```
                //向右飞行
                hpRoll.heading += deltaRadians;
                if (hpRoll.heading > Cesium.Math.TWO_PI) {
                    hpRoll.heading -= Cesium.Math.TWO_PI;
                }
            }
            break;
        //左箭头←相关设置
        case 37:
            if (e.shiftKey) {
                //飞机本身向左旋转
                hpRoll.roll -= deltaRadians;
                if (hpRoll.roll < 0.0) {
                    hpRoll.roll += Cesium.Math.TWO_PI;
                }
            } else {
                //向左飞行
                hpRoll.heading -= deltaRadians;
                if (hpRoll.heading < 0.0) {
                    hpRoll.heading += Cesium.Math.TWO_PI;
                }
            }
            break;
        default:
    }
});
```

设置好键盘事件之后，对相机进行设置，以实现跟踪，具体实现代码如下：

```
planePrimitive.readyPromise.then(function(model) {
        model.activeAnimations.addAll({
            speedup: 0.1,
            //ModelAnimationLoop  模型动画循环  REPEAT 重复
            loop: Cesium.ModelAnimationLoop.REPEAT
        });
        r = 0.1 * Math.max(model.boundingSphere.radius,
    camera.frustum.near);
        //镜头最近距离
        controller.minimumZoomDistance = r * 0.5;
        //计算 center 位置(也为下面的镜头跟随提供了 center 位置)
```

```
        Cesium.Matrix4.multiplyByPoint(model.modelMatrix,
    model.boundingSphere.center, center);
        //相机偏移角度
        var heading = Cesium.Math.toRadians(30.0);
        var pitch = Cesium.Math.toRadians(-50.0);
        hpRange.heading = heading;
        hpRange.pitch = pitch;
        hpRange.range = r * 50.0;
});
//给左边的通知栏更新数据同时刷新飞机位置(这里也是一个每 1ms 一次的回调)
viewer.scene.preRender.addEventListener(function (scene, time) {
    headingSpan.innerHTML =
    Cesium.Math.toDegrees(hpRoll.heading).toFixed(1);
    pitchSpan.innerHTML = Cesium.Math.toDegrees(hpRoll.pitch).toFixed(1);
    rollSpan.innerHTML = Cesium.Math.toDegrees(hpRoll.roll).toFixed(1);
    speedSpan.innerHTML = speed.toFixed(1);

    //选择的笛卡儿分量 Cartesian3.UNIT_X(X 轴单位长度)乘以一个标量
speed/10,得到速度向量 speedVector
    speedVector =
    Cesium.Cartesian3.multiplyByScalar(Cesium.Cartesian3.UNIT_
    X, speed /10, speedVector);
    //飞机的模型矩阵与速度向量 speedVector 相乘,得到 position
    position = Cesium.Matrix4.multiplyByPoint(planePrimitive.
    modelMatrix, speedVector, position);
    //飞机位置+旋转角度+地球+坐标矩阵=飞机模型矩阵
    Cesium.Transforms.headingPitchRollToFixedFrame(position,
    hpRoll, Cesium.Ellipsoid.WGS84, fixedFrameTransform, planeP-
    rimitive.modelMatrix);

    if (fromBehind.checked) {
        //镜头跟随
        Cesium.Matrix4.multiplyByPoint(planePrimitive.modelMatrix,
    planePrimitive.boundingSphere.center, center);
        hpRange.heading = hpRoll.heading;
        hpRange.pitch = hpRoll.pitch;
        camera.lookAt(center, hpRange);
    }
});
```

效果如图 6.12 所示。

图 6.12 效果图展示

**2. 固定路径飞行**

固定路径飞行是按照事先预设好的路径进行浏览，具体实现代码如下：

```
var myplanex2 = new Array(10);
var myplaney2 = new Array(10);
myplanex2[0] = 110.34078606; myplaney2[0] = 20.04692336;
myplanex2[1] = 110.34074292; myplaney2[1] = 20.04671601;
myplanex2[2] = 110.34072085; myplaney2[2] = 20.04652617;
myplanex2[3] = 110.34068721; myplaney2[3] = 20.04629883;
myplanex2[4] = 110.34069677; myplaney2[4] = 20.04605979;
myplanex2[5] = 110.34088959; myplaney2[5] = 20.04612854;
myplanex2[6] = 110.34108985; myplaney2[6] = 20.04616732;
myplanex2[7] = 110.34130074; myplaney2[7] = 20.04612596;
myplanex2[8] = 110.34151415; myplaney2[8] = 20.04603931;
myplanex2[9] = 110.34166015; myplaney2[9] = 20.04598309;
var start1 = Cesium.JulianDate.fromDate(new Date(2018, 6, 1, 16));
//设置开始时间,这里设置为 2018 年 6 月 1 日 16 点
var stop1 = Cesium.JulianDate.addSeconds(start1, 300, new Cesium.JulianDate());
//结束时间,是开始时间后的 300s,即 5min
function computeCirclularFlight(lon, lat, radius, myplanex, myplaney) {
//该函数将经度纬度数组传入其中,返回值为一个带有时间的位置
var property = new Cesium.SampledPositionProperty();
```

```
//作为返回值,该对象包含有时间和位置两种信息
for (var i = 0; i < myplanex.length; i++) {
//需要计算多少个位置,即数组的长度
        var t = 300 /(myplanex.length);
//平均分给300s,即每个位置的时间间隔
        var time = Cesium.JulianDate.addSeconds(start1, i * t, new
    Cesium.JulianDate());
    //以开始时间作为基准
        var position = Cesium.Cartesian3.fromDegrees(myplanex[i],
    myplaney[i], 5);
        property.addSample(time, position);
      //将时间和位置放在property中
    }
    property.setInterpolationOptions({
        interpolationDegree: 5, //插值度
        interpolationAlgorithm: Cesium.LagrangePolynomialApproximation
    //插值计算方式
    });
    return property; //返回位置信息
}
var matrix3Scratch = new Cesium.Matrix3(); //三维矩阵
var positionScratch = new Cesium.Cartesian3();  //笛卡儿坐标点
var orientationScratch = new Cesium.Quaternion();  //四维元组,为后
面服务
var scratch = new Cesium.Matrix4(); //四维矩阵
var camera = viewer.scene.camera; //相机
function getModelMatrix(entity, time, result) {
//该函数根据传入实体,时间,然后计算当前的朝向,存入result中
       var position = Cesium.Property.getValueOrUndefined(entity.
position, time, positionScratch);
      if (! Cesium.defined(position)) {
          return undefined;
      }
      var orientation = Cesium.Property.getValueOrUndefined(entity.
orientation, time, orientationScratch);
  if (! Cesium.defined(orientation)) {
  //计算朝向
        result = Cesium.Transforms.eastNorthUpToFixedFrame(posi-
```

```
tion, undefined, result);
        } else {
            result =
          Cesium. Matrix4. fromRotationTranslation ( Cesium. Matrix3.
          fromQuaternion(orientation, matrix3Scratch), position, re-
          sult);
        }
        return result;
    }
    planeBtn2.addEventListener('click',
        function () {
            viewer.clock.startTime = start1.clone();
        //viewer 的开始时间
            viewer.clock.stopTime = stop1.clone();
        //viewer 的结束时间
            viewer.clock.currentTime = start1.clone();
        //当前时间
            viewer.clock.clockRange = Cesium.ClockRange.LOOP_STOP; //
Loop at the end
        //时间的循环方式
            viewer.clock.multiplier = 10;
        //时间倍率,此相当于现实 1s viewer 里面 10s
            viewer.clock.shouldAnimate = true;  //时间线可见
            viewer.timeline.zoomTo(start1, stop1);  //时间线的起止点
            var position = computeCircularFlight(110.34078606, 20.04692336,
0.03, myplanex2, myplaney2);  //位置信息
            entityPlane = viewer.entities.add({
        //添加一个实体
                availability: new Cesium.TimeIntervalCollection([new
      Cesium.TimeInterval({
          //可动态的
                    start: start1,
                    stop: stop1
                })]),
                position: position,  //位置
                orientation: new Cesium.VelocityOrientationProperty(position),
          //实体的朝向
                show: false,  //可设置该实体显示或者不显示
```

```
            model: {
                uri:
    '../../../Apps/SampleData/models/CesiumAir/Cesium_Air.glb',
        //实体的模型
                minimumPixelSize: 1,  //大小
                show: false,  //模型显示或者不显示
            }
        });
        viewer.scene.preRender.addEventListener(function () {
         //viewer.scene 的监听事件,让相机跟着实体,模拟出固定路径浏览效果
            getModelMatrix(entityPlane, viewer.clock.currentTime,
scratch);
            camera.lookAtTransform(scratch, new Cesium.Cartesian3
(-10, 0, 0)); //MODIFY
        });
    }
);
```

小结：首先定义一个数组，存放预览路径的经度和纬度，开始和结束时间以及每一步的时间步长，然后构建一个函数，该函数实时返回一个位置信息，视角跟随着一个实体，实体的位置随着时间不断被刷新，其他时间段用差值器进行模拟。

**3. 用户自定义路径飞行**

用鼠标点击，获得地图上的点，将这些点放在一个数组容器中，在此基础上将这些点转化为固定的路径进行飞行。具体实现代码如下：

```
//定义一个线段类,随着鼠标的点击动态生成线段,模拟飞行的路径
var PolyLinePrimitive = (function () {
    function _(positions) {
        this.options = {
            polyline: {
                show: true,
                positions: [],
                material: Cesium.Color.CORNFLOWERBLUE,
                width: 5
            }
        };
        this.positions = positions;
        this._init();
    }
    _.prototype._init = function () {
```

```
        var _self = this;
        var _update = function () {
            return _self.positions;
        };
        //实时更新polyline.positions
        this.options.polyline.positions = new
    Cesium.CallbackProperty(_update, false);
        //viewer.entities.add(this.options);
    };
    return _;
})();
//初始化
var handler;  //事件变量,后面函数会用到
var positions = []; //位置数组
var lonarr = [];  //经纬度数组
var latarr = [];
var poly = undefined;
var tementity;    //临时实体
//到点击画路径按钮时,该函数得到响应
huaxianBtn1.addEventListener('click',
    function () {
        viewer.entities.remove(tementity);  //移除原有的实体(上次
    画的线段)
        positions.splice(0, positions.length);  //清空一下位置数组
        lonarr.splice(0, lonarr.length);  //清空经纬度数组
        latarr.splice(0, latarr.length);
        handler = new
   Cesium.ScreenSpaceEventHandler(viewer.scene.canvas);
    //事件监听
        //鼠标监听事件
        handler.setInputAction(function (movement) {
      //得到鼠标点击位置
            var cartesian = scene.camera.pickEllipsoid(movement.position,
scene.globe.ellipsoid);
            if (positions.length == 0) {
                positions.push(cartesian.clone());
            }
            positions.push(cartesian);  //线段的位置数组添加鼠标点击
```

位置

```
            var cartographic1 =
      Cesium.Cartographic.fromCartesian(cartesian);
            var lon1 =
        Cesium.Math.toDegrees ( cartographic1.longitude ) .toFixed
(8);//经度值
            var lat1 =
      Cesium.Math.toDegrees(cartographic1.latitude).toFixed(8);//
纬度值
            lonarr.push(lon1);
            latarr.push(lat1);
            console.log(lon1, lat1);
         }, Cesium.ScreenSpaceEventType.LEFT_CLICK);  //当左键点击
的时候
         handler.setInputAction(function (movement) {  //事件监听
            var cartesian =
       scene.camera.pickEllipsoid(movement.endPosition, scene.globe.
ellipsoid);
            if (positions.length >= 2) {
   //当线段的位置大于2时(即有两个以上的节点),满足构成线段的条件,则开始进行
绘制线段,即路径
               if (! Cesium.defined(poly)) {
                  poly = new PolyLinePrimitive(positions);
                  tementity = poly.options;
                  viewer.entities.add(tementity);
               } else {
                  positions.pop();
                  cartesian.y += (1 + Math.random());
                  positions.push(cartesian);
               }
            }
         }, Cesium.ScreenSpaceEventType.MOUSE_MOVE);  //鼠标移动事件
         handler.setInputAction(function (movement) {
            handler.destroy();
        //当鼠标右键点击时结束画线
         }, Cesium.ScreenSpaceEventType.RIGHT_CLICK);
      }
   );
```

得到经纬度数组之后，后面过程和固定路径飞行代码一样，不再赘述。

**4. 环绕预览**

具体实现代码如下：

```
var surroundRun = 1; //判断环绕这个按钮是否被点击
var manBtn  = document.querySelector("#surroundbrowse");
//用一个变量承接环绕浏览按钮
manBtn.addEventListener('click',
//添加按钮点击事件
    function () {
        if (surroundRun ==1) {
            var viewOffset = new
      Cesium.HeadingPitchRange ( Cesium.Math.toRadians ( - 60 ),
      Cesium.Math.toRadians(-20),200);
            var pick1 = new Cesium.Cartesian2(1300, 600);  //屏幕坐标
            var cartesian = viewer.camera.pickEllipsoid(pick1,
      viewer.scene.globe.ellipsoid);  //屏幕坐标转到世界坐标
            cartesian.z += 60;
            var entity = viewer.entities.add({
      //添加一个视点,以实体方式呈现
                position: cartesian,
                point: {
                    color: Cesium.Color.RED,
                    pixelSize: 0.000001,
                }
            })
            viewer.zoomTo(entity, viewOffset);
      //viewer 镜头锁住视点实体
        viewer.scene.preUpdate.addEventListener(function (scene, time) {
      //不断刷线 viewer
             heading = (viewOffset.heading /Math.PI) * 180 + 1;
             viewOffset.heading = Cesium.Math.toRadians(heading);
             viewer.zoomTo(entity, viewOffset);

            })
            surroundRun = 0;
        }
        else if(surroundRun ==0){
          viewer.scene.preUpdate.addEventListener.RemoveCallback;
```

```
        //回退到环绕预览之前的状态,第二次点击时取消环绕预览
            viewer.entities.removeAll();
            surroundRun = 1;
        }
})
```

小结：给按钮添加点击事件，第一次点击进行环绕预览，第二次点击取消预览，需要添加一个判断变量。当进行环绕预览时，viewer 锁住实体，跟随实体旋转，模拟环绕的效果。

### 6.5.3 查询功能

查询功能包括鼠标点击查询、矩形查询、关键字查询、坐标查询与定位，其中查询的信息又包括文字、图片、视频和网址。

**1. 鼠标移动和点击查询**

当鼠标移动时，显示鼠标点的经纬度和高度；当鼠标点击某一个实体时，获得实体的信息。具体实现代码如下：

```
//当鼠标移动时,显示经纬度和高度信息
<span id="longitude_show"></span>  //用一个 span 的容器进行显示
var longitude_show = document.getElementById('longitude_show');
var latitude_show = document.getElementById('latitude_show');
var altitude_show = document.getElementById('altitude_show');
var canvas = viewer.scene.canvas;
handler.setInputAction(function(movement){
    //捕获椭球体,将笛卡儿二维平面坐标转为椭球体的笛卡儿三维坐标,返回球体
表面的点
    var cartesian =
    viewer.camera.pickEllipsoid(movement.endPosition, ellipsoid);
    if(cartesian){
        //将笛卡儿三维坐标转为地图坐标(弧度)
        var cartographic =
    viewer.scene.globe.ellipsoid.cartesianToCartographic(cartesian);
        //将地图坐标(弧度)转为十进制的度数
        var lat_String =
    Cesium.Math.toDegrees(cartographic.latitude).toFixed(6);
        var log_String =
    Cesium.Math.toDegrees(cartographic.longitude).toFixed(6);
        var alti_String =
(viewer.camera.positionCartographic.height/1000).toFixed(2);
        //console.log("经度:"+
```

```
    Cesium.Math.toDegrees(cartographic.longitude)+"  纬度:
    "+Cesium.Math.toDegrees(cartographic.latitude) +"  高度:
    "+alti_String);
        longitude_show.innerHTML = log_String;  //进行显示出来
        latitude_show.innerHTML = lat_String;
        altitude_show.innerHTML = alti_String;
}})
```

效果如图 6.13 所示。

图 6.13 鼠标点的经纬度和高程信息

```
//当点击某一个实体时,显示实体的属性信息
  var wuhandaxue = viewer.entities.add({
      name:'武汉大学',
      position: Cesium.Cartesian3.fromDegrees(103.708709, 30.83511853),
      point: {
          pixelSize: 1,
          color: Cesium.Color.RED,
      },
      //广告牌
    billboard: {
      image:'../data/mark/MarkerOrange.png',
      width: 64,
      height: 64,
    },
      label: {
          text:'武汉大学',
          font:'14pt monospace',
          style: Cesium.LabelStyle.FILL_AND_OUTLINE,
          outlineWidth: 2,
          //垂直设置
          verticalOrigin: Cesium.VerticalOrigin.BOTTON,
          //中心位置
          pixelOffset: new Cesium.Cartesian2(0, 30)
      },
```

```
    description:'\
    <img \
    width="30% "\
    style="float:left; margin: 0 1em 1em 0;"\
    src="../img/tupian/wuhandaxue.jpg"/>\
    <p>\
    <a style="color: green"\
    target="_blank"\
    href="https://baike.baidu.com/item/武汉大学/106709?fr=aladdin">武汉大学(Wuhan University)</a>\
    简称"武大",是一所位于湖北省武汉市的全国重点综合研究型大学,其办学源头是清朝末期1893年湖广总督张之洞奏请清政府创办的自强学堂,是近代中国建立最早的国立大学,已有一百多年历史。\
    </p>\
    <p>\
          详情: \
    <a style="color: white"\
    target="_blank"\
    href="http://www.whu.edu.cn/">官方网站</a>\
    <a style="color: white"\
    target="_blank"\
    href="https://baike.baidu.com/pic/武汉大学/106709/8431574/b8389b504fc2d56203c91b86e51190ef77c66c9c?fr=lemma&ct=cover#aid=8431574&pic=b8389b504fc2d56203c91b86e51190ef77c66c9c">查看图片</a>\
    </p>',
  });
```

**2. 坐标定位**

```
//点击事件,选中一个地点,3D跳转到
function setmapToBylngAndLat(t) {
  //获取经纬度
  var longitude =t.getAttribute("data-longitude");
  var latitude =t.getAttribute("data-latitude");
  if(loactionEntity)
       viewer.entities.remove(loactionEntity);
  //创建viewer 3D cesium实体
       loactionEntity = new Cesium.Entity({
          id :'loactionEntity',
          position : Cesium.Cartesian3.fromDegrees(longitude, latitude),
```

```
            point : {
                pixelSize : 10,
                color : Cesium.Color.WHITE.withAlpha(0),
                outlineColor : Cesium.Color.WHITE.withAlpha(0),
                outlineWidth : 1
            }
        });
        viewer.entities.add(loactionEntity);
    //跳转到定位点
        viewer.flyTo(loactionEntity, {
            offset : {
                heading : Cesium.Math.toRadians(0.0),
                pitch : Cesium.Math.toRadians(-90),
                range : 10000
            }
      });
    document.getElementById("search_results_div").style.display
="none";
  }
```

小结：上述代码中，首先获取了经纬度，根据经纬度便可以创建 viewer 3D cesium 实体，最后跳转到定位点。

**3. 属性查询**

```
  /*
  *@ method queryByProperty
  *@ param propertyValue 属性值
  *@ param propertyName 属性名称
  *@ param typeName 图层名称
  *@ return null
  /
  function queryByProperty(propertyValue, propertyName, typeName,
callback){
  //定义过滤器
  var filter =
  '<Filter xmlns="http://www.opengis.net/ogc" xmlns:gml="http://
www.opengis.net/gml">';
      filter += '<PropertyIsLike wildCard="*" singleChar="#" es-
capeChar="!">';
      filter += '<PropertyName>' + propertyName + '</PropertyName>';
```

```
    filter += '<Literal>'+propertyValue+'</Literal>';
    filter += '</PropertyIsLike>';
    filter += '</Filter>';
  //定义对应服务的一些配置信息
  var urlString = GeoServerUrl + '/ows';
  var param = {
  service: 'WFS',
  version: '1.0.0',
  request: 'GetFeature',
  typeName: typeName,
  outputFormat: 'application/json',
  filter: filter
  };
  //设置 url
  var jsonUrl = urlString + getParamString(param, urlString);
  //ajax 请求数据
  $.ajax({
  url: jsonUrl,
  async: true,
  type:'GET',
  dataType: 'json',
  success(result) {
  callback(result);
  },
  error(err) {
  console.log(err);
  }
  })
  }
```

小结：先定义过滤器，再定义对应服务的一些配置信息，最后用 ajax 请求数据。本段代码使用的是 GeoServer 的 WFS 服务，由于不同的服务采取的格式不同，若读者使用不同服务，代码会与上述示例有所差异。

**4. 关键字查询**

```
  /*
  * @ method queryByKeyword
  * @ param propertyName 属性名称
  * @ param keyword 关键字
  * @ param typeName 图层名称
```

```
 * @ return null
 /
 function queryByKeyword( keyword , propertyName, typeName, call-
back){
 //由于不同的服务采取的格式不同,所以下面的代码可能有所不同,下面代码使用的
是 GeoServer 的 WFS 服务
 //定义过滤器
 var filter =
 '<Filter xmlns = "http://www.opengis.net/ogc" xmlns:gml = "http://
www.opengis.net/gml">';
     filter += '<PropertyIsLike wildCard = " * " singleChar = "#" es-
capeChar = "!">';
     filter += '<PropertyName>' + propertyName + '</PropertyName>';
     filter += '<Literal>*'+propertyValue+'*</Literal>';
     filter += '</PropertyIsLike>';
     filter += '</Filter>';
 //定义对应服务的一些配置信息
 var urlString = geoserverUrl + '/ows';
 var param = {
 service: 'WFS',
 version: '1.0.0',
 request: 'GetFeature',
 typeName: typeName,
 outputFormat: 'application/json',
 filter: filter
 };
 //设置 url
 var jsonUrl = urlString + getParamString(param, urlString);
 //ajax 请求数据
 $.ajax({
 url: jsonUrl,
 async: true,
 type:'GET',
 dataType: 'json',
 success(result) {
 callback(result);
 },
 error(err) {
```

```
console.log(err);
}
})
}
```

小结：先定义过滤器，再定义对应服务的一些配置信息，最后用 ajax 请求数据。

**5. 添加文字信息**

由 description 函数为实体添加属性信息，可以为其添加文字、图片、链接、视频信息。添加文字信息的具体实现代码如下：

```
function AddMark(position) {
        var id = 'id'+new Date().getTime();
        console.log("id = "+id);
        //定义对象
        var Mark = viewer.entities.add({
          id:id,
          name:'Mark',
          //添加文字描述
          description:'...',
          //位置
          position: position,
          ...
        });

    }
```

小结：定义一个对象，在对象中添加文字信息。

**6. 框选查询**

```
/*
*@ method queryByPolygon
*@ param polygon 空间范围
*@ param typeName 图层名称
*@ return null
*/
function queryByPolygon(polygon, typeName, callback){
//polygon[0]-polygon[3]为矩形 4 点, lon lat 为对应经纬度
//由于不同的服务采取的格式不同,所以下面的代码可能有所不同,下面代码使用的是 GeoServer 的 WFS 服务
//定义过滤器
var filter =
'<Filter xmlns = "http://www.opengis.net/ogc" xmlns:gml = "http://
```

```
www.opengis.net/gml">';
    filter += '<Intersects>';
    filter += '<PropertyName>GEOM</PropertyName>';
    filter += '<gml:Polygon>';
    filter += '<gml:outerBoundaryIs>';//定义多边形边界范围
    filter += '<gml:LinearRing>';
    filter += '<gml:coordinates>' + polygon[0].lon +',' + polygon[0].lat
+'' + polygon[1].lon +',' + polygon[1].lat +'' + polygon[2].lon +',' + poly-
gon[2].lat +'' + polygon[3].lon +',' + polygon[3].lat + '</gml:coordi-
nates>';
    filter += '</gml:LinearRing>';
    filter += '</gml:outerBoundaryIs>';
    filter += '</gml:Polygon>';
    filter += '</Intersects>';
    filter += '</Filter>';
    //定义对应服务的一些配置信息
    var urlString = geoserverUrl +'/ows';
    var param = {
    service: 'WFS',
    version: '1.0.0',
    request: 'GetFeature',
    typeName: typeName,
    outputFormat: 'application/json',
    filter: filter
    };
    //设置 url
    var jsonUrl = urlString + getParamString(param, urlString);
    //ajax 请求数据
     $.ajax({
    url: jsonUrl,
    async: true,
    type:'GET',
    dataType: 'json',
    success(result) {
    callback(result);
    },
    error(err) {
    console.log(err);
```

```
    }
    })
    }
```

小结：先定义过滤器，再定义对应服务的一些配置信息，最后用 ajax 请求数据。

**7. 添加图片、网页链接信息**

```
    viewer.imageryLayers.addImageryProvider(new
Cesium.SingleTileImageryProvider({
          url:"../images/label/1.png",//具体路径
          rectangle: rectangle
        }))
        var layers = viewer.imageryLayers;
```

**8. 添加视频信息**

```
    //首先获取视频元素
        var videoElement = document.getElementById('trailer');
    viewer.entities.add(
    {
        rectangle: {
           coordinates:  Cesium.Rectangle.fromDegrees(position[0],
position[3], position[2], position[1]),
            material: videoElement,
            outline:true,
            outlineColor:Cesium.Color.BLACK.withAlpha(0.0),
            height : 1000.0 * 10,
            transparent : true
        },
        classificationType : Cesium.ClassificationType.BOTH
        });
```

### 6.5.4　量算功能

**1. 地表距离量算**

距离量算是地理信息展示平台中的重要作用。地表距离是指两点在水平方向上的距离，也是没有高度差的距离，即两点投影到同一水平面上的直线距离。代码如下：

```
    //添加鼠标交互事件
    //取消双击事件,追踪该位置
    viewer.cesiumWidget.screenSpaceEventHandler.removeInputAction
(Cesium.ScreenSpaceEventType
                .LEFT_DOUBLE_CLICK);
```

```
            handler = new
Cesium.ScreenSpaceEventHandler(viewer.scene._imageryLayerCollection);
            var positions = [];
            var poly = null;

            var distance = 0;
            var cartesian = null;
            var floatingPoint;

            handler.setInputAction(function (movement) {

                let ray = viewer.camera.getPickRay(movement.endPosition);
                cartesian = viewer.scene.globe.pick(ray, viewer.scene);
                if (positions.length >= 2) {
                    if (! Cesium.defined(poly)) {
                        poly = new PolyLinePrimitive(positions);
                    } else {
                        positions.pop();

                        positions.push(cartesian);
                    }
                    distance = getSpaceDistance(positions);

                }
            }, Cesium.ScreenSpaceEventType.MOUSE_MOVE);

            handler.setInputAction(function (movement) {

                let ray = viewer.camera.getPickRay(movement.position);
                cartesian = viewer.scene.globe.pick(ray, viewer.scene);
                if (positions.length == 0) {
                    positions.push(cartesian.clone());
                }
                positions.push(cartesian);
                //在三维场景中添加 label

                var textDisance = distance + "米";
                floatingPoint = viewer.entities.add({
```

```
                name: '空间水平距离',
                position: positions[positions.length - 1],
                point: {
                    pixelSize: 5,
                    color: Cesium.Color.RED,
                    outlineColor: Cesium.Color.WHITE,
                    outlineWidth: 2,
                },
                label: {
                    text: textDisance,
                    font: '18px sans-serif',
                    fillColor: Cesium.Color.GOLD,
                    style: Cesium.LabelStyle.FILL_AND_OUTLINE,
                    outlineWidth: 2,
                    verticalOrigin: Cesium.VerticalOrigin.BOTTOM,
                    pixelOffset: new Cesium.Cartesian2(20, -20),
                }
            });
        }, Cesium.ScreenSpaceEventType.LEFT_CLICK);

        handler.setInputAction(function (movement) {
            handler.destroy(); //关闭事件句柄
            positions.pop(); //最后一个点无效
            //viewer.entities.remove(floatingPoint);
            //tooltip.style.display = "none";

        }, Cesium.ScreenSpaceEventType.RIGHT_CLICK);
```

小结：这一功能的事件部分需要分为三部分，分别是左键点击、右键点击和鼠标移动。在左键点击部分，需要区分的是第几次点击，若为第一次点击，则设为起始点，从此处开始计算距离；若非第一次点击，则需要将该点位置加入坐标数组中运用距离计算函数计算分段距离再进行累加；此外，均需要添加点标注作为地图标注；鼠标移动部分获得鼠标位置，生成动态线状标注作为预览。右键点击时为画线完成，计算总和距离，并将事件句柄关闭。

```
//添加地图标注
var PolyLinePrimitive = (function () {
            function _(positions) {
                this.options = {
                    name: '直线',
```

```
                    polyline: {
                        show: true,
                        positions: [],
                        material: Cesium.Color.CHARTREUSE,
                        width: 10,
                        clampToGround: true
                    }
                };
                this.positions = positions;
                this._init();
            }

            _.prototype._init = function () {
                var _self = this;
                var _update = function () {
                    return _self.positions;
                };
                //实时更新polyline.positions
                this.options.polyline.positions = new
Cesium.CallbackProperty(_update, false);
                viewer.entities.add(this.options);
            };

            return _;
        })();
```

小结：此处设置线的样式，包括颜色、宽度等属性。

```
//设置距离计算函数
//空间两点水平距离计算函数
        function getSpaceDistance(positions) {
            var distance = 0;
            for (var i = 0; i < positions.length - 1; i++) {

                var point1cartographic =
Cesium.Cartographic.fromCartesian(positions[i]);
                var point2cartographic =
Cesium.Cartographic.fromCartesian(positions[i + 1]);
                /**根据经纬度计算出距离**/
                var geodesic = new Cesium.EllipsoidGeodesic();
```

```
                geodesic.setEndPoints(point1cartographic,
point2cartographic);
                var s = geodesic.surfaceDistance;
                //返回两点之间的水平距离
                distance = distance + s;
            }
            return distance.toFixed(2);
        }
```

小结：运用之前左键点击时获得的坐标数组来计算距离，首先要由 Cesium 的坐标函数得到这一系列点的经纬度，再通过经纬度计算出两点之间的水平距离。若非第一段距离，则将距离进行累加，返回给显示部分。效果如图 6.14 所示。

图 6.14 水平距离量算

距离量算是地理信息展示平台中的重要作用，Cesium 也有属于自己的距离量算方法。首先利用事件监听函数获取鼠标左键点击时所在的位置，再根据其中每两点间的距离分别进行距离计算。

**2. 空间距离量算**

空间距离量算包括水平距离、垂直距离和空间距离，具体实现代码如下：

```
//按钮及按钮点击事件
var spaceDis = document.querySelector("#spatialD");
spaceDis.addEventListener('click',
    function () {
        measure.spaceDis();
    });
//点击后响应的函数,空间距离
function MeasureTools(viewer) {
    //空间距离
```

```
    this.spaceDis = function () {
        var positions = [];
    //三个标签实体,分别存放水平距离、垂直距离和空间距离
        var labelEntity_1 = null;
        var labelEntity_2 = null;
        var labelEntity_3 = null;
        //注册鼠标左击事件
        viewer.screenSpaceEventHandler.setInputAction(function
(clickEvent) {
            var cartesian = viewer.scene.pickPosition(clickEvent.
position); //坐标
            //存储第一个点
            if (positions.length == 0) {
                positions.push(cartesian.clone());
                addPoint(cartesian);
                //注册鼠标移动事件
                viewer.screenSpaceEventHandler.setInputAction(function
(moveEvent) {
                    var movePosition =
viewer.scene.pickPosition(moveEvent.endPosition); //鼠标移动的点
                    if (positions.length >= 2) {
                        positions.pop();
                        positions.pop();
                        positions.pop();
                        var cartographic =
Cesium.Cartographic.fromCartesian(movePosition);
                        var height =
Cesium.Cartographic.fromCartesian(positions[0]).height;
                        //以度为单位的经度、纬度值返回
Cesium.Cartesian3.fromDegrees(经度,纬度,高度,椭圆体,结果).
                        var verticalPoint =
Cesium.Cartesian3.fromDegrees(Cesium.Math.toDegrees(cartographic.
longitude), Cesium.Math.toDegrees(cartographic.latitude), height);
                        positions.push(verticalPoint);
                        positions.push(movePosition);
                        positions.push(positions[0]);
                        //绘制 label
                        if (labelEntity_1) {
```

```
                    viewer.entities.remove(labelEntity_1);

entityCollection.splice(entityCollection.indexOf(labelEntity_1), 1);
                    viewer.entities.remove(labelEntity_2);

entityCollection.splice(entityCollection.indexOf(labelEntity_2), 1);
                    viewer.entities.remove(labelEntity_3);

entityCollection.splice(entityCollection.indexOf(labelEntity_3), 1);
                }
                //计算中点(左,右,结果)
                var centerPoint_1 =
Cesium.Cartesian3.midpoint(positions[0], positions[1], new
Cesium.Cartesian3());
                //计算距离
                var lengthText_1 = "水平距离:" +
getLengthText(positions[0], positions[1]);
                labelEntity_1 = addLabel(centerPoint_1,
lengthText_1);
                entityCollection.push(labelEntity_1);
                //计算中点
                var centerPoint_2 =
Cesium.Cartesian3.midpoint(positions[1], positions[2], new
Cesium.Cartesian3());
                //计算距离
                var lengthText_2 = "垂直距离:" +
getLengthText(positions[1], positions[2]);
                labelEntity_2 = addLabel(centerPoint_2,
lengthText_2);
                entityCollection.push(labelEntity_2);
                //计算中点
                var centerPoint_3 =
Cesium.Cartesian3.midpoint(positions[2], positions[3], new
Cesium.Cartesian3());
                //计算距离
                var lengthText_3 = "空间距离:" +
getLengthText(positions[2], positions[3]);
                labelEntity_3 = addLabel(centerPoint_3,
```

```
lengthText_3);
                        entityCollection.push(labelEntity_3);
                    } else {
                        var verticalPoint = new
Cesium.Cartesian3(movePosition.x, movePosition.y, positions[0].z);
                        positions.push(verticalPoint);
                        positions.push(movePosition);
                        positions.push(positions[0]);
                        //绘制线
                        addLine(positions);
                    }
                }, Cesium.ScreenSpaceEventType.MOUSE_MOVE);
            } else {
                //存储第二个点
                positions.pop();
                positions.pop();
                positions.pop();
                var cartographic =
Cesium.Cartographic.fromCartesian(cartesian);
                var height =
Cesium.Cartographic.fromCartesian(positions[0]).height;
                var verticalPoint =
Cesium.Cartesian3.fromDegrees(Cesium.Math.toDegrees(cartographic.
longitude), Cesium.Math.toDegrees(cartographic.latitude), height);
                positions.push(verticalPoint);
                positions.push(cartesian);
                positions.push(positions[0]);
                addPoint(cartesian);
                viewer.screenSpaceEventHandler.removeInputAction
                (Cesium.ScreenSpaceEventType.LEFT_CLICK);
                viewer.screenSpaceEventHandler.removeInputAction
                (Cesium.ScreenSpaceEventType.MOUSE_MOVE);
            }
        }, Cesium.ScreenSpaceEventType.LEFT_CLICK);
    };
}
```

效果如图 6.15 所示。

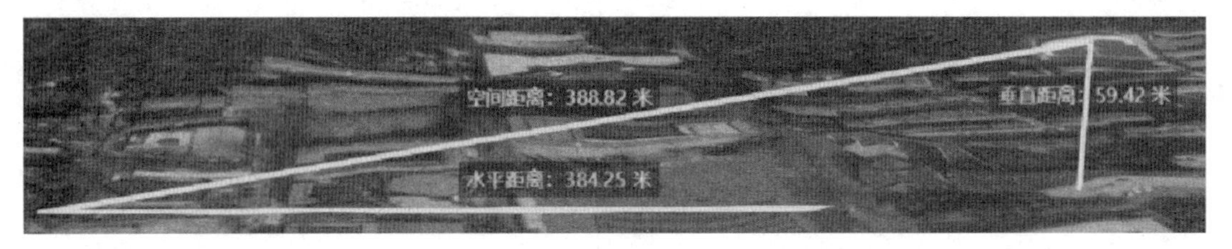


图 6.15　距离量算效果图

**3. 水平面积量算**

水平面积量算代码和空间距离代码的逻辑结构一样，更改以下部分：

```
    //水平面积
    this.planeArea = function () {
        var positions = [];
        var clickStatus = false;//点击状态
        var labelEntity = null;
        viewer.screenSpaceEventHandler.setInputAction(function
(clickEvent) {
            clickStatus = true;
            //这一段实现了鼠标在模型上获取模型上点的坐标,鼠标不在模型上,
则获取在地面的坐标
            var handler = new
Cesium.ScreenSpaceEventHandler(viewer.scene.canvas);
            handler.setInputAction(function(evt) {
                var scene = viewer.scene;
                if (scene.mode ! == Cesium.SceneMode.MORPHING) {
                    var pickedObject = scene.pick(evt.position);
                    if (scene.pickPositionSupported &&
Cesium.defined(pickedObject)) {
                        var cartesian =
viewer.scene.pickPosition(evt.position);//修改 pickPosition
                        if (Cesium.defined(cartesian)) {
                            var cartographic =
Cesium.Cartographic.fromCartesian(cartesian);
                            var lng =
Cesium.Math.toDegrees(cartographic.longitude);
                            var lat =
Cesium.Math.toDegrees(cartographic.latitude);
```

```
                    var height = cartographic.height;//模型高度
                    mapPosition={x:lng,y:lat,z:height};
                    console.log(mapPosition);
                }
            }
            else {
                var
cartesian = viewer. camera. pickEllipsoid ( evt. position, viewer.
scene.globe.ellipsoid);
                if (Cesium.defined(cartesian)) {
                    var cartographic =
Cesium.Cartographic.fromCartesian(cartesian);
                    var lng =
Cesium.Math.toDegrees(cartographic.longitude);
                    var lat =
Cesium.Math.toDegrees(cartographic.latitude);
                    var height = cartographic.height;//模型高度
                    mapPosition={x:lng,y:lat,z:height};
                    console.log(mapPosition);
                }
            }
        }
    }, Cesium.ScreenSpaceEventType.LEFT_CLICK);
    //var cartesian =
viewer.scene.pickPosition(clickEvent.position);//坐标
    var cartesian =
viewer. scene. globe. pick ( viewer. camera. getPickRay ( clickEvent.
position), viewer.scene);//获取场景、相机位置
    if (positions.length == 0) {
        positions.push(cartesian.clone()); //鼠标左击,添加
第1个点
        addPoint(cartesian);
        viewer.screenSpaceEventHandler.setInputAction(function
(moveEvent) {
            //var movePosition =
viewer.scene.pickPosition(moveEvent.endPosition);
            var movePosition =
viewer. scene. globe. pick ( viewer. camera. getPickRay ( moveEvent.
```

```
endPosition), viewer.scene);
                if (positions.length == 1) {
                    positions.push(movePosition);
                    addLine(positions);
                } else {
                    if (clickStatus) {
                        positions.push(movePosition);
                    } else {
                        positions.pop();
                        positions.push(movePosition);
                    }
                }
                if (positions.length >= 3) {
                    //绘制 label
                    if (labelEntity) {
                        viewer.entities.remove(labelEntity);

entityCollection.splice(entityCollection.indexOf(labelEntity), 1);
                    }
                    var text = "面积:" + getArea(positions);
                    var centerPoint =
getCenterOfGravityPoint(positions);
                    labelEntity = addLabel(centerPoint, text);
                    entityCollection.push(labelEntity);
                }
                clickStatus = false;
            }, Cesium.ScreenSpaceEventType.MOUSE_MOVE);
        } else if (positions.length == 2) {
            positions.pop();
            positions.push(cartesian.clone()); //鼠标左击,添加
第 2 个点
            addPoint(cartesian);
            addPolyGon(positions);
            //右击结束
            viewer.screenSpaceEventHandler.setInputAction(function
(clickEvent) {
                //var clickPosition =
viewer.scene.pickPosition(clickEvent.position);
```

```
                    var clickPosition =
viewer. scene. globe. pick ( viewer. camera. getPickRay ( clickEvent.
position), viewer.scene);
                    positions.pop();
                    positions.push(clickPosition);
                    positions.push(positions[0]); //闭合
                    addPoint(clickPosition);

viewer.screenSpaceEventHandler.removeInputAction(Cesium.ScreenS-
paceEventType.LEFT_CLICK);

viewer.screenSpaceEventHandler.removeInputAction(Cesium.ScreenS-
paceEventType.MOUSE_MOVE);

viewer.screenSpaceEventHandler.removeInputAction(Cesium.ScreenS-
paceEventType.RIGHT_CLICK);
                }, Cesium.ScreenSpaceEventType.RIGHT_CLICK);
            } else if (positions.length >= 3) {
                positions.pop();
                positions.push(cartesian.clone()); //鼠标左击,添加
第 3 个点
                addPoint(cartesian);
            }
        }, Cesium.ScreenSpaceEventType.LEFT_CLICK);
    };
```

效果如图 6.16 所示。

图 6.16　水平面积量算效果图

### 6.5.5　天气模拟功能

天气模拟主要通过着色器来实现，可以实现雪、雨、雾等天气功能。这几种天气模拟功能的代码结构和原理都类似，此处以雪为例子，另两种天气不再赘述。

```
function FS_Snow() {
    return "uniform sampler2D colorTexture; \n \
    varying vec2 v_textureCoordinates; \n \
\n \
    float snow(vec2 uv,float scale) \n \
    { \n \
        float time = czm_frameNumber / 60.0; \n \
        float w=smoothstep(1.,0.,-uv.y * (scale/10.));if(w<.1)re-
turn 0.; \n \
        uv+=time/scale;uv.y+=time * 2./scale;uv.x+=sin(uv.y+
time * .5)/scale; \n \
        uv * =scale;vec2 s=floor(uv),f=fract(uv),p;float k=3.,d; \n \

    p=.5+.35 * sin(11. * fract(sin((s+p+scale) * mat2(7,3,6,5)) *
    5.))-f;d=length(p);k=min(d,k); \n \
        k=smoothstep(0.,k,sin(f.x+f.y) * 0.01); \n \
        return k * w; \n \
    } \n \
\n \
    void main(void){ \n \
        vec2 resolution = czm_viewport.zw; \n \
        vec2
  uv=(gl_FragCoord.xy * 2.-resolution.xy)/min(resolution.x,reso-
  lution.y); \n \
        vec3 finalColor=vec3(0); \n \
        float c = 0.0; \n \
        c+=snow(uv,30.) * .0; \n \
        c+=snow(uv,20.) * .0; \n \
        c+=snow(uv,15.) * .0; \n \
        c+=snow(uv,10.); \n \
        c+=snow(uv,8.); \n \
        c+=snow(uv,6.); \n \
        c+=snow(uv,5.); \n \
        finalColor=(vec3(c)); \n \
```

```
            gl_FragColor = mix(texture2D(colorTexture, v_textureCoor-
dinates), vec4(finalColor,1), 0.5); \n\
    \n\
        } \n\
    ";
    }
    var SnowSwitch = 1;
    var SnowStage;
    var snowSimu = document.querySelector("#snow");
    snowSimu.addEventListener('click',
        function () {
            if (SnowSwitch) {
                SnowStage ? SnowStage.destroy() : '';
                SnowStage =
        Cesium.PostProcessStageLibrary.createBrightnessStage();
                SnowStage.uniforms.brightness = 2;//整个场景通过后期渲染
变亮,1 为保持不变,大于 1 变亮,0~1 变暗
                var fs_snow = FS_Snow();
                SnowStage = new Cesium.PostProcessStage({
                    "name": "SNOW",
                    //sampleMode:PostProcessStageSampleMode.LINEAR,
                    fragmentShader: fs_snow
                });
                viewer.scene.postProcessStages.add(SnowStage);
                SnowSwitch = 0;
            } else {
                SnowSwitch = 1;
                viewer.scene.postProcessStages.remove(SnowStage);

            }
        }
    )
```

### 6.5.6 辅助决策功能

着火点火情模拟的代码如下:

```
//火灾模拟
var firebutton=document .getElementById('firebutton');
var firepanduan=1;
```

```
    //粒子系统的起点,发射源
    var fire = viewer.entities.add({
        position : Cesium.Cartesian3.fromDegrees(114.33461090,30.50812574,45),
    });

    //计算当前时间点模型的位置矩阵
    function computeModelMatrix(entity, time) {
        //获取位置
        var position = Cesium.Property.getValueOrUndefined(entity.position,
time, new Cesium.Cartesian3());
        if (! Cesium.defined(position)) {
            return undefined;
        }
        //获取方向
        var modelMatrix;
        var orientation = Cesium.Property.getValueOrUndefined(entity.
orientation, time, new Cesium.Quaternion());
        if (! Cesium.defined(orientation)) {
            modelMatrix = Cesium.Transforms.eastNorthUpToFixedFrame
(position, undefined, new Cesium.Matrix4());
        } else {
            modelMatrix = Cesium.Matrix4.fromRotationTranslation(Ce-
sium.Matrix3.fromQuaternion(orientation, new Cesium.Matrix3()), po-
sition, new Cesium.Matrix4());
        }
        return modelMatrix;
    }

    //计算引擎(粒子发射器)位置矩阵
    function computeEmitterModelMatrix() {
        //方向
        hpr = Cesium.HeadingPitchRoll.fromDegrees(30, 30, 0, new Cesi-
um.HeadingPitchRoll());
        var trs = new Cesium.TranslationRotationScale();

        //以modelMatrix(飞机)中心为原点的坐标系的xyz轴位置偏移
        trs.translation = Cesium.Cartesian3.fromElements(0, 0, 0, new
```

```
Cesium.Cartesian3());
        trs.rotation = Cesium.Quaternion.fromHeadingPitchRoll(hpr,
new Cesium.Quaternion());
        return Cesium.Matrix4.fromTranslationRotationScale(trs, new
Cesium.Matrix4());
    }

    //加载粒子系统
    var smoke=new Cesium.ParticleSystem({
        image:'../../SampleData/fire.png',
        startColor: Cesium.Color.YELLOW.withAlpha(0.3),
        endColor: Cesium.Color.BLACK.withAlpha(0.4),
        startScale: 1,
        endScale: 5,
        //设定粒子寿命可能持续时间的最小限值(以秒为单位),在此限值之上将随机选
择粒子的实际寿命
        minimumParticleLife: 15,
        maximumParticleLife: 20,
        minimumSpeed: 1,
        maximumSpeed: 4,

        imageSize: new Cesium.Cartesian2(6, 6),//火焰燃烧范围
        // Particles per second.
        emissionRate: 4,
        lifetime: 160.0,
        emitter: new Cesium.CircleEmitter(5.0),
        //将粒子系统从模型转换为世界坐标的 4×4 变换矩阵
        modelMatrix: computeModelMatrix(fire),
        //在粒子系统局部坐标系中变换粒子系统发射器的 4×4 变换矩阵
        emitterModelMatrix: computeEmitterModelMatrix(),
    });

    viewer.scene.primitives.add(smoke);
    smoke.show=false;

    //火情描述
    var firemessage = viewer.entities.add({
        name:'着火点',
```

```
    position: Cesium.Cartesian3.fromDegrees(114.33459,30.50812574,45),

    billboard: {
        image: '../../SampleData/fire.png',
        width: 20,
        height: 20,
    },
    description:'\
  <p>\
  着火地点:M公司\
  </p>\
  <p>\
  地理位置:东经114.33,北纬30.51,\
  </p>\
  <p>\
  起火时间:2019年10月5日9点30分40秒\
  </p>\
  <p>\
  风速:2.0米/秒\
  </p>\
  <p>\
  风向:北风\
  </p>\
  <p>\
  温度:25摄氏度\
  </p>\
  <p>\
  温度:相对湿度:80% \
  </p>',
});
firemessage.show=false;

firebutton.onclick=function(){
    if(firepanduan==1){
        //设置开始时间
        var start = Cesium.JulianDate.fromDate(new Date(2015, 2, 25, 16));
        //设置结束时间,是开始时间后的300s,即5min
         var stop = Cesium.JulianDate.addSeconds(start, 270, new
```

```
Cesium.JulianDate());

        viewer.clock.startTime = start.clone();
        viewer.clock.stopTime = stop.clone();
        viewer.clock.currentTime = start.clone();
        viewer.clock.clockRange = Cesium.ClockRange.LOOP_STOP;;
//到达终止时间后停止

        viewer.clock.shouldAnimate = true;

        smoke.show=true;
        firemessage.show=true;
        firepanduan=0;
}
else{
        smoke.show=false;
        firemessage.show=false;
        firepanduan=1;
}
}
```

效果如图 6.17 所示。

图 6.17　着火点火情模拟

### 6.5.7　空间分析功能

**1. 淹没分析**

创建设置参数信息的对话框，如图 6.18 所示。首先绘制一个多边形区域，作为模拟被淹没的区域，然后进行最大高度、最小高度、淹没速度的参数设置。

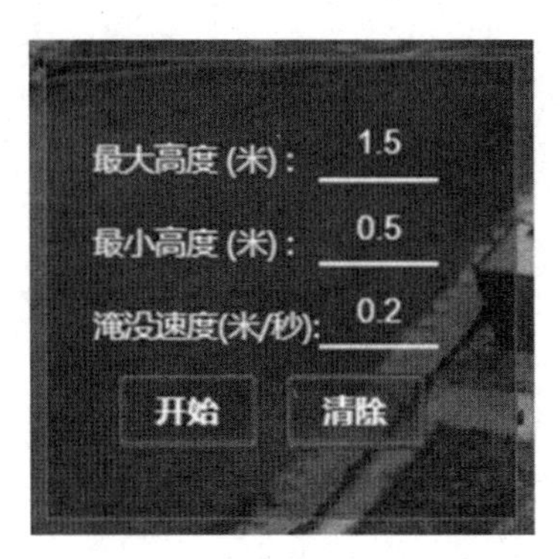


图 6.18　洪水参数设置对话框

模拟淹没的动态过程的代码实现如下：

```
mywaterflood.prototype.active=function()
{
  var that=this;
  this.polygonhandler.active();
   this.polygonhandler.drawEvt.addEventListener(function(poly-
gonpoints){ //绑定绘制完成事件  //返回顶点坐标
    console.log(polygonpoints);
    that.polygonpoints=polygonpoints;
    var cartographics=[]; //转经纬度
    for(var i=0;i<polygonpoints.length;i++)
    {
      var
cartographic=Cesium.Cartographic.fromCartesian(polygonpoints[i],
this.viewer.scene.globe.ellipsoid);
      cartographics.push(cartographic);
    }

    var viewer=that.viewer;
    //计算多边形范围内高程的最大值、最小值
```

```
        var xmin,ymin,xmax,ymax;
        var bound=getbound(cartographics);
        ymin=Cesium.Math.toDegrees(bound[0]);
        xmin=Cesium.Math.toDegrees(bound[1]);
        ymax=Cesium.Math.toDegrees(bound[2]);
        xmax=Cesium.Math.toDegrees(bound[3]);


        let positions = [];
        var x_count=6;var y_count=6;
            positions=getsamplePoints(xmin,xmax,ymin,ymax,x_count,y_count);

        Cesium.when(Cesium.sampleTerrainMostDetailed(viewer.terra-
inProvider, positions), function (updatedPositions) {
          that.samplepositions=updatedPositions;
           var hmax = Math.max.apply (Math, that.samplepositions.map
(function(o) {return o.height}));
           var hmin = Math.min.apply (Math, that.samplepositions.map
(function(o) {return o.height}));
          console.log(hmax);
          console.log(hmin);
          that.minHeight=hmin;
          that.maxHeight=hmax;
          document.getElementById("maxHeight").value=hmax.toFixed(2);
          document.getElementById("minHeight").value=hmin.toFixed(2);
        });
      })


    };
    mywaterflood.prototype.flood=function(){
          //设置淹没参数
        var that=this;
        var minH,maxH,speed,setH;  //minH maxH 通过计算获取  speed
setH  通过接口设定
          maxH = parseInt ( document.getElementById ( " maxHeight ")
.value);//parseInt 字符串转换为数字
          minH = parseInt ( document.getElementById ( " minHeight ")
```

```
.value);
        speed = parseInt(document.getElementById("speed").value);;
  //m.s

        //绘制 extrude 多边形
        var curHeight =minH;
        var polygonpoints =this.polygonpoints;
        var shape = this.viewer.entities.add({
                polygon: {
                  hierarchy: polygonpoints,
                  material: new
    Cesium.ColorMaterialProperty(Cesium.Color.LIGHTSKYBLUE.withAlpha(0.2)),

                  perPositionHeight: true,
                  extrudedHeight:
                      new Cesium.CallbackProperty(function () {
                      return curHeight;
                    }, false),
                  },
        });
        this.tempshapeId.push(shape.id);

            //开始分析
        int = self.setInterval("flood()", 100);
        //先把原有的清除,然后开始分析
        function stopFX() {
            self.clearInterval(int);
            that.createFlood();
            this.viewer.entities.removeById(shape.id);
          }
        window.flood = function () {
            curHeight > maxH ? stopFX() : ( curHeight += speed);
        };
    }
    mywaterflood.prototype.createFlood=function()
    {
      var maxH = parseInt(document.getElementById("maxHeight").value);
      var polygonpoints =this.polygonpoints;
```

```
    console.log(polygonpoints);

    this.primitive = this.viewer.scene.primitives.add(new Cesi-
um.Primitive({
      show:true,//默认隐藏
      allowPicking:false,
          geometryInstances : new Cesium.GeometryInstance({
             id:'sss',
        geometry : new Cesium.PolygonGeometry({
                 polygonHierarchy :  new
   Cesium.PolygonHierarchy(polygonpoints),
             extrudedHeight:maxH,
                perPositionHeight : true//注释掉此属性水面就贴地了
                 }),
          }),
          appearance : new Cesium.EllipsoidSurfaceAppearance({
             aboveGround : true
          }),

       }));

    //添加水波纹材质
    this.primitive.appearance.material = new Cesium.Material({
              fabric : {
                 type : 'Water',
                 uniforms : {
                    //specularMap: '../images/earthspec1k.jpg',
                    normalMap:
   Cesium.buildModuleUrl('../data/SurroundView/water1.jpg'),
                    frequency: 10000.0,
                    animationSpeed: 0.01,
                    amplitude: 1.0
                 }
              },
           });

   }
```

小结：涨水效果是通过多边体实体的绘制来模拟的，具体是调节多边体的高度

(extrudedHeight 属性)来实现的。多边体的高度根据设置的参数，从最低水位开始，按涨水速度每秒增加一次水位高度，一直到最高水位，完成淹没模拟。

效果如图 6.19 所示。

(a) 俯视图

(b) 侧视图

图 6.19　淹没分析

**2. 剖面分析**

```
//剖面分析
var myprofileAnalysis = new myprofile(viewer);  //myprofile 是一个类
$('#section').click(function () {
      myprofileAnalysis.active();    //开始剖面分析
});
function myprofile(viewer)
{
    var linehandler=new Drawhandler(viewer,'line');
    var spoint,epoint; var mychart;
    this.viewer=viewer;
    this.linehandler=linehandler;
    this.startpoint=spoint;
    this.endpoint=epoint;
    this.samplepositions=[];
    this.tempshapeId=[];
    this.mychart=mychart;
};

function linesamplePoints (spcartographic, epcartographic, s_count){  //线采样
```

```
        let samplecartographics =[];
        const sx=Cesium.Math.toDegrees(spcartographic.latitude),sy =
        Cesium.Math.toDegrees(spcartographic.longitude);
        const ex = Cesium.Math.toDegrees(epcartographic.latitude),ey =
        Cesium.Math.toDegrees(epcartographic.longitude);
        var s_count=50;
        const dx=(ex - sx) /(s_count-1);
        const dy=(ey - sy) /(s_count-1);
    for(var i=0;i<s_count;i++){
    var tmp;  const x=sx+i * dx; const y=sy+i * dy;
            samplecartographics.push(Cesium.Cartographic.fromDegrees(y, x));
        }
        return samplecartographics;
    }

    myprofile.prototype.active=function()

    {
        this.linehandler.active();
        console.log(this);
        var that=this;
        this.linehandler.drawEvt.addEventListener(function(linepoints)
{ //绑定绘制完成事件  //返回世界坐标
            var viewer = that.viewer;
            that.startpoint=linepoints[0];
            that.endpoint=linepoints[1];
            var spcartographic =
    Cesium.Cartographic.fromCartesian(linepoints[0],viewer.scene.
    globe.ellipsoid);
            var epcartographic =
    Cesium.Cartographic.fromCartesian(linepoints[1],viewer.scene.
    globe.ellipsoid);
            var s_count=50;  //进行50个点采样
            var
        cartographics=linesamplePoints(spcartographic,epcartograph-
ic,s_count);
            var samplepositions;
```

```
    Cesium.when(Cesium.sampleTerrainMostDetailed(viewer.terra-
    inProvider, cartographics), function (updatedPositions) {
        //samplepositions=updatedPositions;
        var ydata=[];  var xdata=[];
        for(var i=0;i<50;i++)
        { xdata.push(i);  ydata.push(updatedPositions[i].height); }
        //出图
        var Overlay=document.getElementById('toolbarchart');
        Overlay.style.display = 'inline';
        var itemStyle = {normal: {color:'rgba(204, 65, 169, 0.8)'}};
        that.mychart = echarts.init(document.getElementById('pro'));
        var option = {
            grid: {left: '12%', right: '110'},
            calculable : true,
            xAxis : [
                { type : 'category', boundaryGap : false, name:'米',
data : xdata,
                    axisLine: {lineStyle: { color: '#ffffff'} },
                    axisLabel: {textStyle: {color: '#ffffff'},formatter:
  '{value}' },
                    splitLine: {show: false }
                }
            ],
            yAxis : [ //类似 xAxis,此省略],
            series : [
                {  name:'高程', type:'line', data:ydata,
                    markLine : {data : [{type : 'average', name: '平
    均值'}]}}]
        };
        that.mychart.setOption(option);
      });
    })
  }
```

小结：首先绘制一条直线，然后对直线进行插值，获得多个采样点，然后根据采样点的位置(经纬度)获取每一个点对应的高程数据，最后将高程数据制成图表输出，就可以得到剖面图。效果如图6.20所示。

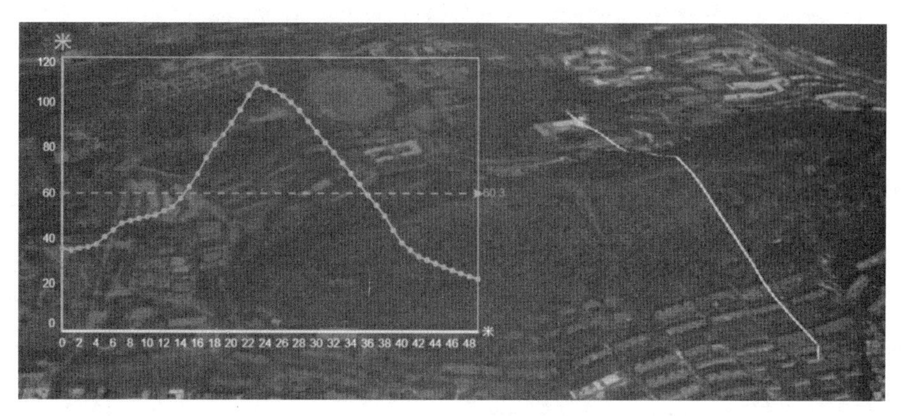


图 6.20 剖面分析效果图

**3. 地形分析**

```
//等高线
function getElevationContourMaterial() {
    //Creates a composite material with both elevation shading and
contour lines
    return new Cesium.Material({
        fabric: {
            type: 'ElevationColorContour',
            materials: {
                contourMaterial: {
                    type: 'ElevationContour'
                },
                elevationRampMaterial: {
                    type: 'ElevationRamp'
                }
            },
            components: {
                diffuse: 'contourMaterial.alpha == 0.0 ? elevation-
RampMaterial.diffuse : contourMaterial.diffuse',
                alpha: 'max(contourMaterial.alpha, elevationRampMa-
terial.alpha)'
            }
        },
        translucent: false
    });
```

```
    }

    //坡度
    function getSlopeContourMaterial() {
        //Creates a composite material with both slope shading and con-
tour lines
        return new Cesium.Material({
            fabric: {
                type: 'SlopeColorContour',
                materials: {
                    contourMaterial: {
                        type: 'ElevationContour'
                    },
                    slopeRampMaterial: {
                        type: 'SlopeRamp'
                    }
                },
                components: {
                    diffuse: 'contourMaterial.alpha == 0.0 ? slop-
eRampMaterial.diffuse : contourMaterial.diffuse',
                    alpha: 'max(contourMaterial.alpha, slopeRampMate-
rial.alpha)'
                }
            },
            translucent: false
        });
    }

    //坡向
    function getAspectContourMaterial() {
        // Creates a composite material with both aspect shading and
contour lines
        return new Cesium.Material({
            fabric: {
                type: 'AspectColorContour',
                materials: {
                    contourMaterial: {
                        type: 'ElevationContour'
```

```
                },
                aspectRampMaterial: {
                    type: 'AspectRamp'
                }
            },
            components: {
                diffuse: 'contourMaterial.alpha == 0.0 ? aspectRampMa-
terial.diffuse : contourMaterial.diffuse',
                alpha: 'max(contourMaterial.alpha, aspectRampMate-
rial.alpha)'
            }
        },
        translucent: false
    });
}

var elevationRamp = [0.0, 0.045, 0.1, 0.15, 0.37, 0.54, 1.0];
var slopeRamp = [0.0, 0.29, 0.5, Math.sqrt(2)/2, 0.87, 0.91, 1.0];
var aspectRamp = [0.0, 0.2, 0.4, 0.6, 0.8, 0.9, 1.0];
function getColorRamp(selectedShading) {
    var ramp = document.createElement('canvas');
    ramp.width = 100;
    ramp.height = 1;
    var ctx = ramp.getContext('2d');

    var values;
    if (selectedShading === 'elevation') {
        values = elevationRamp;
    } else if (selectedShading === 'slope') {
        values = slopeRamp;
    } else if (selectedShading === 'aspect') {
        values = aspectRamp;
    }

    var grd = ctx.createLinearGradient(0, 0, 100, 0);
    grd.addColorStop(values[0], '#000000'); //black
    grd.addColorStop(values[1], '#2747E0'); //blue
    grd.addColorStop(values[2], '#D33B7D'); //pink
```

```
        grd.addColorStop(values[3], '#D33038'); //red
        grd.addColorStop(values[4], '#FF9742'); //orange
        grd.addColorStop(values[5], '#ffd700'); //yellow
        grd.addColorStop(values[6], '#ffffff'); //white

        ctx.fillStyle = grd;
        ctx.fillRect(0, 0, 100, 1);

        return ramp;
    }

    var minHeight = -414.0;//最小高度,例:最低接近死海高度
    var maxHeight = 8777.0; //最大高度,例:最高接近珠峰高度
    var contourColor = Cesium.Color.RED.clone();//等高线的颜色
    var contourUniforms = {};
    var shadingUniforms = {};

    //The viewModel tracks the state of our mini application.
    var viewModel = {
        enableContour: false,
        contourSpacing: 150.0,
        contourWidth: 2.0,
        selectedShading: 'none',
        changeColor: function() {
            contourUniforms.color = Cesium.Color.fromRandom({alpha:
1.0}, contourColor);
        }
    };

    //Convert the viewModel members into knockout observables.
    Cesium.knockout.track(viewModel);

    //Bind the viewModel to the DOM elements of the UI that call for it.
    var toolbar = document.getElementById('toolbar');
    Cesium.knockout.applyBindings(viewModel, toolbar);

    function updateMaterial() {
        var hasContour = viewModel.enableContour;
```

```
        var selectedShading = viewModel.selectedShading;
        var globe = viewer.scene.globe;
        var material;
        if (hasContour) {
            if (selectedShading === 'elevation') {
                material = getElevationContourMaterial();
                shadingUniforms =
    material.materials.elevationRampMaterial.uniforms;
                shadingUniforms.minimumHeight = minHeight;
                shadingUniforms.maximumHeight = maxHeight;
                contourUniforms = material.materials.contourMaterial.
uniforms;
            } else if (selectedShading === 'slope') {
                material = getSlopeContourMaterial();
                shadingUniforms = material.materials.slopeRampMateri-
al.uniforms;
                contourUniforms = material.materials.contourMaterial.
uniforms;
            } else if (selectedShading === 'aspect') {
                material = getAspectContourMaterial();
                shadingUniforms = material.materials.aspectRampMaterial.
uniforms;
                contourUniforms = material.materials.contourMaterial.
uniforms;
            } else {
                material = Cesium.Material.fromType('ElevationContour');
                contourUniforms = material.uniforms;
            }
            contourUniforms.width = viewModel.contourWidth;
            contourUniforms.spacing = viewModel.contourSpacing;
            contourUniforms.color = contourColor;
        } else if (selectedShading === 'elevation') {
            material = Cesium.Material.fromType('ElevationRamp');
            shadingUniforms = material.uniforms;
            shadingUniforms.minimumHeight = minHeight;
            shadingUniforms.maximumHeight = maxHeight;
        } else if (selectedShading === 'slope') {
            material = Cesium.Material.fromType('SlopeRamp');
```

```
        shadingUniforms = material.uniforms;
    } else if (selectedShading === 'aspect') {
        material = Cesium.Material.fromType('AspectRamp');
        shadingUniforms = material.uniforms;
    }
    if (selectedShading !== 'none') {
        shadingUniforms.image = getColorRamp(selectedShading);
    }

    globe.material = material;
}

updateMaterial();

Cesium.knockout.getObservable(viewModel,
'enableContour').subscribe(function(newValue) {
    updateMaterial();
});

Cesium.knockout.getObservable(viewModel,
'contourWidth').subscribe(function(newValue) {
    contourUniforms.width = parseFloat(newValue);
});

Cesium.knockout.getObservable(viewModel,
'contourSpacing').subscribe(function(newValue) {
    contourUniforms.spacing = parseFloat(newValue);
});

Cesium.knockout.getObservable(viewModel,
'selectedShading').subscribe(function(value) {
    updateMaterial();
});
```

小结：主要通过修改Globe的Material属性实现，适用于全球地形分析。效果如图6.21~图6.24所示。

图 6.21　喜马拉雅山三维地形

图 6.22　喜马拉雅山坡度分析

图 6.23　喜马拉雅山坡向分析

图 6.24　喜马拉雅山等高线绘制

## 6.6　本章小结

本章介绍了基于 Cesium 的三维智慧园区管理平台的构建过程。该过程可以分为需求分析、总体设计、数据库设计、功能详细设计以及开发等部分。对于每一部分，本章给出细致的描述，并展示了最终的开发代码。该实例是基于 Cesium 的综合应用，是一个比较完整的构建过程。

第一节是需求分析。在对一些概念进行相应的解释之后便具体进行软硬件、数据、功能和性能等各方面的需求分析。

第二节是总体设计。介绍了总体架构中各层的作用及意义。

第三节是数据库设计部分。首先对数据库进行整体概述，然后介绍体系接口和数据库组成。

第四节是功能详细设计。具体解释了各种功能的内容和内涵。

第五节是针对上一节中的各种功能进行相应的开发实现，展示了相应的代码实现和界面的截图。

读者应在本章讲解内容的指导下，积极地动手实践，从而深入理解和掌握基于 Cesium 的三维 GIS 开发的步骤和具体实现方法。

# 参考文献


[1]吴信才. 大型三维 GIS 平台技术及实践[M]. 北京：电子工业出版社，2013.

[2]Patrick Cozzi，Kevin Ring. 三维数字地球引擎设计[M]. 杨超，等，译. 北京：国防工业出版社，2017.

[3]SuperMap 图书编委会. GIS 工程师训练营：SuperMap GIS 二三维一体化开发实战[M]. 北京：清华大学出版社，2013.

[4]吴信才. 三维云 GIS——MapGIS 10 软件平台开发原理与实践[M]. 北京：电子工业出版社，2015.

[5]盛业华，张卡，张林，等. 空间数据采集与管理[M]. 北京：科学出版社，2018.

[6]程朋根，文红. 三维空间数据建模及算法[M]. 北京：国防工业出版社，2011.

[7]史文中，吴立新，李清泉，等. 三维空间信息系统模型与算法[M]. 北京：电子工业出版社，2007.

[8]谭仁春. GIS 中三维空间数据模型的集成与应用[J]. 测绘工程，2005，14(1)：63-66.

[9]施加松，刘建忠. 3D GIS 技术研究发展综述[J]. 测绘科学，2005，30(5)：117-119.

[10]范冬林，谢美亭，康传利，等. OSGB 模型自动转换为 DWG 的三维模型[J]. 2019，39(2)：433-438.

[11]王亮. 城市三维景观建模方法综述[J]. 地矿测绘，2011，27(3)：19-21.

[12]陈盼芳，石晓芸，钱厚童，等. 城市三维数据获取与地物建模方法[J]. 现代测绘，2018，41(5)：57-60.

[13]王小兵，孙久运. 地理信息系统综述[J]. 地理空间信息，2012，10(1)：25-28.

[14]李永超，吴桥. 地面三维激光扫描测量技术及其应用与发展趋势分析[J]. 冶金与材料，2019，39(1)：96-97.

[15]郭建兴，王晓青，窦爱霞，等. 基于 OpenGIS 和数字地球平台的地震应急遥感震害信息发布系统研究[J]. 地震，2013，33(2)：123-130.

[16]熊磊，杨鹏，李贺英. 基于不规则四面体的矿床三维体视化模型[J]. 北京科技大学学报，2006，28(8)：716-720.

[17]胡玉祥，范珊珊，孙晓丽. 基于三维激光点云的古建筑 BIM 建模方法研究[J]. 城市勘测，2020(3)：98-102.

[18]陈立潮，张永梅，刘玉树，等. 基于栅格的 GIS 三维空间数据模型[J]. 计算机工程，2004，30(8)：4-6.

[19]陈爱华. 倾斜摄影测量与 BIM 技术在城市三维建模中的应用与分析[J]. 测绘与空间地理信息，2020，43(8)：219-224.

[20]罗瑶, 莫文波, 颜紫科. 倾斜摄影测量与 BIM 三维建模集成技术的研究与应用[J]. 测绘地理信息, 2020, 45(4): 40-45.
[21]刘陵, 方军, 陈利生, 等. 三维 GIS 的研究现状及其发展趋势[J]. 矿山测量, 2011, (2): 71-75.
[22]朱庆. 三维 GIS 及其在智慧城市中的应用[J]. 遥感信息科学学报, 2014, 16(2): 151-157.
[23]张鲜化, 李丹超, 陈传胜, 等. 三维地理信息建模典型的三种方法探索与实践[J]. 测绘与空间地理信息, 2019, 42(12): 68-70.
[24]郑佳荣, 王强, 占文锋. 三维建模方法研究现状综述[J]. 北京工业职业技术学院学报, 2013, 12(4): 5-7.
[25]刘爽, 张恒博. 三维建模软件 3ds Max 数据文件 3ds 的解析[J]. 大连民族学院学报, 2012, 14(3): 260-264.
[26]龚健雅, 夏宗国. 矢量与栅格集成的三维数据模型[J]. 武汉测绘科技大学学报, 1997, 22(1): 7-15.
[27]王恩泉, 李英成, 薛艳丽, 等. 网络三维影像地图的栅格数据组织方法研究[J]. 测绘科学, 2008, 33(6): 26-29.
[28]邓云凯, 禹卫东, 张衡, 等. 未来星载 SAR 技术发展趋势[J]. 雷达学报, 2020, 9(1): 1-33.
[29]李青元, 林宗坚, 李成明. 真三维 GIS 技术研究的现状与发展[J]. 测绘科学, 2000, 25(2): 47-51.
[30]程朋根. 地矿三维空间数据模型及相关算法研究[D]. 武汉: 武汉大学.
[31]Cesium Team. The Platform for 3D Geospatial [EB/OL]. [2019-06-19] [2020-11-01]. https://cesium.com/index.html.
[32]百度百科. OpenGIS [EB/OL]. [2018-07-30] [2020-11-30]. https://baike.baidu.com/item/OpenGIS.
[33]Vtxf. Cesium 资料大全[EB/OL]. [2020-07-27] [2020-11-30]. https://zhuanlan.zhihu.com/p/34217817.
[34]simple-soul. simple-soul 的博客[EB/OL]. [2019-12-05] [2020-12-20]. https://blog.csdn.net/UmGsoil.
[35]青亭网. 衍生自 AGI,3D 地理空间数据平台 Cesium 获 500 万美元 A 轮融资[EB/OL]. [2019-7-10] [2021-2-20]. https://www.7tin.cn/news/131425.html.
[36]Cesium 官网[EB/OL]. [2021-10-15]. https://www.cesium.com/.